LES SYNDICATS AGRICOLES

ET

LE SOCIALISME AGRAIRE

COMTE DE ROCQUIGNY

LES
SYNDICATS AGRICOLES

ET LE

SOCIALISME AGRAIRE

PRÉFACE

DE

H. LE TRÉSOR DE LA ROCQUE

Président de l'Union des Syndicats des Agriculteurs de France

PARIS

LIBRAIRIE ACADÉMIQUE DIDIER

PERRIN ET Cie, LIBRAIRES-ÉDITEURS

35, QUAI DES GRANDS-AUGUSTINS, 35

1893

A

Monsieur le marquis de DAMPIERRE

PRÉSIDENT DE LA SOCIÉTÉ DES AGRICULTEURS DE FRANCE

EN TÉMOIGNAGE

DE

LA RECONNAISSANCE DES SYNDICATS AGRICOLES

pour le Patronage que leur a accordé

LA SOCIÉTÉ DES AGRICULTEURS DE FRANCE

PRÉFACE

Le nom de « Syndicat professionnel » provoque en ce moment chez tous ceux qui l'entendent le témoignage d'une instinctive réprobation. C'est qu'il éveille tout d'abord des souvenirs de grèves, de pressions abusives et d'attentats à la liberté du travail. Sous l'instigation de dangereux meneurs, beaucoup de syndicats professionnels sont devenus des clubs et d'autres ont dégénéré en instruments d'oppression et de désordre. Grâce à Dieu, ces syndicats ne sont pas les seuls; il en existe d'autres, et en grand nombre, fidèles à la loi de leur institution et dont toute l'ambition se borne à devenir des instruments de progrès.

Parmi ceux-ci nous comptons, presque sans exception. les Syndicats agricoles. Scrupuleux observateurs de la légalité que violent si facilement beaucoup de syndicats ouvriers, ils poursuivent un but tout différent. Bien loin de troubler les rapports entre les divers facteurs de la production, ils les rendent plus intimes ; ils facilitent et fécondent le travail au lieu d'entraver son indépendance : ils s'efforcent de faire régner la paix et l'harmonie économique dans le monde rural au lieu d'y semer la défiance.

Syndicats ouvriers et syndicats agricoles sont sortis, il est vrai, de la même loi ; mais dès l'origine, ils ont suivi des voies opposées, de sorte qu'à l'action menaçante des premiers les seconds peuvent servir de contre-poids.

Le public connaît peu les syndicats agricoles qui ne font guère parler d'eux ; il y avait intérêt à les lui montrer tels qu'ils sont : c'est l'objet de ce livre.

Les philosophes et les penseurs, les hommes d'État et les économistes, ceux, en un mot, qui s'inquiètent de la solution à donner aux malentendus dont souffre la société, auront profit à étudier les jeunes institutions nées des besoins du temps présent, qui poursuivent la même tâche.

Ces observateurs impartiaux se convaincront sans peine que les syndicats agricoles, par leur organisation, leurs œuvres et l'esprit qui les anime, se séparent nettement des syndicats perturbateurs ; ils rendront pleine justice au zèle et à l'intelligence pratique de leurs fondateurs, qui ont fait de l'association professionnelle agricole un puissant levier d'émancipation économique, d'union et de progrès.

Cette étude les conduira sans doute à penser que si jamais le sort de la loi du 21 mars 1884 était remis en question, la somme des services que les syndicats agricoles rendent, non seulement à l'agriculture, mais à la société tout entière, pourrait l'emporter sur celle des maux imputables à quelques syndicats ouvriers, encouragés dans leur turbulence par la coupable inertie des représentants du pouvoir.

S'il importe d'éclairer le jugement de l'opinion publique en ce qui touche le rôle des syndicats agricoles, il n'importe pas moins de guider et d'instruire les 1300 associations nouvelles que l'initiative privée a fait éclore par toute la France. Le livre de M. de Rocquigny atteint pleinement ce double but, car il verse à flots la lumière sur l'origine et les développements des syndicats agricoles.

La mutualité est de l'essence de l'association professionnelle : si elle règne entre les membres d'un syndicat, elle doit régner aussi entre les syndicats eux-mêmes. On dit souvent à nos cultivateurs qu'émancipés depuis 1789, la Révolution les a délivrés de leurs seigneurs. La vérité, c'est qu'ils n'ont fait que changer de maîtres, et qu'ils demeureront exploités tant qu'ils ne seront pas associés dans des syndicats et des unions dont le nombre des adhérents assurera l'influence. Il est, en outre, nécessaire que les syndicats s'entr'aident, s'instruisent les uns les autres et se prêtent un concours efficace.

Un rapide exposé de leurs efforts, des succès obtenus dans chacune des parties d'une œuvre si vaste, et spécialement dans l'organisation de la coopération, du crédit, de la prévoyance, de l'assistance, etc., éclairera leur route et facilitera leurs tentatives en les faisant bénéficier de l'expérience acquise.

Les hommes qui ont la louable ambition de faire progresser les syndicats qu'ils dirigent ont besoin de connaître la diversité des procédés suivis, selon les milieux, en vue d'atteindre le but commun, l'amélioration la plus large possible du sort des cultivateurs. Les constatations recueillies sur tous les points du pays portent en elles-mêmes leur enseignement : les syndicats intéressés sauront y démêler les exemples dont ils peuvent utilement s'inspirer.

Les nations voisines nous ont beaucoup devancés dans la pratique de l'association appliquée au soulagement et au progrès des classes populaires : les institutions si vivaces qu'elles ont fondées au profit des travailleurs de l'agriculture et de l'industrie ont pu longtemps et peuvent encore nous servir de modèles. Mais chaque peuple marque à l'empreinte de son génie les œuvres qui s'épanouissent spontanément sur son territoire et nos syndicats agricoles forment un type nouveau dont le succès est étudié avec intérêt à l'étranger. On cherche à s'assimiler nos procédés, nos méthodes, et tout récemment le gouvernement autrichien déléguait en France un savant professeur d'économie politique à l'Université de Cracovie, M. Jules Léo, en le chargeant de faire une enquête sur l'organisation et le fonctionnement de nos principaux syndicats agricoles.

Cette enquête, il est bon de l'entreprendre nous-mêmes, afin d'étendre et, s'il se peut, de généraliser les résultats acquis par une expérience de neuf années. Un coup d'œil d'ensemble jeté sur le développement de l'idée syndicale et corporative dans le monde rural formera le complément moral de l'Enquête agricole décennale de 1892.

Ce livre répond encore à une pressante nécessité de l'heure actuelle.

Le socialisme vient d'entamer bruyamment une action politique en vue d'étendre sa propagande dans les campagnes. On a voté, au congrès de Marseille, un programme agricole à l'aide duquel on se flatte de séduire les paysans et de les détacher du grand parti de la conservation sociale. Ce programme sur lequel les politiciens du socialisme comptent pour jeter un pont entre les ouvriers des villes et les ouvriers des champs, il est bon d'en démasquer l'inanité et le mensonge.

Mais il paraît surtout indispensable de montrer au public et aux syndicats agricoles eux-mêmes que cette entrée en scène du socialisme agraire grandit singulièrement le rôle de l'association professionnelle agricole.

Par ses services antérieurs elle a combattu préventivement l'infiltration socialiste; elle a donné aux paysans mieux que des promesses, puisqu'elle leur a suggéré des améliorations économiques qui sont presque des réformes sociales : ce qu'elle a déjà fait à cet égard est le gage de ce que lui permettra de réaliser peu à peu le développement de son influence.

Les syndicats agricoles apparaissent donc aujourd'hui comme les agents les plus aptes à combattre la propagande socialiste dans les milieux ruraux.

Le socialisme grandi, discipliné, procédant méthodiquement à son expansion dans le pays, présentant comme évangile aux paysans son programme agricole, constitue un péril dont la gravité n'est pas assez comprise : les syndicats agricoles ont à y faire face et les hommes qui les dirigent doivent les adapter à cette mission de défense sociale.

En présence des coupables alliances, des compromissions et des faiblesses auxquelles nous assistons (le socialisme, comme un pouvoir qui s'élève, a déjà ses courtisans), quand les timides cherchent à se réfugier sous l'abri trompeur du socialisme d'État, il importe d'affirmer bien haut la vertu de l'association libre faisant surgir partout les hommes d'action, développant au maximum les efforts de l'initiative privée et sachant les rendre féconds pour l'amélioration du sort des travailleurs et le maintien de la paix des campagnes.

Tous les bons esprits reconnaissent que l'extension du socialisme ne peut être efficacement combattue que par le progrès de l'association libre, et M. de Rocquigny a raison de nous montrer que le socialisme agraire a pour adversaire né le syndicat agricole.

H. Le Trésor de la Rocque.

Paris, le 1er juin 1893.

LES SYNDICATS AGRICOLES

ET

LE SOCIALISME AGRAIRE

PREMIÈRE PARTIE

L'ASSOCIATION PROFESSIONNELLE AGRICOLE

CHAPITRE PREMIER

L'ORGANISATION DES SYNDICATS AGRICOLES

Nécessité de travailler aux réformes sociales. — Le socialisme d'État et l'association libre. — L'exemple des syndicats agricoles. — Leur origine, leur premier objet, leur programme. — Un type de statuts. — Comment on fonde un syndicat agricole. — Grands et petits syndicats. — Supériorité des syndicats mixtes. — La grève des travaux des champs. — État actuel des syndicats agricoles. — Leurs ressources, leurs moyens d'action. — La presse syndicale.

Jamais on ne s'est appliqué comme de nos jours à travailler au progrès d'une civilisation dont notre race peut concevoir quelque orgueil : par ce mot progrès nous n'entendons pas seulement le développement matériel, littéraire, scientifique, artistique, etc., qui est le luxe d'un peuple et qui s'accompagne souvent de beaucoup de misère ; nous entendons surtout la diffusion générale du bien-être dans toutes les parties du corps social. L'amélioration graduelle du sort des masses, leur affranchissement de toutes les servitudes qui pèsent encore sur elles comme un legs des siècles passés, c'est là le grand problème pour lequel se passionnent nos économistes et nos hommes d'État.

Chacun ressent vaguement qu'à des besoins nouveaux, nés des transformations économiques qui s'accomplissent dans le monde entier, doit correspondre une évolution profonde dans le régime du travail. Les manifestations des travailleurs eux-mêmes révèlent des aspirations qu'exploitent très habilement les agitateurs révolutionnaires.

Ce ne sont pourtant pas les doctrines socialistes ou anarchistes, si bruyantes soient-elles dans leurs promesses, qui donneront satisfaction aux revendications ouvrières : ce que celles-ci ont de fondé s'accomplira par le progrès des mœurs et non par une mainmise violente sur les institutions. Les Kropotkine, les Karl Marx, les Jules Guesde, etc., peuvent s'efforcer de ranimer des antagonismes et des haines de classes qu'on devait croire éteints un siècle après que la Révolution française a proclamé l'égalité des droits de l'homme, la liberté et la fraternité des citoyens ; il leur est loisible de prédire la liquidation sociale et l'abolition de la propriété privée, de prêcher la suppression des frontières et la destruction de l'idée de patrie : les temps ne sont pas venus et l'on peut espérer que, dans un pays de bon sens tel que le nôtre, ils ne viendront jamais pour la réalisation de ces criminelles utopies. Le peuple des vrais travailleurs le sait bien et ce n'est pas d'eux qu'il attend l'amélioration de son sort.

En dehors des sectes révolutionnaires, et parmi les hommes qui cherchent de bonne foi à faire cesser les désaccords ou les malentendus qui règnent entre le capital et le travail, à pacifier la société contemporaine en y répartissant plus également l'aisance, deux écoles poursuivent l'étude des réformes sociales par des procédés foncièrement différents.

L'une s'en remet à la puissance publique du soin de résoudre les questions et difficultés sociales : c'est l'école du socialisme d'État. Ne se sentant ni le courage ni l'initiative nécessaires pour agir, elle préfère compter sur l'intervention de l'État, de l'État-providence chargé de faire le bonheur de tous les citoyens et de guérir les maux de la société. A l'autorité elle est prête à sacrifier la liberté ; elle favorise sciemment ou inconsciemment la tyrannie, l'usurpation, l'ingérence de l'État dans les affaires des particuliers. Cette école est un produit de la centralisation administrative : elle fleurit normalement chez les peuples dont la liberté politique est peu développée et qui se sont habitués à subir la direction d'un maître. L'Allemagne est acquise à la doctrine du socialisme d'État qui y a implanté l'assurance obligatoire des travailleurs, dont les résultats ont été si décevants.

L'école opposée est celle qui cherche à améliorer le sort des masses par l'association et surtout par l'association professionnelle, le meilleur centre d'activité qui soit pour les divers groupements naturels basés sur la communauté des intérêts. L'association professionnelle, c'est la corporation de métier, mais la corporation moderne, ouverte à tous, respectueuse de la liberté du travail, ne réclamant que son droit sans aucun privilège. Les institutions corporatives, dont la France a été privée depuis la Révolution jusqu'en ces dernières années, où elles ont reparu dans la loi du 21 mars 1884 sous la forme de syndicats professionnels, sont animées d'une vie propre très intense qui donne une grande puissance à leurs œuvres, véritables fruits de l'initiative individuelle et de la liberté obtenus par l'union des hommes de bonne volonté.

Les nations qui cherchent à résoudre par la voie de l'association spontanée les difficultés sociales sont les nations libres, les pays de *self government*, tels que l'Angleterre où les *Trade's Unions* ont amélioré la condition des classes ouvrières à un point qui n'a été atteint dans aucune autre partie du monde.

Entre ces deux écoles, dont l'une procède de l'autorité et l'autre de la liberté, la différence est fondamentale : aussi, quoiqu'elles tendent vers le même but, leur action produit des résultats contraires. La mission qui incombe à l'État est de protéger les droits de tous les citoyens et de réprimer les abus. Son intervention ne se justifie que lorsqu'elle est absolument indispensable et en quelque sorte comme pis aller. D'ailleurs l'État moderne n'a pas l'impartialité qu'il faudrait pour travailler à résoudre équitablement les questions sociales : il est trop enclin à s'inspirer des intérêts de parti et des passions du moment, à se servir de son pouvoir en empiétant sur les droits des individus, des familles et des sociétés privées.

Cela est une raison de fait, et elle est loin d'être sans valeur, pour repousser l'ingérence de l'État ; mais lors même qu'il s'agirait d'un État idéal, distribuant au même degré sa protection sur toutes les parties du corps social, n'ayant ni préjugés ni passions, ni amis ni ennemis, ce régime est mauvais par essence, impuissant à tenir ses promesses.

L'organisation professionnelle de la société civile, telle qu'elle a été conçue par la jeune école qui cherche l'amélioration de l'ordre social dans l'extension des groupements spontanés et dans le développement de l'initiative privée qui en découle, est pour un peuple un puissant élément de vitalité et de progrès. Les œuvres ainsi créées sont durables parce qu'elles sont animées d'une vie propre, douées d'organes souples et variés qui s'accommodent à tous les besoins. Les institutions de l'État, moulées dans des formes rigoureuses et invariables, n'ont qu'une existence factice, mécanique en quelque sorte. L'action privée est donc plus efficace que l'action publique pour faire le bien et remédier aux maux dont souffre la société ; elle seule sait se modifier selon les milieux, selon les circonstances : ayant la pleine conscience de sa responsabilité devant les intérêts qui se sont fiés à elle, elle s'ingénie à les suivre pas à pas pour les servir.

Le socialisme d'État est le danger sérieux de notre époque : c'est dans cette voie, la plus large, la plus facile, semble-t-il, que se précipitent d'instinct les masses, c'est celle qui plaît naturellement aux médiocrités. On connaît son programme, susceptible d'ailleurs de s'élargir à l'infini, à mesure que triompherait plus complètement la doctrine : retraites ouvrières, assurances d'État, crédit agricole d'État, etc. A la suite du socialisme d'État vient le socialisme municipal ; après l'État-providence, la Commune-providence, et ces deux socialismes officiels ne font que préparer l'avènement du socialisme tout court, c'est à-dire du collectivisme ou communisme.

Seuls les hommes à courte vue peuvent penser qu'en se faisant socialiste lui-même l'État saura mieux se défendre contre les entreprises du socialisme international qui s'est livré depuis quelque temps à de si bruyantes manifestations. Il s'affaiblit, au contraire, en se chargeant de fonctions qui ne sont pas de son ressort; accroissant ainsi les dépenses publiques, et par suite les impôts, il rend plus aiguës les difficultés sociales ; mais surtout son intervention a pour inévitable effet de diminuer la force de résistance du pays à l'encontre de la poussée des doctrines révolutionnaires. Compter sur l'État, c'est s'abandonner soi-même : or, c'est le libre développement de l'énergie individuelle s'exerçant par les associations qui peut le mieux préparer les réformes nécessaires en les faisant pénétrer progressivement dans les mœurs publiques. L'État se limitant dans son rôle tutélaire, renonçant à déprimer sous le poids de la centralisation et de la réglementation administratives les forces privées, les bonnes volontés agissantes qui sont les plus puissants facteurs du progrès, celles-ci se développeront dans la liberté et la concurrence avec un élan magnifique : car jamais, comme de nos jours, à l'aurore prochaine d'un siècle qui sera le siècle des associations, il ne s'est rencontré dans toutes les classes un mouvement aussi unanime pour rechercher les moyens d'augmenter la richesse, de la mieux répartir et d'améliorer la condition des travailleurs.

Au lieu de chercher à remplacer et annuler l'initiative privée, l'État doit donc la stimuler et lui laisser le champ libre ; il doit encourager les institutions économiques qui se fondent à l'envi sous l'impulsion de la philanthropie humanitaire ou de la charité chrétienne : associations professionnelles ou corporations, sociétés coopératives de production et de consommation, caisses mutuelles de secours, d'assurance, de retraite, de crédit, cercles ouvriers, sociétés de patronage, etc.

C'est aux associations libres, c'est-à-dire à la liberté,

dont les œuvres sont naturellement fécondes, qu'il faut demander la solution des questions ouvrières. Les pouvoirs publics peuvent y coopérer en votant de bonnes lois, des lois de liberté, sur les associations coopératives, le crédit agricole et populaire, etc., de manière à compléter utilement la loi sur les syndicats professionnels : leur compétence ne s'étend pas au delà. Il faut surtout qu'ils renoncent à la tentation d'organiser le socialisme d'État, qu'ils prennent pour idéal les institutions de la race anglo-saxonne et non pas les institutions allemandes ; la liberté des associations sera le meilleur remède contre le progrès des idées socialistes et nous préservera de leur application.

I

L'initiative privée est plus efficace que l'État, disons-nous, pour créer des institutions viables et vraiment utiles. Nous en avons un exemple frappant dans le parti que l'agriculture a su tirer de la loi sur les syndicats professionnels. Jamais l'État, avec toutes les ressources et influences dont il dispose, n'aurait pu faire progresser l'agriculture, transformer ses méthodes, améliorer la condition des petits cultivateurs comme l'ont fait les syndicats agricoles issus de l'initiative de quelques hommes dévoués au relèvement des populations rurales.

En étudiant le syndicat agricole, la corporation rurale, dans son organisation, dans son fonctionnement et dans les institutions dont il a été le germe, nous pourrons mesurer la puissance inhérente à l'association professionnelle et la singulière aptitude qu'elle possède pour la solution des difficultés sociales. Nous la verrons mettre les campagnes à l'abri des entreprises du socialisme en rendant vaines ses promesses et en démontrant que, mieux que lui, elle sait améliorer sans bruit la condition des travailleurs. Cette étude nous montrera combien le libre développement de l'esprit d'association parmi les agriculteurs a fait surgir d'hommes de valeur et de dévouement qui s'ignoraient : par contre, il est notoire que l'extension abusive du rôle de l'État émiette les forces du pays, détruit toute activité chez les citoyens en les enfermant dans des formules inflexibles et enfante la médiocrité universelle.

L'expérience est intéressante à suivre ; car, en somme, elle concerne la plus nombreuse collectivité de travailleurs qui soit en France. Pourquoi ne réussirait-elle pas également appliquée dans le même esprit à d'autres professions ?

Sans méconnaître les différences qui existent entre les syndicats agricoles et les syndicats industriels, on peut estimer que ces derniers seraient parfaitement aptes à s'approprier beaucoup des pratiques et des œuvres qui ont fait la prospérité des syndicats agricoles, telles que sociétés coopératives de consommation, caisses de secours mutuels, de crédit, etc. Si l'association professionnelle a produit jusqu'à ce jour dans l'agriculture et dans l'industrie des résultats si contraires, il faut bien l'avouer, c'est qu'elle y a été pratiquée avec des vues tout à fait divergentes : l'agriculture en a fait un instrument de progrès et de paix sociale, l'industrie en a fait une arme de guerre contre les patrons. Mais le jour où l'industrie, désabusée de la tactique des grèves, voudra, elle aussi, se donner des syndicats de progrès et d'union sous forme de syndicats mixtes de patrons et d'ouvriers, ces syndicats, développés dans la voie qui leur convient spécialement, pourront travailler efficacement à dissiper les malentendus fondamentaux, à améliorer les rapports entre le capital et le travail, à régler les conflits par une bonne organisation de l'arbitrage, à favoriser enfin le terme des revendications ouvrières, c'est-à-dire la participation des ouvriers aux bénéfices et leur accession à la propriété.

L'association professionnelle est assez large et assez vivace pour légitimer toutes les espérances.

L'origine des syndicats agricoles est bien modeste et, ce qu'on ignore généralement, elle est antérieure à la loi du 21 mars 1884. La crise intense causée par la concurrence des pays neufs, plus favorisés que notre vieux sol sous le rapport des conditions économiques de la production, obligeait l'agriculture française à réformer ses méthodes surannées, à se transformer à la façon d'une industrie. Il fallait, de toute nécessité, produire plus afin de produire à meilleur marché ! La chimie moderne, la science des Boussingault, des Georges Ville, des Joulie, etc., en avait fourni le moyen assuré : enrichir les terres épuisées par un apport de matières fertilisantes, proportionné aux besoins particuliers de chaque culture. Ces matières fertilisantes, les engrais chimiques, il existait un commerce spécial pour les livrer aux cultivateurs : mais ce commerce avait fort mauvaise réputation, et il n'était pas sans la mériter en grande partie. Les engrais chimiques se vendaient très peu, et les marchands éprouvaient de grosses difficultés à trouver des consommateurs. L'ignorance et la routine dominaient les campagnes, il y a une dizaine d'années, bien plus qu'aujourd'hui. Le paysan ne connaissait comme engrais que le fumier de ferme et, malgré les enseignements de

M. Georges Ville, ses démonstrations réitérées, sa propagande incessante qui remonte à plus de trente années, puisqu'il a commencé en 1861 ses célèbres conférences au champ d'expériences de Vincennes, il répugnait à employer ces sels minéraux et ces diverses matières fertilisantes si nouvelles pour lui. Les marchands d'engrais avaient à supporter des frais considérables pour vendre quelques sacs ; afin de se couvrir de ces frais, ils vendaient à des prix exorbitants et surtout profitaient de l'ignorance absolue de leurs acheteurs pour falsifier la marchandise. La législation ne réprimait pas ces fraudes qui tombent aujourd'hui sous le coup de la loi du 4 février 1888 et les cultivateurs n'avaient pas à leur disposition des laboratoires départementaux pour faire constater par l'analyse la teneur des engrais qui leur avaient été vendus. De là une défiance bien justifiée, qui opposait un obstacle insurmontable aux progrès de la pratique agricole. Il aurait fallu donner au sol des engrais complémentaires pour développer sa faculté productive, et les cultivateurs n'osaient le faire de peur de les payer au delà de leur valeur ou d'être trompés sur la qualité : c'était un cercle vicieux.

Un fonctionnaire de l'enseignement agricole, M. Tanviray, professeur départemental d'agriculture à Blois, imagina de le rompre en créant, au mois de mars 1883, entre les cultivateurs du département de Loir-et-Cher, une association ayant pour but d'acheter les engrais en commun afin de les obtenir à meilleur marché et de réprimer la fraude dans les livraisons. Subsidiairement, elle devait s'efforcer d' « éclairer les cultivateurs sur le choix des matières fertilisantes convenables, suivant la nature du sol et les exigences diverses des cultures ».

Tel a été le point de départ du groupement professionnel des agriculteurs. L'heure était propice, car la nécessité de se servir des engrais du commerce pour accroître les rendements et réduire les prix de revient, préconisée par l'enseignement, les comices, la presse agricole, etc., commençait à être admise. Lorsqu'on vit qu'une association, réunissant les commandes de ses membres, forte de la concurrence qu'elle était en mesure d'établir entre les fournisseurs, des garanties de vérification qu'il lui était loisible de stipuler, pouvait livrer des engrais de qualité contrôlée à des prix fort abaissés, ce fut un engouement général et la consommation des engrais chimiques prit, de ce fait, un rapide développement.

Ainsi le but pratique, immédiat, que se sont proposé, en se constituant, la plupart de syndicats agricoles, celui qui leur a valu de si nombreuses adhésions parmi les cultivateurs, parmi les petits cultivateurs surtout, qui avaient le plus besoin de se sentir défendus, a été la facilité évidente qu'ils offraient pour acheter en commun, avec économie et garantie de dosage, les engrais du commerce. Ce point de vue un peu étroit, mais essentiellement pratique, a merveilleusement fait comprendre aux petits propriétaires ruraux, fermiers, métayers, etc., les avantages qu'ils peuvent tirer de l'association et a élevé leur esprit à la conception de ces mêmes avantages appliqués à des objets d'intérêt supérieur.

Lorsque fut votée la loi du 21 mars 1884 sur les syndicats professionnels, l'association fondée dans le Loir-et-Cher par M. Tanviray s'empressa d'en réclamer le bénéfice. Elle rentrait manifestement dans le cadre des associations ayant pour objet exclusif « l'étude et la défense des intérêts économiques, industriels, commerciaux et agricoles ». Elle devint donc le *Syndicat des agriculteurs de Loir-et-Cher*, qui compte aujourd'hui environ 3.700 membres, quoiqu'il se soit fondé depuis lors beaucoup d'autres syndicats agricoles dans le même département, et qui est demeuré l'un des meilleurs types de syndicats professionnels agricoles.

II

Le programme des syndicats agricoles devait naturellement s'élargir pour faire face à tous les besoins professionnels des hommes entre lesquels ils ont formé un lien nouveau. Après avoir commencé par acheter en commun les engrais, ils voulurent acheter aussi, d'après les mêmes principes, les machines agricoles, les semences, les matières utilisées pour l'alimentation du bétail, les produits employés par la viticulture, enfin toutes les marchandises nécessaires à l'exploitation de la terre. Puis, comme les cultivateurs sont des producteurs bien plus que des consommateurs, on chercha à se servir du groupement syndical et de la puissance d'action qu'il possède pour créer des débouchés nouveaux et faciliter la vente plus rémunératrice des produits agricoles : c'est d'ailleurs un problème infiniment moins aisé à résoudre que celui de l'achat en commun à la façon d'une société coopérative de consommation.

L'intérêt professionnel ne se limitant pas à la satisfaction de ces besoins purement immédiats et matériels, la plupart des syndicats agricoles ont adopté des statuts qui ouvrent un champ bien autrement vaste à leur activité.

Voici quel est, à titre de spécimen, le programme adopté par l'un de nos plus importants syndicats agricoles, qui a été souvent pris comme modèle, le Syndicat des agriculteurs de l'Indre, présidé par M. L. Marchain, et qui compte plus de 3.500 adhérents :

Le Syndicat a pour objet général l'étude et la défense des intérêts économiques agricoles et pour but spécial :

1° D'examiner et de présenter toutes réformes législatives et autres, toutes mesures économiques, de les soutenir auprès des pouvoirs publics et d'en réclamer la réalisation, notamment en ce qui concerne les charges qui pèsent sur la propriété foncière, les tarifs de chemins de fer, les traités de commerce, les tarifs douaniers, les octrois, les droits de place dans les foires et marchés, etc. ;

2° De propager l'enseignement agricole et les notions professionnelles, tant par des cours, conférences, distributions de brochures, installations de bibliothèques, que par tous autres moyens ;

3° De provoquer et favoriser des essais de culture, d'engrais, de machines et instruments perfectionnés et de tous autres moyens propres à faciliter le travail, réduire les prix de revient et augmenter la production ;

4° D'encourager, de créer et d'administrer des institutions économiques, telles que sociétés de crédit agricole, sociétés de production et de vente, caisses de secours mutuels, caisses de retraite, assurances contre les accidents, offices de renseignements pour les offres et les demandes de produits, d'engrais, d'animaux, de semences, de machines et de travail ;

5° De servir d'intermédiaire pour la vente des produits agricoles, et pour l'acquisition d'engrais, de semences, d'instruments, d'animaux et de toutes matières premières ou fabriquées utiles à l'agriculture, de manière à faire profiter ses membres des remises qu'il obtiendra ;

6° De surveiller les livraisons faites aux membres du Syndicat ou effectuées par eux, pour en assurer la loyauté et réprimer les fraudes ;

7° De donner des avis et des consultations sur tout ce qui concerne la profession agricole, de fournir des arbitres et experts pour la solution des questions rurales litigieuses.

Un grand nombre de syndicats agricoles, formés sous l'inspiration de la Société des Agriculteurs de

France, ont adopté dans leurs statuts un programme analogue ou qui n'en diffère que très légèrement. On y reconnaît bien nettement l'esprit corporatif qui tend à faire de tous les intéressés à l'exercice d'une même profession une grande personnalité vivante et permanente, un *corps* se mouvant librement dans la société moderne, réagissant contre l'antique individualisme qui a fait si longtemps l'infériorité des populations rurales et amortissant la pesée du fort sur le faible. Dans cette coalition spontanée, chacun se fait sa place, s'agrège à ses semblables selon ses affinités naturelles et travaille au bien commun avec la certitude de bénéficier lui-même du travail de tous.

L'organisation professionnelle de la société, idéal poursuivi de nos jours par un grand nombre de penseurs, est un puissant élément d'ordre et de paix; car, quand elle est bien comprise et pratiquée comme dans le mouvement syndical agricole, elle repose tout entière sur le progrès, la justice et la solidarité qui sont l'essence de la corporation. Nous aurons l'occasion de le constater, en étudiant le fonctionnement des syndicats agricoles, les services multiples qu'ils s'ingénient à rendre à leurs adhérents, leur rôle pratique, technique, économique et social.

Mais il importe de bien dégager la pensée qui les domine, l'esprit qui les a imprégnés insensiblement, et presque à leur insu, quand la modeste association pour l'achat des engrais s'est trouvée transformée par la force des circonstances en syndicat professionnel.

En face de notre centralisation politique exagérée, des abus de la réglementation administrative, des empiétements de l'État, de l'émiettement des forces vives du pays, il y avait urgence à reconstituer des centres d'activité et à grouper les divers intérêts similaires en associations professionnelles adaptées aux conditions nouvelles de l'agriculture et de l'industrie. Ces modernes corporations, auxquelles leur nombre, l'union de leurs membres et les services qu'elles sauraient organiser devaient inspirer rapidement la conscience de leur force, avaient un rôle important à remplir dans l'État : former une représentation spontanée et essentiellement compétente des intérêts professionnels et, à ce titre, soumettre leurs vœux et revendications aux pouvoirs publics, avant le vote des lois destinées à affecter ces intérêts.

Quant à l'agriculture, en particulier, elle avait à se défendre contre l'accaparement et les spéculations du commerce, contre l'exploitation des intermédiaires, contre la concurrence nouvelle des producteurs du monde entier : c'était bien réellement la « lutte pour la vie » qu'il s'agissait d'engager en lui donnant une organisation professionnelle dont, bien plus que toute autre catégorie de citoyens, elle était absolument dénuée.

L'agriculture française était, en effet, demeurée routinière, arriérée, pauvre ; l'ignorance et l'isolement entravaient ses progrès. Les campagnes étaient encore la proie de servitudes dont il fallait les affranchir ; il y avait une évolution complète à entreprendre pour faire de l'industrie agricole ce qu'elle doit être, une véritable industrie, et l'élever au rang des autres professions.

Ce relèvement a été le but des syndicats agricoles et plusieurs l'ont formulé expressément dans leurs statuts.

Les syndicats agricoles, fondés pour un objet très spécial, très limité, ont donc élargi leur cadre de manière à embrasser tous les intérêts de la corporation rurale : la rapidité, l'aisance avec lesquelles cette transformation s'est accomplie démontrent combien étaient urgents les besoins auxquels elle a satisfait.

III

Sous quelle forme se sont organisés les syndicats agricoles ? La loi du 21 mars 1884 leur laissait une grande latitude sous le rapport de la forme à adopter comme au point de vue des opérations qu'il leur était loisible d'entreprendre. Cette loi, rédigée en termes assez vagues, est essentiellement une loi de liberté, destinée à stimuler l'initiative privée et non pas à la réglementer : son commentateur autorisé, M. Waldeck-Rousseau, ministre de l'intérieur, l'a dit en termes des plus explicites dans la circulaire qu'il a adressée aux préfets relativement à son application.

Les syndicats agricoles sont des associations formées librement entre agriculteurs ou personnes exerçant une profession connexe à celle d'agriculteur et concourant à l'établissement des mêmes produits. Les propriétaires de biens ruraux, soit qu'ils les exploitent ou non par eux-mêmes, les fermiers, colons, métayers et préposés à l'exploitation des fonds ruraux, les serviteurs et ouvriers employés à la culture peuvent en faire partie ; car tous ils possèdent l'intérêt professionnel qui justifie le groupement syndical. Le simple dépôt des statuts, avec les noms des administrateurs ou directeurs, fait par les fondateurs à la mairie du lieu où le syndicat est établi, suffit pour qu'il soit valablement constitué. Il se recrute alors comme il l'entend : le plus souvent, les candidats doivent être présentés par deux membres, et leur admission est prononcée par la chambre syndicale ou par le bureau.

L'administration du syndicat est exercée par un bureau à la tête duquel se trouve placé le président ou président-syndic, qui dirige l'association et la représente à l'égard des tiers. Ce bureau est assisté d'une chambre syndicale ou conseil d'administration, dont les pouvoirs sont plus ou moins étendus. Une assemblée générale des membres du syndicat a lieu une ou deux fois par an ; elle est saisie d'un rapport du bureau sur la situation financière et sur les opérations de l'association, et elle statue sur les propositions qui lui sont soumises par la chambre syndicale. Elle nomme la chambre syndicale, qui choisit à son tour le bureau à moins que celui-ci ne soit élu directement par l'assemblée, comme cela se pratique souvent. Tout cela, on le voit, est très simple et très libéralement conçu. Tout se passe au grand jour dans les syndicats agricoles, et on n'y rencontre aucun pouvoir occulte. Dans les syndicats de quelque importance, le bureau choisit un agent salarié, secrétaire ou directeur, pris en dehors de l'administration, auquel il délègue une partie de ses pouvoirs. Mais il arrive fréquemment que le président ou le secrétaire se charge de remplir seul, à titre purement gracieux, une tâche fort pénible qui absorbe une bonne partie de son temps, celle de la correspondance et des affaires de l'association.

Le syndicat agricole étant constitué et investi par la loi de la personnalité civile, il faut qu'il puisse vivre, c'est-à-dire qu'il subvienne à ses frais généraux, et qu'il travaille à se former un patrimoine, afin de pouvoir fonder un jour des institutions d'assistance et de prévoyance, ou des œuvres de propagande destinées à faire progresser la pratique agricole.

Les ressources des syndicats sont formées des cotisations de leurs membres, des dons et libéralités qu'ils peuvent recevoir, des subventions que leur accordent parfois les conseils généraux et le ministre de l'agriculture, ainsi que les comices ou sociétés d'agriculture qui les ont fondés, et enfin d'une redevance ou majoration assez généralement prélevée sur les ventes ou achats qu'ils traitent pour le compte de leurs membres.

Les cotisations sont très minimes, le plus souvent de 2 ou 3 francs par an ; on les voit même s'abaisser jusqu'à 50 centimes. Dans quelques syndicats qui fonctionnent comme une sorte de patronage vis-à-vis des petits cultivateurs et des ouvriers de culture, on distingue plusieurs catégories de membres ; les membres fondateurs ou donateurs paient une cotisation plus élevée que les membres ordinaires, ou un droit d'entrée plus ou moins important. Un autre système est aussi pratiqué par des syndicats de Seine-et-Oise, de la Marne, du Gers, etc., celui de rendre la cotisation proportionnelle, soit au nombre d'hectares de terre dont les syndiqués sont propriétaires ou locataires, soit au chiffre de l'impôt foncier.

Les syndicats agricoles sont de date trop récente pour que les dons et legs qu'ils ont la faculté de recueillir aient pu encore les enrichir : nous citerons cependant le legs de 10.000 francs fait par un ancien notaire au Syndicat agricole de l'arrondissement de Provins. Les majorations que la plupart des syndicats prélèvent sur les factures de leurs fournisseurs varient de 1 p. 100 à 4 p. 100 : elles ne doivent régulièrement servir qu'à couvrir les frais qu'imposent les commandes, les analyses, la distribution des marchandises, etc.

Malgré la modicité de ces ressources, et avec des frais généraux souvent assez lourds, beaucoup de syndicats sont parvenus, en quelques années, à se constituer un petit actif qui fait la boule de neige et dont ils pourront user un jour pour créer des institutions de crédit ou de prévoyance : c'est là une pratique qu'on ne saurait trop encourager chez ces associations. Nous pourrions citer des syndicats agricoles qui possèdent déjà des encaisses de 10.000, 20.000, 30.000 francs.

IV

Dans le monde des syndicats agricoles, il y a, comme partout ailleurs, des grands et des petits, des syndicats à vaste circonscription, comptant plusieurs milliers de membres, et des syndicats à limites territoriales restreintes, dont les adhérents, relativement peu nombreux, forment une sorte de grande famille rurale. Tous les types sont pratiqués, tous ont réussi; car ils sont généralement imposés par la diversité des milieux et des circonstances dont il faut nécessairement tenir grand compte pour implanter l'association professionnelle parmi les agriculteurs. Il y a des syndicats agricoles simplement communaux ou groupant un petit nombre de communes, des syndicats cantonaux, des syndicats d'arrondissement, et enfin de grands syndicats départementaux. Tous ont leurs mérites et peut-être aussi leurs défectuosités.

Les syndicats départementaux représentent une force considérable soit pour les manifestations relatives aux intérêts économiques de l'agriculture, soit pour les marchés à traiter avec les fournisseurs auxquels ils apportent une grosse clientèle, soit pour la diffusion des bonnes méthodes culturales et la fondation d'institutions annexes. Mais le lien que l'association syndicale a pour but d'établir entre ses membres y existe à peine; ils ne se connaissent pas, ne peuvent se fréquenter, et n'entretiennent que des rapports en quelque sorte administratifs avec le bureau de leur association.

Dans les syndicats locaux, au contraire, et le canton constitue à cet égard une excellente unité de circonscription, les agriculteurs se connaissent, se rencontrent à chaque instant, se sentent les coudes. Ils peuvent apprécier réciproquement leur valeur personnelle, la situation de leurs affaires ; ils ont des besoins identiques auxquels il est possible de trouver une satisfaction commune. Ce sont là les meilleures conditions pour organiser un groupement professionnel, pour faire naître le sentiment de solidarité qui est la base de toute corporation. Mais les petits syndicats possèdent des moyens d'action souvent insuffisants, et il ne leur est pas donné d'avoir toujours à leur tête des hommes d'initiative, d'intelligence et de dévouement comme il faut les trouver pour assurer la prospérité de ces associations.

Il existe un excellent moyen de combiner les avantages des grands et des petits syndicats, de façon à permettre à l'association professionnelle de produire tous ses fruits naturels. Quand le grand syndicat départemental préexiste, on l'assouplit, on lui infuse la vie corporative en l'organisant en groupes locaux dont chacun possède un bureau spécial, réunit fréquemment ses membres et fonctionne presque à la façon d'un petit syndicat dans le grand. Le bureau local administre le groupe, selon ses besoins particuliers, sous l'autorité du bureau central de l'association, pour lequel il est un puissant agent d'information et d'influence. Un syndicat départemental ainsi organisé dispose d'une foule de concours précieux et est admirablement placé pour faire progresser l'agriculture, défendre ses intérêts, améliorer efficacement la condition des cultivateurs.

Dans les départements où il n'existe pas de syndicat départemental, mais beaucoup de petits syndicats cantonaux, on peut arriver pratiquement à un résultat assez analogue en reliant tous ces syndicats pour en former, comme l'autorise la loi du 21 mars 1884, une fédération, une *union* des syndicats agricoles du département. Mais pour que l'union ainsi organisée puisse rendre aux syndicats qu'elle englobe les services pratiques qu'ils attendent d'elle, il faut la pourvoir d'une institution annexe ou office, car les unions de syndicats ne possèdent pas la personnalité civile.

Les syndicats agricoles sont le plus souvent des syndicats mixtes ; ils admettent aussi bien les ouvriers que les patrons, et c'est ce qui a fait leur succès. Grands propriétaires fonciers, fermiers, régisseurs, petits propriétaires ruraux, employés de culture, vignerons, simples ouvriers agricoles, font partie du même syndicat; ils y apprennent à se connaître, à s'entr'aider, à s'éclairer les uns les autres, à discuter leurs intérêts communs et à se concerter pour les faire triompher. Rien n'est plus propre que ces réunions familières à rapprocher les classes, à solidariser les intérêts et à élever le niveau de la démocratie rurale. Les premiers organisateurs des syndicats agricoles ont très heureusement compris que, pour faire œuvre de progrès réel et de haute portée sociale, il fallait, en face des divisions et des malentendus trop exploités dans le monde du travail industriel, affirmer l'union qui règne entre le patron et l'ouvrier agricole. Créer des syndicats pour les propriétaires fonciers, fermiers ou régisseurs, c'est-à-dire pour les patrons seuls, c'était provoquer peut-être la formation de syndicats d'ouvriers agricoles qui eussent été opposés aux premiers, c'était partager l'agriculture en deux armées hostiles, organiser la guerre et non la paix. Le syndicat mixte est l'idéal des associations corporatives puisque, par essence, il est un instrument d'accord et de solidarité et qu'il empêche les ferments malsains de se développer entre les hommes qu'il réunit.

Sans doute, les rapports qui existent entre le patron ou l'entrepreneur du travail et l'ouvrier ne sont pas troublés dans l'agriculture comme ils le sont dans l'industrie : mais il était bon de veiller à ce qu'ils ne pussent le devenir un jour sous l'influence des agitateurs socialistes qui ne dédaignent pas d'exploiter les campagnes. Cette éventualité n'est pas chimérique, car elle vient de se produire dans le centre de la France.

Dans le département du Cher et dans quelques parties de l'Indre et de l'Allier, il s'est créé, d'après les conseils des députés socialistes Baudin, Dumay et Thivrier, des syndicats agricoles ouvriers sur le modèle des syndicats ouvriers de l'industrie. Les ouvriers ruraux ont formé des syndicats de faucheurs, de moissonneurs, etc.; leur programme invariable consiste à refuser le travail à l'entreprise et à n'accepter que le travail payé à l'heure. Leur projet est d'empêcher de travailler, même en employant la violence, les ouvriers qui ne consentiraient pas à s'enrôler dans leurs syndicats, d'organiser, en un mot, la grève pour les travaux des champs. Ce mouvement, qui s'est développé malgré les efforts des grands propriétaires fonciers pour améliorer le sort des paysans paraît avoir été provoqué principalement par la substitution du travail mécanique au travail des bras dans les exploitations agricoles. Il est dirigé dans un sens politique très accusé, puisque, le 1er mai 1892, c'est aux cris de : « Vive la République sociale! Vive l'Internationale ! » que les ouvriers ruraux syndiqués du Cher prenaient part aux élections municipales. Aussi M. Baudin, député, qui s'est vanté du succès partiel de cette tentative d'organisation du socialisme agraire dans le Cher, s'est-il cru autorisé à en conclure que « quand on fait des syndiqués, on fait des socialistes révolutionnaires ».

Toute l'histoire de nos syndicats agricoles proteste contre cette affirmation du député socialiste : elle démontre, au contraire, que l'association professionnelle ou la corporation, telle que l'agriculture la pratique, barre résolûment le chemin au progrès des doctrines socialistes. Mais cet exemple, qui mérite d'ailleurs d'être surveillé, prouve combien l'agriculture a été bien inspirée d'organiser, autant que possible, des syndicats mixtes, combien elle a intérêt à les multiplier dans les régions où ils sont encore trop peu nombreux et à y attirer les ouvriers de culture par des avantages spéciaux tels que l'assistance dans les maladies, le placement en cas de chômage, la vie à bon marché, etc.

Le danger de l'extension de syndicats ruraux ouvriers donnant la main aux syndicats ouvriers des villes n'est peut-être pas tel qu'on pourrait le craindre. La petite propriété est trop démocratisée dans nos campagnes pour que beaucoup d'ouvriers ruraux consentent à s'embrigader dans les syndicats socialistes. L'ouvrier de culture, le plus souvent, est aussi un petit propriétaire ; il loue ses services, mais cela ne l'empêche pas de cultiver son propre champ. A titre de propriétaire, il a le plus grand intérêt à faire partie des syndicats agricoles qui rendent mille services à la petite culture et qui sont créés surtout à son profit. Membre d'un syndicat mixte dont il appréciera de plus en plus les bienfaits, admis à y étudier ses intérêts professionnels avec les patrons ruraux, ce qui aura pour effet de relever sa condition à ses propres yeux, il deviendra réfractaire à la propagande socialiste.

V

Quel a été le développement et quel est l'état actuel des syndicats agricoles ?

D'après l'*Annuaire des syndicats professionnels* que publie le ministère du commerce, et au 1ᵉʳ juillet de chaque année, on comptait 5 syndicats agricoles en 1884, 39 en 1885, 93 en 1886, 214 en 1887, 461 en 1888, 577 en 1889, 648 en 1890, 750 en 1891 et 863 en 1892.

Les 863 syndicats agricoles relevés au 1ᵉʳ juillet 1892 n'atteignaient pas le quart du total des syndicats professionnels qui était de 3.811. Mais le chiffre officiel indiqué par le ministère pour les syndicats agricoles dont les statuts ont été régulièrement déposés est assurément trop faible ; leur nomenclature par ordre de département présente beaucoup d'omissions, surtout parmi les syndicats émanés des anciennes associations agricoles ou parmi les comices et sociétés d'agriculture qui se sont eux-mêmes transformés en syndicats professionnels. L'*Annuaire des syndicats agricoles*, publié par M. L. Hautefeuille, qui est loin d'être complet, mentionne l'existence d'environ 1.100 syndicats agricoles.

Depuis l'année dernière, le mouvement est loin de s'être arrêté, et, en tenant compte aussi bien des syndicats nouvellement créés que de ceux qui ont pu se dissoudre, nous ne pouvons évaluer à moins 1.300 le nombre actuel de nos syndicats agricoles.

Il existe aujourd'hui des syndicats agricoles dans tous les départements de France et d'Algérie. Leur répartition est très inégale : l'Indre-et-Loire en a vu se créer plus de 60. La Côte-d'Or, l'Yonne, la Drôme, l'Ain, la Charente, l'Isère, le Loir-et-Cher, la Marne, la Sarthe, etc., comptent chacun 20 à 30 syndicats et même plus ; d'autres départements, et des plus importants, tels que l'Allier, les Ardennes, le Calvados, la Loire-Inférieure, la Manche, la Mayenne, la Nièvre, le Nord, l'Oise, etc., n'en possèdent que 2 ou 3. Dans plusieurs de ces départements, l'Allier, la Nièvre, le Nord, par exemple, le mouvement syndical a été peu marqué ; dans d'autres, un grand et florissant syndicat départemental, constitué au début, a accaparé la faveur des agriculteurs, et n'a pas laissé de place à ses côtés pour la fondation de syndicats nouveaux.

Combien les syndicats agricoles groupent-ils d'adhérents dans leurs cadres ? Ici encore, la publication officielle est manifestement dans l'erreur. Le chiffre des membres qu'elle porte à l'actif de chaque syndicat est souvent vieux de plusieurs années, et l'on sait avec quelle rapidité se recrutent ces associations. Nous pourrions citer de nombreux exemples de ces inexactitudes. Aussi, est-il impossible d'accepter en aucune façon le chiffre de 313. 800 pour le personnel total des syndicats agricoles. Des relevés faits avec grand soin sur les comptes rendus annuels de ces associations nous permettent de fixer en bloc à 600.000 membres environ leur personnel qu'on peut considérer comme l'élite de l'agriculture française. Qui aurait pu supposer, en 1884, que les populations rurales réputées si routinières, si réfractaires à tout progrès, allaient fournir, en neuf années, aux corporations régénérées 600.000 membres actifs ? On trouverait au moins 80 syndicats agricoles possédant chacun plus d'un millier de membres. Le Syndicat des agriculteurs de la Vienne, le plus important de France, compte actuellement près de 13.000 membres, le Syndicat agricole de la Charente-Inférieure 11.500, le Syndicat des agriculteurs du Loiret 6.500, le Syndicat agricole d'Anjou 6.000, le Syndicat des agriculteurs de la Sarthe, le Syndicat des agriculteurs des Ardennes, le Syndicat des agriculteurs de la Loire-Inférieure, le Syndicat des agriculteurs des Basses-Pyrénées, de 4.000 à 5.000 chacun, etc., et cela sans préjudice d'autres associations similaires existant dans ces départements et leur faisant concurrence. Car souvent, dans la même circonscription et jusqu'au chef-lieu de canton, on trouve deux syndicats rivaux qui se disputent l'honneur de rendre des services à l'agriculture.

Les hommes qui, placés à la tête des syndicats agricoles, leur ont donné, par leur dévouement et leur intelligence pratique, une vive impulsion, sont nombreux en France : ils ont bien mérité, non seulement de l'agriculture, mais du progrès économique et social. On compte beaucoup de sénateurs et de députés parmi eux ; nous citerons seulement M. Develle, ancien ministre de l'agriculture, président d'un syndicat de la Meuse, M. Méline, président d'un syndicat des Vosges, M. Christophle, gouverneur du Crédit foncier, président d'un syndicat de l'Orne, etc. Les conseillers généraux sont en grand nombre, ainsi que les lauréats de la prime d honneur des concours régionaux : nous rencontrons encore des membres de l'Institut, tels que MM. Francisque Bouillier, Sénart, Paul Leroy-Beaulieu ; des membres de la Société nationale d'agriculture de France, tels que MM. de Monicault, Emmanuel Gréa, le marquis de Poncins, Tiersonnier, Marc de Haut, Josseau et Emile Gatellier ; et une foule d'agronomes distingués et de grands propriétaires fonciers.

Les ressources des syndicats agricoles sont minimes, nous l'avons dit : mais ils possèdent un capital inestimable, leur probité commerciale, leur exactitude à remplir leurs engagements ; c'est ce qui leur permet, sans fournir pour ainsi dire de garanties réelles, de traiter pour leurs membres un chiffre d'affaires évalué à environ 100 millions de francs par an.

Parmi les moyens d'action des syndicats agricoles, il faut en mentionner un très efficace pour instruire leurs adhérents, les tenir au courant de tout ce qui touche leurs intérêts et créer un lien permanent entre eux et le bureau de l'association : c'est la propagande exercée par la presse syndicale. Beaucoup de syndicats ont créé des bulletins, le plus généralement mensuels ou bimensuels, qu'ils adressent gratuitement à leurs membres. Ces feuilles, très pratiquement rédigées pour la plupart, contiennent des conseils de culture, des formules d'engrais appropriées aux besoins locaux, des avis concernant les diverses opérations de l'association, les comptes rendus des assemblées générales et des réunions de la chambre syndicale ou des groupes locaux, etc. Elles enregistrent aussi, pour les syndiqués qui le désirent, les offres et demandes de produits agricoles, animaux, etc., et leur publicité facilite ainsi les transactions, soit entre leurs propres membres, soit entre les syndicats qui font l'échange de ces publications. Ces bulletins de syndicats sont au nombre d'au moins 200, avec un tirage très considérable puisqu'il est proportionné au chiffre de leurs membres : on peut facilement apprécier quelle heureuse influence cette presse professionnelle exerce sur le progrès des populations rurales. Quelques associations publient des almanachs ou des annuaires. Celles qui ne possèdent pas d'organe de publicité font généralement publier leurs comptes rendus annuels ou semestriels par la presse locale.

Nous avons rapidement exposé l'organisation des syndicats agricoles. L'agriculture a compris la forme nouvelle d'association que lui offrait la loi du 21 mars 1884, non seulement comme un puissant instrument de progrès technique et matériel qui devait l'aider à traverser une crise économique intense, mais aussi comme un moyen de se prémunir contre deux dangers inégalement redoutables : les entreprises du socialisme révolutionnaire et celles du socialisme d'État. L'antique corporation, rajeunie, appropriée aux besoins des temps nouveaux, développant le principe généreux de la solidarité professionnelle sans porter atteinte à celui de la liberté du travail, lui a paru l'asile où elle pourrait étudier en paix les problèmes relatifs à la production.

En considérant sous ses aspects divers le fonctionnement des syndicats agricoles, nous verrons se confirmer leur caractère nettement corporatif, car nous les trouverons toujours prenant en main les intérêts de leurs membres.

Une fois les syndicats agricoles bien connus, nous rencontrerons, au-dessus du groupement des individus, le groupement des associations elles-mêmes dans les unions de syndicats agricoles dont l'action, tour à tour centralisatrice et décentralisatrice, offre matière à d'intéressantes observations. Ces fédérations ont pour objet de développer encore parmi les agriculteurs l'essor de l'initiative privée et le sentiment de la solidarité, de régler leurs manifestations, de défendre plus efficacement et de mieux représenter les intérêts de la profession.

Nous les verrons, dans le cadre de nos vieilles provinces où elles ont voulu se placer pour faire revivre certaines traditions et affinités séculaires, chercher à diriger, en vue d'une meilleure organisation de la société civile, le mouvement spontané qui porte aujourd'hui toutes les forces sociales, et en particulier les forces rurales, à s'unir.

CHAPITRE II

LE FONCTIONNEMENT DES SYNDICATS AGRICOLES

Les syndicats agricoles rendent des services d'ordres divers. — Services matériels. — L'achat des engrais chimiques. — Adjudications et cahiers des charges. — Résistances du commerce. — Les ventes de produits agricoles. — Services techniques. — L'enseignement pratique et l'aide mutuelle. — Services économiques. — Entrée en scène de la démocratie rurale. — Les *Farmers alliances*. — L'intervention des syndicats agricoles dans les élections — Services sociaux. — Relèvement et rapprochement des classes rurales.

L'association est et sera de plus en plus, au siècle qui s'approche, le levier destiné à diriger le monde, aussi puissant pour le bien qu'il peut l'être pour le mal : celui que s'est forgé l'agriculture semble un bon instrument ; il nous faut voir le parti qu'elle en a su tirer.

Les populations agricoles ont des intérêts d'ordre différent, mais auxquels il est également urgent de pourvoir. *Primo vivere, deinde philosophari.* Assurer l'existence du cultivateur, le mettre à même de mieux « gagner sa vie », comme le dit le peuple en son expressif langage, de mieux acheter et de mieux vendre, c'est évidemment le premier service à lui rendre, le service essentiel sans lequel les autres risqueraient d'être peu appréciés.

Puis, le cultivateur a besoin d'être instruit, éclairé, mis au courant des découvertes de la science et des perfectionnements introduits par l'expérience dans les procédés d'exploitation du sol. Pour qu'il puisse acheter économiquement les marchandises qui lui sont nécessaires, produire à peu de frais, vendre avantageusement ses produits, il y a beaucoup à lui apprendre, il y a beaucoup à l'aider : c'est un second ordre de services qui se lie étroitement au premier et que l'association professionnelle est bien qualifiée à rendre aux individualités qu'elle groupe.

La sollicitude de l'association doit s'étendre non seulement aux besoins matériels du moment, mais à ceux de l'avenir ; elle doit prévoir et chercher à améliorer les conditions générales dans lesquelles s'exerce la profession. A ce titre, il y a lieu de considérer les rapports de l'agriculture avec les autres professions, avec l'État ou les administrations publiques et enfin avec la production agricole étrangère. Ce rôle économique, qui incombe à l'association professionnelle, dans notre société moderne où tous les intérêts divers se défendent énergiquement et savent au besoin se coaliser, est d'une grande importance : car une profession dont les intérêts économiques n'ont pas reçu satisfaction et ont été sacrifiés à d'autres, ne saurait, malgré des prodiges d'intelligence et d'activité, jouir d'une véritable prospérité dans l'État.

Enfin l'association doit s'élever à une conception plus haute encore : le rapprochement des catégories sociales, l'amélioration du sort des petits poursuivie sans relâche par ceux qui occupent un rang supérieur dans la hiérarchie professionnelle. Elle doit mettre à profit l'union qu'elle organise au nom des intérêts communs pour travailler dans sa sphère à rétablir ou à consolider la paix sociale, ce grand *desideratum* de notre époque.

I

Les services pratiques ou matériels que rend le syndicat agricole à ses adhérents, nous les avons vus poindre dès son origine. Les premières de ces associations n'avaient pas d'autre but que l'achat des engrais en commun et, il faut bien le dire, aujourd'hui encore un certain nombre d'entre elles ne s'occupent guère d'autre chose. Pour le producteur agricole, acheter dans de bonnes conditions les engrais du commerce, qui convenablement employés lui assurent de grosses récoltes, constitue une opération de capitale importance. Elle était peu accessible aux petits cultivateurs inhabiles à faire leurs commandes, trop exposés à être trompés dans les livraisons. Les syndicats ont su en faire une opération d'une merveilleuse simplicité.

Voyons comment ils procèdent : cet examen n'est pas superflu ; car les principes qu'ils ont posés, les usages qu'ils ont établis pour traiter leurs achats d'engrais, nous les retrouverons généralement, plus ou moins modifiés selon les circonstances, dans les autres opérations d'achat et de vente que pratiquent ces associations pour le compte de leurs adhérents.

Le bureau du syndicat provoque l'envoi des commandes de ses membres par une circulaire ou par un avis publié dans son bulletin périodique : elles doivent être remises à date fixe, et le plus souvent deux fois par an, pour les besoins de la campagne de printemps et pour ceux de la campagne d'automne. On conçoit que, ces commandes étant groupées et totalisées, et ce total monte parfois à plusieurs millions de kilogrammes d'engrais phosphatés, azotés ou potassiques, le syndicat constitue un acheteur très important qui peut traiter aux prix du commerce du gros, car le négoce recherche sa clientèle, et répartir ensuite les marchandises entre ses membres, en majorant légèrement les prix afin de se couvrir de ses frais.

Tel est le principe : dans la pratique, les syndicats agricoles ne procèdent pas tous de façon uniforme. Quelques-uns traitent de gré à gré avec des fournisseurs de leur choix. Beaucoup d'entre eux établissent un concours entre les fournisseurs sous forme d'une sorte d'adjudication, plus ou moins régulière, à laquelle participent les marchands qui briguent l'honneur et le profit de les servir. Ces adjudications se font sur un cahier des charges qui est ordinairement assez rigoureux pour le fournisseur. Le moindre retard dans la livraison donne lieu à des dommages et intérêts dont le taux est prévu ; la moindre insuffisance de dosage dans la teneur des engrais motive, sous le nom de *réfaction*, le paiement d'une indemnité double ou triple de la valeur des éléments manquants. Mais la condition la plus dure, c'est que, dans un grand nombre de syndicats, on met en adjudication non pas des quantités à livrer, mais seulement des prix pour les diverses catégories de matières fertilisantes. Comme les adjudications se font souvent plusieurs mois avant l'époque où les cultivateurs doivent employer les engrais et qu'il est très difficile de les décider à préciser leurs besoins d'avance, les bureaux des syndicats ont profité de la concurrence qu'ils ont su créer dans le commerce pour obtenir de lui l'engagement ferme de livrer à prix déterminé, sur la seule indication, faite sans garantie, des quantités de marchandises demandées par les syndiqués l'année précédente. Ainsi est déclaré adjudicataire le négociant qui a offert les plus bas prix : il est facile de comprendre qu'il est réellement seul engagé, et engagé dans des conditions qui ne lui permettent pas de se couvrir de ses risques.

Le syndicat prend bien, il est vrai, l'engagement, au moins moral, de lui passer toutes les commandes qu'il reçoit ; mais les syndiqués n'ont contracté aucun engagement personnel et demeurent toujours libres de se pourvoir ailleurs, en dehors de leur syndicat, ce que font trop souvent les grands agriculteurs, habiles à défendre eux-mêmes leurs propres intérêts sans l'intervention de l'association dont ils font partie. Cela posé, si, dans l'intervalle de l'adjudication à l'époque de la livraison, la marchandise a baissé de prix, l'adjudicataire ne recevra que peu ou point de commandes et ne tirera aucun bénéfice de son contrat ; si, au contraire, il y a eu de la hausse, le syndicat transmettra des commandes en foule et le fournisseur, obligé de livrer, perdra sans doute de l'argent : car, son engagement étant indéterminé, il n'aura pu, sans imprudence, pratiquer les approvisionnements qui lui auraient été nécessaires, au moment même où il l'a souscrit.

On voit que ce mode de traiter donne au syndicat toutes les chances favorables et met, pour ainsi dire, tous les risques à la charge du fournisseur. Il est destiné à être modifié quand les syndicats agricoles se seront convaincus par l'expérience qu'ils ont intérêt à ne pas abuser de leur puissance à l'égard du commerce qui les considère, malgré tout, comme ses meilleurs clients.

Ce que nous avons à faire ressortir ici, c'est le zèle et l'efficacité avec lesquels le syndicat représente l'intérêt de ses membres dans ces négociations. Le consommateur ne saurait être mieux défendu.

Là ne se borne pas la sollicitude des syndicats au sujet

de l'achat des engrais : la livraison, la distribution, la vérification des dosages se font par leurs soins et offrent à l'acheteur toutes les garanties désirables. De plus, en vue de faciliter aux petits cultivateurs l'emploi des engrais chimiques qui est en quelque sorte le premier degré d'une culture progressive, la plupart des syndicats ont établi, dans leurs principaux centres de consommation, des dépôts d'engrais, alimentés par les fournisseurs, où le paysan vient prendre les quelques sacs qui lui sont nécessaires, au fur et à mesure de ses besoins, et les paie à peine plus cher que le grand cultivateur qui reçoit directement ses commandes par wagons complets.

C'est une véritable révolution si l'on se reporte aux prix usuraires qu'étaient obligés de payer nos petits cultivateurs lorsqu'ils s'approvisionnaient autrefois chez le maréchal, le charron ou l'épicier du village, dépositaires eux-mêmes pour le compte du marchand d'engrais de la ville voisine.

Il faut d'ailleurs constater que l'institution des syndicats agricoles a eu pour effet d'abaisser dans une proportion considérable, 20 à 30 p. 100 au moins, non seulement pour leurs propres membres, mais aussi pour tout le monde, et cela par suite de la publicité que leurs prix ont reçue et de la concurrence qu'ils ont créée dans le commerce, les prix de vente des engrais ainsi que des machines agricoles. L'agriculture française tout entière a profité de cette baisse qui a coïncidé, néanmoins, avec une notable amélioration de la qualité des marchandises.

Généralement, les syndicats ne se rendent pas responsables des engagements contractés par leurs membres et du paiement des commandes qu'ils ont transmises. Un petit nombre d'entre eux seulement a admis cette solidarité. Il en résulte que presque toujours, pour le paiement des marchandises qu'il a livrées, le fournisseur est obligé de faire traite sur chaque acheteur individuellement, et cela pour des sommes très minimes. Les factures doivent être, au préalable, vérifiées et visées par le bureau du syndicat qui intervient là encore pour sauvegarder les intérêts des syndiqués et les couvrir de sa protection. Les traites sont payables au domicile des acheteurs et à l'échéance, fixée par le cahier des charges, d'un, deux ou trois mois du jour de la livraison. Dans tous les syndicats qui fonctionnent régulièrement, il est presque sans exemple qu'une traite lancée par un fournisseur revienne protestée, faute de paiement à l'échéance : un membre qui faillirait ainsi à ses engagements serait rayé de la liste du syndicat. Ce fait est très important à relever ; car il démontre bien que les cultivateurs ont acquis ce qui leur a si longtemps fait défaut, les habitudes commerciales et la religion de l'échéance ; les populations agricoles, grâce à la pratique des syndicats professionnels et à la propagande qu'ils ont exercée autour d'eux, sont devenues mûres pour l'organisation du crédit agricole.

Le commerce des engrais n'a pas accepté sans lutte l'intervention des syndicats agricoles entre lui et les consommateurs ruraux : il a cherché par divers moyens à défendre ses bénéfices, menacés par les conditions nouvelles qui lui étaient imposées, et il a soutenu notamment, avec l'appui de la Chambre de commerce de Paris, que la loi du 21 mars 1884 n'autorise pas les syndicats agricoles à faire un genre d'opération qui confine au commerce, et pour lequel ils devraient, tout au moins, être assujettis à la patente. Mais le ministre du commerce, qui était alors M. Pierre Legrand, d'accord avec le ministre des finances, a répondu, le 27 avril 1888, au président de la Chambre de commerce de Paris, qu'il est impossible de reconnaître le caractère d'acte de commerce aux achats de marchandises utiles à l'agriculture, faits par les syndicats, sans aucun bénéfice, au profit de leurs membres.

Le ministre admet que l'esprit de la loi sur les syndicats professionnels autorise les agriculteurs à « trouver dans cette forme d'association les moyens de défendre leurs intérêts par une action utile et effective ».

« On peut dire, ajoute M. Pierre Legrand, que la loi de 1884, si elle ne conférait pas le droit de faire des opérations semblables, ne pourrait être, pour les agriculteurs, l'objet d'aucune application vraiment pratique. »

Le commerce des engrais a, d'ailleurs, trouvé une compensation à la réduction de ses bénéfices dans l'accroissement énorme de la consommation des matières fertilisantes. D'après M. Joulie, la consommation de tous les engrais chimiques ou commerciaux réunis atteignait à peine 52 millions de francs en 1870 ; actuellement, elle s'élève à un total de 120 millions. M. le Trésor de la Rocque, président de l'Union des Syndicats des Agriculteurs de France, estime que cette consommation serait bien plus forte encore et dépasserait 400 millions, tant pour les engrais fabriqués en France que pour ceux d'importation étrangère (1). Quoi qu'il en soit, il est avéré que les syndicats agricoles sont pour beaucoup dans l'accroissement de la consommation.

Il en a été de même pour les machines et instruments agricoles, quoique à un degré moindre. Les conseils des syndicats, les concours et essais pratiques qu'ils orga-

---

(1) L'évaluation de M. le Trésor de la Rocque s'applique non seulement aux engrais chimiques proprement dits, mais aussi à tous les produits insecticides et anti-parasitaires dont l'emploi s'est répandu si largement et qui étaient à peine connus il y a quelques années.

nisent, les facilités et avantages qu'ils offrent pour l'achat, ont commencé la transformation de l'outillage agricole si défectueux, si incomplet, de nos cultivateurs. Les syndicats traitent encore pour leurs membres des achats de semences, tourteaux et autres matières propres à l'alimentation du bétail, sucres pour les vendanges, sels dénaturés, charbons, produits insecticides et antiparasitaires, plants américains, etc., et de nombreux produits qui, dans les régions viticoles, sont employés à la culture de la vigne où à la vinification.

Toutes ces marchandises, utilisées par l'agriculture ou la viticulture, ont incontestablement le caractère professionnel qui autorise les syndicats à les acheter pour le compte de leurs membres ou à en approvisionner leurs magasins, afin de satisfaire aux demandes, dès qu'elles se produisent. Certains syndicats ont voulu aller plus loin et n'ont pas craint d'étendre leurs opérations aux objets d'épicerie, d'habillement, etc., afin de faire bénéficier leurs adhérents, jusque dans les dépenses courantes de leur ménage, des réductions de prix et avantages divers que permet l'achat en commun. Ces opérations n'ont rien de professionnel et rentrent dans le domaine des sociétés coopératives de consommation : les syndicats agricoles n'ont pas qualité pour s'y livrer directement et, dans certains départements, sur les réclamations du commerce local, ils ont été invités par les parquets à y renoncer. Dans d'autres régions, et quand ces opérations accessoires ont peu d'ampleur, elles sont tolérées.

Quelle est l'importance des achats traités annuellement par les syndicats agricoles ? Elle est assez difficile à évaluer. Quelques-uns approchent du chiffre d'un million de francs et même le dépassent. Le premier syndicat agricole de France, le Syndicat des agriculteurs de la Vienne, présidé par M. Savin de Larclause, directeur de la ferme-école de Montlouis, a fait, en 1891, un chiffre d'affaires de 1.030.000 francs et livré à ses adhérents, presque tous petits cultivateurs qui ignoraient l'emploi des engrais chimiques il y a quelques années encore, l'énorme quantité de près de 11.000 tonnes de matières fertilisantes. 60 ou 80 syndicats agricoles peut-être ont chacun un chiffre d'affaires supérieur à 200.000 francs. Mais, à côté des syndicats prospères, il en est beaucoup qui végètent, au moins sous le rapport des achats, et nous ne croyons pas pouvoir estimer le mouvement d'affaires de l'ensemble des syndicats agricoles à plus de 100 millions par an. Pour 600.000 agriculteurs syndiqués, c'est une moyenne de 166 francs seulement : on conviendra que c'est peu et qu'il reste de la marge aux associations professionnelles pour développer les services qu'elles ont à rendre à l'agriculture.

II

Après les achats traités par les syndicats, viennent les ventes ou plutôt les tentatives faites pour faciliter l'écoulement des produits agricoles ; car, dans cette organisation difficile, la pratique a encore peu de succès à enregistrer.

Pourtant, c'est là le grand problème à résoudre. L'habitant des campagnes est essentiellement un producteur, et un producteur mal placé pour vendre avantageusement ses produits : éloigné des centres de consommation, contraint, pour faire de l'argent, lorsqu'il en a besoin, de réaliser souvent en temps inopportun, il est à la merci des intermédiaires trop multipliés qui s'interposent entre le consommateur et lui. Il appartiendrait à l'association professionnelle de le défendre efficacement contre l'exploitation dont il est l'objet, en organisant la vente comme elle a su organiser l'achat.

Dans quelques grandes villes, à Paris, Lyon, etc., les syndicats agricoles font vendre par leurs courtiers spéciaux le bétail gras sur les marchés publics. Les syndicats de Normandie et du Maine fournissent au commerce et aux particuliers des reproducteurs de leurs races bovines locales, qu'ils font acheter par leurs agents dans les foires. Le Syndicat agricole du Calvados, présidé par M. le marquis de Cornulier, député, se fait intermédiaire gracieux pour la vente de nombreux chevaux de luxe et de service, élevés dans la plaine de Caen. Le même syndicat et beaucoup d'autres de Normandie et de Bretagne se sont ménagé certains débouchés pour l'écoulement des cidres, des pommes à cidre, des beurres et des fromages qui sont les principales spécialités de cette région. Grâce à une publicité assez étendue, ces syndicats ont réussi à organiser un service d'expédition de beurres fins et de fromages de luxe par colis postaux. Quelques dépôts de beurres et fromages ont aussi été créés dans les grandes villes. La vente des blés, avoines et autres céréales, comme semences, se pratique dans un grand nombre de syndicats ; elle est facilitée par des expositions publiques d'échantillons et par des offres insérées dans les publications syndicales qui s'échangent entre les associations, d'un bout de la France à l'autre. Les fourrages, les pailles, les pommes de terre, etc., ont quelques débouchés de syndicat vendeur à syndicat acheteur.

Un commerce important s'est établi récemment dans les régions viticoles, celui des raisins frais de vendange, expédiés aux consommateurs des contrées où la vigne ne donne plus que des récoltes insuffisantes, afin de leur permettre de fabriquer pour leur usage des vins naturels. Les syndicats viticoles sont les agents actifs de ces transactions. Ceux de l'Hérault, du Gard, etc., par exemple, fournissent des wagons de raisins frais aux syndicats de Meurthe-et-Moselle et de nos départements de l'Est.

Quant aux vins, dont l'écoulement a été rendu si difficile par suite de la concurrence étrangère et des pratiques commerciales qui ont faussé le goût du consommateur, les syndicats de viticulteurs ne pouvaient négliger de s'en occuper. Ils ont créé des marchés aux vins dans le Rhône, le Loiret, le Puy-de-Dôme, etc., espérant y attirer le commerce et les consommateurs par les facilités de dégustation et de choix qu'ils trouveraient dans l'ensemble des échantillons exposés. Mais le commerce, qui aime à avoir ses coudées franches, s'est abstenu de fréquenter ces marchés, de sorte que l'abondance des offres et le petit nombre des demandes ont accentué la baisse. Quelques dépôts ouverts dans les grandes villes ont eu peu de succès. Aujourd'hui nos syndicats viticoles semblent s'arrêter à l'idée de suivre pas à pas les pratiques du commerce afin de réussir comme lui. Le syndicat se porterait garant de la qualité du vin, expédié de la propriété sous son contrôle, et, afin de provoquer les commandes, il ferait visiter la clientèle par un placeur ou courtier qui serait son agent spécial. De plus, les syndicats viticoles ont commencé cette année à exposer et faire déguster les produits de leurs adhérents, au concours général agricole de Paris : cette tentative, qui a réussi, semble devoir être l'amorce de relations plus faciles entre le producteur et le consommateur ou le commerce de gros.

Les approvisionnements de l'armée et des établissements publics en vin, blé, fourrages, paille, etc., seraient de nature à être soumissionnés par les syndicats agricoles s'ils étaient fractionnés convenablement et si l'administration, se rendant meilleur compte des intérêts qu'elle est chargée de défendre, consentait à tempérer quelque peu la rigueur de ses règlements. Rien ne serait plus vraiment démocratique que de faire du producteur rural, par le canal de ses associations professionnelles, le fournisseur direct de notre armée et il en résulterait une sérieuse économie pour l'État affranchi de l'espèce de monopole qu'ont réussi à se constituer des entrepreneurs spéciaux, intermédiaires très onéreux, ou des sociétés d'accaparement et de spéculation telles que la *Graineterie française.*

Quelques essais pratiqués heureusement à Meaux, Lunéville, Rennes, Châteauroux, etc. ont démontré que les syndicats agricoles sont aptes à prendre la responsabilité de grosses fournitures qu'ils répartissent ensuite entre leurs membres pour l'exécution des livraisons. Le Syndicat des agriculteurs de l'Indre a été déclaré adjudicataire de 500 quintaux de blé pour l'administration de la guerre. Le Syndicat agricole de l'arrondissement de Meaux, présidé par M. Émile Gatellier, a traité avec le colonel du 8ᵉ régiment de dragons pour la fourniture de toute la paille nécessaire à ce régiment pendant un an, soit 5.700 quintaux, et l'exécution du marché n'a donné lieu à aucune difficulté ni entre le syndicat et l'autorité militaire, ni entre le bureau du syndicat et ses membres. Mais pour faciliter aux syndicats agricoles leur participation courante aux adjudications militaires, il faudrait que les fournitures fussent divisées en catégories et les adjudications faites pour une période plus courte qu'une année, pour trois mois ou six mois, par exemple. L'intendance aurait aussi à se départir de ce formalisme inintelligent en vertu duquel, pour admettre le Syndicat de Meaux à soumissionner, elle réclamait la production de l'acte de naissance et de l'extrait du casier judiciaire des 850 membres de l'association.

Quelques syndicats agricoles, notamment ceux de Villeneuve-sur-Lot, Romorantin, les syndicats paroissiaux de basse Bretagne, etc., dont les membres se livrent à la culture maraîchère, organisent à frais communs l'expédition des légumes de primeur, tels que petits pois, haricots, asperges, choux-fleurs, etc., qui sont vendus par commissionnaire aux Halles de Paris ou dans d'autres grands centres de consommation. Il existe enfin des produits spéciaux à certaines régions privilégiées, tels que les huiles d'olive de la Provence, les houblons de Bourgogne, les eaux-de-vie des Charentes ou de l'Armagnac, etc., auxquels les syndicats professionnels formés entre leurs producteurs ont réussi à ouvrir des débouchés avantageux. Notons encore les syndicats agricoles betteraviers dont les membres se sont associés en vue surtout de défendre leurs intérêts communs, pour les prix et conditions de la vente des betteraves aux fabricants de sucre, en adoptant un modèle uniforme de contrat.

Le développement des opérations de vente effectuées par les syndicats de producteurs, par-dessus la tête des intermédiaires parasites infiniment trop nombreux, intéresse vivement le consommateur puisqu'il tend à assurer à la fois la qualité sincère des denrées et la vie à bon marché. Le progrès de l'association professionnelle agricole aboutira vraisemblablement à la création, dans les grandes villes, de dépôts approvisionnés directement par les syndicats où les consommateurs, sans avoir rien à modifier de leurs habitudes invétérées, trouveront à acheter au détail la plupart des objets d'alimentation.

III

Les services d'ordre technique que le syndicat agricole est appelé à rendre à ses adhérents visent le développement de leur instruction professionnelle, l'amélioration de leurs méthodes d'exploitation du sol. Le syndicat, c'est l'enseignement mutuel et c'est aussi l'aide mutuelle : c'est l'expérience de chacun mise au profit de tous. Nous allons voir comment ce rôle a été rempli.

Avec le concours des professeurs départementaux d'agriculture dont beaucoup coopèrent activement, en qualité de secrétaires généraux, à leurs opérations, les syndicats ont tout d'abord institué des champs d'expériences et de démonstration où les résultats de l'emploi des engrais chimiques, des semences de choix, des instruments perfectionnés, apparaissaient clairement aux yeux des cultivateurs les plus défiants. Des conférences agricoles, des articles spéciaux publiés dans le bulletin de l'association, des essais publics de machines venaient préciser et confirmer l'impression produite. Des concours ont été organisés avec attribution de récompenses pour les animaux et tous les produits de la ferme, ainsi que pour le travail agricole dans ses branches variées. Des primes ont été décernées aux meilleurs conducteurs de charrues perfectionnées, de faucheuses, de moissonneuses et de toutes les ingénieuses machines qui façonnent si merveilleusement la terre ou assurent la prompte et économique réalisation des récoltes. Les associations de la Côte-d'Or notamment se sont concertées pour établir un grand concours agricole départemental qui, inauguré à Dijon en 1891, doit avoir lieu chaque année dans l'un des chefs-lieux d'arrondissement. Le Syndicat agricole de l'arrondissement de Chartres, présidé par M. Vinet, sénateur, a institué un concours entre les instituteurs pour l'enseignement primaire de l'agriculture.

Beaucoup de syndicats agricoles ne se bornent pas à faciliter à leurs membres l'achat des engrais; ils leur donnent encore des conseils précis sur la manière de les employer. Le Syndicat agricole de Meaux envoie à ceux de ses adhérents qui le consultent par correspondance, en fournissant les renseignements nécessaires quant à l'état de leur sol et aux récoltes précédentes, l'indication de la formule qui convient pour une culture déterminée. Le même syndicat, après avoir fondé à Meaux un laboratoire de chimie, a entrepris de dresser, au moyen de l'analyse d'un certain nombre d'échantillons de terre arable prélevés dans chaque commune, la carte agronomique de sa circonscription. Cet exemple a été suivi dans la Vienne, l'Indre et quelques autres départements. L'amélioration des semences, leur renouvellement fréquent, l'étude des variétés à grand rendement susceptibles d'être acclimatées avec succès selon les régions, sont des points que les syndicats se sont bien gardés de négliger. Il en est de même pour la conservation des belles races d'animaux et le perfectionnement de celles qui réclament l'infusion périodique d'un sang nouveau. De nombreux syndicats font acheter en pays d'origine des reproducteurs choisis de la race qui convient le mieux à leur élevage et les vendent ensuite par licitation entre leurs membres, sous certaines conditions telles que l'engagement de les conserver pendant un temps fixé. Les syndicats de nos départements de l'Est ont ainsi introduit déjà beaucoup de taureaux remarquables achetés en Suisse ou près de la frontière. A la conservation des races se rattache l'établissement des livres généalogiques dénommés *stud-book* pour les chevaux et *herd-book* pour la race bovine. Le Syndicat agricole du Boulonnais a entrepris et mené à bien une œuvre fort importante pour l'élevage de toute la région du Nord-Ouest : il a dressé, au moyen de déclarations contrôlées par ses commissions qui ont parcouru tout le pays à cet effet, le stud-book régulier de la race chevaline boulonnaise.

Le système de la vente aux enchères sur mise à prix abaissée, pratiqué pour les animaux reproducteurs, l'est également pour les instruments agricoles. Les sacrifices que ces opérations imposent aux associations sont largement compensés par le progrès qui en résulte pour la culture locale. Les syndicats du département de la Meuse procèdent autrement : afin d'encourager l'acquisition de bons instruments, ils accordent à leurs acquéreurs une allocation proportionnelle au prix de ces instruments : ils stimulent également l'établissement des fosses à purin en remboursant une partie de la dépense totale dûment constatée.

Dans d'autres et nombreux syndicats, le moyen mis en œuvre pour propager le bon matériel de culture a été d'acquérir les instruments pour les mettre en location. Les syndiqués se familiarisent vite ainsi avec leur usage et le progrès se trouve acquis. Beaucoup de syndicats ou de sections syndicales possèdent des trieurs à céréales et font, à prix minime, le nettoyage des grains récoltés par leurs adhérents.

Citer toutes les œuvres si variées que les syndicats se sont ingéniés à créer pour vulgariser les conquêtes de la science et de la pratique agricole, serait impossible. Chacun d'eux a su s'inspirer très heureusement des besoins particuliers de la culture locale. Dans les régions viticoles, nous les voyons ouvrir des écoles de greffage, organiser, à l'exemple de la Suisse, un service d'inspection des vignes, établir des pépinières de plants américains, faire des enquêtes sur l'adaptation des divers cépages au sol et leur résistance relative au phylloxera, défendre énergiquement le vignoble contre le *mildew* et les autres maladies cryptogamiques, etc. Dans les montagnes du Doubs, du Jura, de la Haute-Savoie, ils étendent leur action, pour les améliorer, sur les antiques *fruitières* ou fromageries qui furent, dès le moyen âge, les premières manifestations de l'esprit d'association rurale. Plusieurs d'entre eux, dans le Puy-de-Dôme, les Vosges, la Haute-Savoie, etc., ont organisé des voyages d'étude, des visites d'exploitations modèles, estimant que le meilleur enseignement est celui qui s'acquiert par les yeux. Ils ont encore fondé des bibliothèques, des cercles agricoles, des laboratoires, se sont attaché des professeurs d'agriculture ou des chimistes. Quelques fléaux des récoltes ont été combattus par eux avec une certaine efficacité, les ravages des gelées de printemps dans les vignes par la production de nuages artificiels, l'invasion des hannetons et vers blancs par le hannetonnage et la propagation artificielle du parasite du ver blanc découvert par M. Le Moult, etc.

Bref, il est évident que les syndicats agricoles, bien mieux organisés à cet effet que les comices et sociétés d'agriculture, n'ont pas failli à leur mission d'enseignement mutuel et de propagande technique. Leurs efforts habilement dirigés n'ont pas peu contribué à élever le niveau de la pratique agricole et à armer le producteur rural contre les crises, périls et difficultés de sa profession. Là encore, non moins que pour assister le cultivateur dans ses affaires personnelles, ses achats et ses ventes, l'association professionnelle a témoigné sa parfaite aptitude.

IV

Non moins important est le rôle économique des syndicats agricoles. Nul ne conteste qu'ils aient qualité pour représenter et défendre devant nos pouvoirs publics, et à l'encontre des prétentions opposées, les intérêts généraux de l'agriculture. Dans le conflit des intérêts divers affectés par la politique économique d'une nation, celui qui ne fait pas valoir énergiquement ses droits risque fort d'être sacrifié, et ce lot a été trop longtemps celui de l'agriculture. Aujourd'hui la démocratie rurale, relevée de sa longue infériorité dans l'État, émancipée par l'association, a pris conscience de sa force et veut intervenir dans la solution des questions qui la touchent directement. Il y a bien longtemps qu'on lui a promis l'organisation officielle d'une représentation spéciale analogue à celle dont jouissent le commerce et l'industrie. Tant que les Chambres d'agriculture n'existeront que sur le papier, les syndicats agricoles seront parfaitement fondés, à titre de représentation spontanée et libre, de représentation de fait, à exprimer et soutenir avec autorité les revendications des populations de nos campagnes.

En 1889, un congrès des syndicats agricoles, réuni à Paris, a discuté le programme des réformes nécessaires et dressé en quelque sorte les cahiers de l'agriculture. Ces cahiers réclamaient la revision du tarif général des douanes, la réduction des charges fiscales qui pèsent sur les agriculteurs au niveau de celles qui atteignent les autres catégories de contribuables, l'abaissement des tarifs de transport sur les chemins de fer et la suppression des tarifs de pénétration, et enfin quelques mesures diverses telles que l'extension des attributions des syndicats agricoles, la répression du vagabondage, la fourniture des produits agricoles nécessaires aux administrations publiques réservée aux cultivateurs français, etc. Ce programme agricole fut, lors du renouvellement de la Chambre des députés, soumis par les associations à l'acceptation des candidats, qui y souscrivirent en très grand nombre, de sorte que la Chambre élue se trouvait déjà acquise, en principe, à la cause agricole. Les syndicats ne négligèrent pas, d'ailleurs, de stimuler le zèle des députés en exprimant fréquemment dans leurs réunions des vœux destinés à confirmer et préciser les divers articles du programme agricole : ces vœux étaient ensuite officiellement communiqués par le bureau aux députés et sénateurs du département. On sait le succès de ces manifestations et des campagnes diverses brillamment conduites à l'aide desquelles les agriculteurs ont su créer en leur faveur un puissant mouvement d'opinion qui a inspiré les décisions du Parlement.

Le tarif douanier a été voté, donnant presque complète satisfaction aux demandes de l'agriculture, un premier dégrèvement du principal de l'impôt foncier a été obtenu, et la réduction des tarifs de transport par grande vitesse vient d'être mise en vigueur. L'association professionnelle peut s'attribuer une large part dans ces succès. Ses efforts, centralisés et multipliés par le groupement des unions de syndicats, ont été empreints d'un sens pratique et d'une discipline remarquables. Elle s'est montrée, d'ores et déjà, digne d'exercer une sérieuse influence sur la direction des affaires publiques.

On a vu, aux États-Unis, une institution qui n'est pas sans quelque analogie avec nos syndicats agricoles, les Alliances de fermiers, *Farmers Alliances*, créées en vue de défendre les intérêts spéciaux aux classes agricoles, parvenir rapidement à exercer une sérieuse influence économique et même politique. Ces Alliances, ayant à faire triompher tout un programme économique, se proposaient de déjouer les intrigues des politiciens et des spéculateurs, de combattre la corruption et le marchandage dans les élections, de faire élire leurs représentants aux législatures d'États et au Congrès pour y soutenir leurs revendications, de former en un mot un nouveau parti indépendant destiné à s'interposer entre les deux grands partis qui se partagent l'opinion, le parti démocrate et le parti républicain, de façon à faire pencher la balance du côté de celui qui fournirait le plus de garanties à la cause agricole. Le but qu'elles poursuivent a été défini dans une déclaration de principes adoptée par leur première assemblée nationale annuelle tenue à Saint-Louis à la fin de 1889. En voici les principaux articles :

1° Nous voulons travailler à initier les classes agricoles à la science des choses économiques et du gouvernement, et cela dans un esprit exempt de tous préjugés de parti, pour arriver à une union plus parfaite des agriculteurs entre eux ;

2° Nous voulons des droits égaux pour tous, et nous n'admettons de faveur pour personne ;

3° Nous adoptons la devise : Dans les choses essentielles, unité, dans toutes choses, charité ;

4° Nous voulons produire une condition meilleure, intellectuellement, moralement, socialement et politiquement.

Les *Farmers Alliances*, unis à la puissante association ouvrière des *Chevaliers du travail*, ont formé le

« Parti du Peuple », qui exerce une action combinée et n'appuie dans les élections que les candidats ayant adhéré à son programme.

Nos syndicats sont-ils appelés à jouer un rôle comparable à celui des Alliances de fermiers ? Au point de vue économique, assurément, mais non pas au point de vue politique : car les syndicats agricoles ont pour règle absolue de demeurer des associations étrangères à la politique et ils s'y montrent scrupuleusement fidèles (1). Ils opèrent en terrain neutre, et les plus importants d'entre eux, les Syndicats des agriculteurs de la Vienne, des Ardennes, du Loir-et-Cher, par exemple, réunissent des hommes des opinions les plus diverses. Si, dans les

(1) L'intervention des syndicats agricoles dans les élections législatives de 1889 s'est exercée de la façon la plus correcte, et ils n'ont demandé compte aux candidats que de leurs opinions économiques, en ce qui touchait les intérêts de l'agriculture. Le Syndicat agricole du département de Seine-et-Oise s'exprimait ainsi dans une circulaire adressée à ses adhérents :

« L'intervention dans les élections politiques des sociétés économiques n'aura sa raison d'être et son autorité que par leur neutralité dans les questions politiques.

« Cette impartialité une fois bien établie et incontestée, la puissance de nos sociétés fera bientôt prévaloir les questions économiques sur les questions politiques. »

Le Syndicat agricole du Calvados posait en principe que les syndicats ont le droit et le devoir de n'appuyer que des candidats résolus à protéger l'agriculture :

« L'agriculture, disait il, n'a pas besoin, pour la représenter, d'hommes politiques ; mais elle veut des hommes d'affaires, des hommes à elle, des hommes du pays qui connaissent ses besoins, en un mot, des hommes qui aient les mêmes intérêts qu'elle. »

Quant au Syndicat des agriculteurs du Loiret, voici quel était le langage de son président :

« Notre Syndicat ne s'est jamais occupé d'élection.

« Il manquerait à sa mission s'il ne sortait aujourd'hui de cette réserve.

« Nous ne demanderons pas aux candidats quelles sont leurs opinions politiques, mais il faut qu'ils nous disent nettement et sans détours quelles sont *leurs opinions économiques*.

« Les populations rurales ne veulent pas être plus longtemps sacrifiées, elles ne veulent pas s'occuper de politique stérile, elles veulent voir diminuer leurs charges et protéger tous leurs produits. »

petits syndicats où les questions personnelles prennent plus d'importance, le groupement agricole obéit parfois à certaines affinités, ce qui d'ailleurs provoque ordinairement la formation de groupements contraires, il n'en résulte qu'une heureuse rivalité d'initiatives empressées à bien servir les intérêts de l'agriculture.

On a accusé les syndicats agricoles d'être des instruments dociles entre les mains d'adversaires du gouvernement de la République. Ce reproche est bien injuste ; car le syndicat agricole échappe par sa nature aux petitesses de la politique de parti ; il ne se pliera jamais à jouer un rôle qui n'est pas le sien et qui lui serait mortel. S'il est une force vivante appelée à exercer une action incontestable dans la société, cette force appartient à qui sait la créer, ce qui est loisible à tous. On ne saurait, en tous cas, reprocher aux personnalités influentes des anciens partis de s'être servies, jusqu'à ce jour, des syndicats agricoles pour parvenir aux fonctions publiques. En ces dernières années, deux présidents de syndicats agricoles ont été élus sénateurs, M. Vinet, président du Syndicat agricole de l'arrondissement de Chartres, et M. Demoulins de Riols, président du Syndicat agricole de Peyrehorade, le plus important syndicat du département des Landes : l'un et l'autre appartiennent à la majorité gouvernementale. Ce qui peut être considéré comme assez probable et fort souhaitable d'ailleurs, c'est que l'influence croissante des associations professionnelles et le progrès de l'esprit corporatif en France contribueront de plus en plus à substituer à la triste politique des passions et des coteries la politique impersonnelle des affaires et des améliorations sociales.

En dehors des questions de concurrence étrangère, d'impôt, de régime fiscal, de tarifs de transport, de législation rurale, etc., qui se débattent devant le Parlement et au sujet desquelles les syndicats agricoles manifestent leur avis par des vœux ou des pétitions, ils ont encore d'autres moyens d'action pour défendre les intérêts de leur profession. Ils prennent fait et cause pour leurs adhérents devant les administrations, les compagnies de transports, etc., afin d'obtenir des redressements, concessions gracieuses ou plus favorables interprétations des lois et règlements. Plusieurs ont obtenu des compagnies de chemins de fer, soit des améliorations de tarifs, soit des applications plus équitables de leurs barèmes dans le calcul des taxes de transport pour les produits agricoles ou nécessaires à l'agriculture. Le Syndicat des agriculteurs du Loiret s'est pourvu au Conseil d'État, dans l'intérêt de ses membres, contre un arrêté du maire d'Orléans qui prétendait astreindre à payer les droits de place au profit de la ville, comme s'ils avaient exposé leurs marchandises sur le marché, les cultivateurs livrant des légumes à domicile. Cette action a été déclarée parfaitement recevable et le syndicat a obtenu gain de cause devant le Conseil d'État. En prenant ainsi la défense de quelques-uns de ses membres individuellement, un syndicat agricole n'agit-il pas à la façon d'une véritable corporation ? Il en est encore de même quand, ainsi que le font plusieurs d'entre eux, il recueille et revise les usages locaux agricoles qu'il y a intérêt à fixer puisqu'ils sont appelés à faire loi dans un grand nombre de cas.

V

Nous arrivons au rôle social des syndicats agricoles, celui dans lequel les autres se résument et s'agrandissent.

Ces associations, nous l'avons dit, rapprochent dans leurs cadres les diverses classes ou catégories de citoyens qui vivent de l'exploitation du sol, grands et petits propriétaires, fermiers, métayers, vignerons et même ouvriers de culture : l'union, la solidarité professionnelle naît du souci commun des mêmes intérêts. Il importe de noter que le syndicat, œuvre essentiellement démocratique, favorise surtout les petits ; il leur assure, pour les aider à faire prévaloir leurs droits, l'appui des grands propriétaires fonciers, des notabilités de l'intelligence et de la fortune, qui participent activement à la direction des affaires syndicales et lui apportent le crédit de leur influence. Ces grands propriétaires, dont beaucoup, par suite de l'absentéisme, se sont longtemps désintéressés personnellement de l'administration de leurs domaines, ont généralement compris que l'association professionnelle leur fournit l'occasion de rentrer dans le courant de la vie rurale et de remplir leur haute fonction sociale en s'occupant d'améliorer autour d'eux le sort des petits cultivateurs. Ceux-ci trouvent dans le syndicat le gardien de leurs intérêts qu'ils connaissent imparfaitement eux-mêmes, des facilités et avantages exceptionnels pour leurs opérations d'achat ou de vente, des exemples et des conseils, etc. C'est vraiment pour eux que l'association fonctionne.

En rendant plus prospère l'exploitation du sol, en secourant les cultivateurs dans la crise prolongée qu'ils traversent, en leur donnant les moyens de lutter avec avantage contre toutes leurs difficultés, les syndicats agricoles ont contribué à arrêter le mouvement de désertion des campagnes qui menaçait de devenir un si grave péril pour la société.

Malgré le caractère libéral de la loi qui leur a donné naissance, les associations professionnelles ne peuvent tout faire par elles-mêmes et, en dehors de leur action, il reste encore beaucoup de services à rendre à l'agriculture. Une corporation bien organisée doit procurer à ses membres le bénéfice de la coopération, de la prévoyance, de l'assistance, du crédit, à mesure que leurs besoins se manifestent à cet égard. Ces services essentiels, sans lesquels une amélioration permanente et progressive du sort des masses ne saurait être opérée, si les syndicats ne peuvent les rendre directement, ils ont, du moins, la faculté de les assurer à leurs adhérents au moyen d'institutions annexes qu'ils sont autorisés à fonder et à patronner.

Nous aurons à exposer plus loin avec quelque détail ce qu'ont fait les syndicats agricoles pour organiser dans les campagnes la coopération, le crédit, l'assurance, l'assistance et l'arbitrage. Ils ont compris sainement leur but social en cherchant à transformer les conditions économiques de la vie des paysans afin de les préserver du socialisme.

Dans l'étude de ces réformes qui améliorent la condition des masses et suppriment ou diminuent les causes de mésintelligence entre les diverses catégories de citoyens, l'association professionnelle agricole est loin d'avoir donné toute sa mesure. Le développement parallèle des syndicats agricoles, devenant de véritables sociétés coopératives de production, dans les campagnes, et des sociétés coopératives de consommation dans les villes, le rapport courant d'offre et de demande qu'il est facile de créer entre eux fournissent le moyen de rétablir le bon marché de la vie en neutralisant le renchérissement des subsistances qui peut résulter de la protection douanière et de l'excès du parasitisme commercial. Quelques esprits généreux attendent même, pour la pacification de la classe ouvrière, d'excellents effets de cette entente pratique entre producteurs et consommateurs; ils y voient le germe d'une alliance entre la démocratie rurale et la démocratie ouvrière des villes pour combattre les progrès du socialisme.

Quoi qu'il advienne de ces nobles espérances, et à ne considérer que les populations agricoles elles-mêmes, on ne saurait nier que la transformation déjà si profonde opérée dans leurs mœurs et leurs habitudes constitue un fait du plus haut intérêt.

Lorsqu'une catégorie de citoyens qui représente une fraction importante de la population française accède ainsi, en quelques années, à une condition moyenne, matérielle et morale, bien supérieure, on doit se dire que ce progrès constitue une force nouvelle acquise à la patrie et on doit rendre justice à la vie corporative dont la reprise dans notre pays s'est ainsi manifestée.

Créés en vue d'assurer la satisfaction de simples intérêts matériels, les syndicats agricoles se sont élevés rapidement, par le développement normal de leur principe, à remplir envers leurs membres les devoirs d'une véritable corporation.

On a proposé récemment d'organiser en France une alliance anti-socialiste ou association destinée à barrer le chemin au socialisme en encourageant les progrès de l'initiative privée. Cette association n'a pas à être implantée dans nos campagnes, car elle y existe déjà, et non pas comme société d'études, mais à l'état d'institution pratique. Ce sont les syndicats agricoles, en effet, qui constituent la meilleure ligue anti-socialiste; celle qui, réalisant graduellement, par la solidarité professionnelle, toutes les réformes et améliorations sociales possibles, rendra stériles les promesses du collectivisme et les plans bureaucratiques du socialisme d'État.

Une décentralisation modérée, basée sur tous les groupements naturels, la commune, le canton, le département et même la vieille province, dont maintes traditions sont demeurées vivaces, sera tout à la fois la conséquence et l'auxiliaire de la profonde évolution économique et sociale qu'il faut attendre de l'éveil des populations rurales à la vie corporative.

CHAPITRE III

LES UNIONS DE SYNDICATS AGRICOLES

L'association au 2e degré. — Influence de la Société des Agriculteurs
de France sur le développement des syndicats agricoles. — L'Union
des Syndicats des Agriculteurs de France et ses 430.000 affiliés.
— Un essai de décentralisation. — Les unions départementales. —
Le mouvement des Etats provinciaux. — Organisation professionnelle et représentation des intérêts. — Le réveil de la vie locale. — Les assemblées provinciales de Romans, Angers, etc. —
Les unions régionales de syndicats agricoles. — L'Union du Sud-
Est. — Autres unions régionales.

L'idée que l'avenir appartient, de nos jours, aux forces qui savent se réunir et se discipliner, le sentiment de
l'infériorité irrémédiable dont sont atteintes les individualités isolées vis-à-vis des groupements sociaux basés
sur de communs intérêts, ont porté les cultivateurs à se
rapprocher les uns des autres pour former les associations professionnelles, qui ont renoué la chaîne des anciennes corporations. L'extension si rapide des syndicats
agricoles, en faisant pénétrer dans nos campagnes les
bienfaits de l'association, devait naturellement suggérer
aux promoteurs de cette évolution le désir de tirer tout le
parti possible du nouveau facteur dont l'intervention se
révélait si puissante pour le progrès des classes rurales.
L'association, pratiquée au premier degré par les syndicats, pouvait se concevoir au deuxième degré dans la fé-

dération des syndicats eux-mêmes se prêtant un mutuel appui et concentrant leurs forces en vue d'une action combinée.

Les syndicats agricoles constituent des unités d'importance variable, puisqu'il en est de très nombreux et très étendus, à côté d'autres, simples groupements locaux, qui présentent plutôt l'image de la famille agrandie. Tous pourtant tendent au même but ; ils ont besoin d'y travailler ensemble en mettant à profit l'enseignement de leur expérience réciproque, impossible à suppléer dans la pratique d'une institution si neuve. Bref, si, comme nous espérons l'avoir démontré, les syndicats rendent de grands services aux agriculteurs pris individuellement, un concert établi entre ces associations permettra d'en obtenir de plus importants encore : car il régularisera leur fonctionnement, accroîtra leurs moyens d'action, donnera à leurs efforts une direction et un programme qui leur feraient trop souvent défaut.

L'utilité d'organiser l'association au deuxième degré par la fédération des syndicats professionnels a été admise dans la loi du 21 mars 1884, dont l'article 5 est ainsi conçu :

Les syndicats professionnels régulièrement constitués d'après les prescriptions de la présente loi pourront librement se concerter pour l'étude et la défense de leurs intérêts économiques, industriels, commerciaux et agricoles.

Ces *unions* devront faire connaître, conformément au 2e paragraphe de l'article 4, les noms des syndicats qui les composent.

Elles ne pourront posséder aucun immeuble ni ester en justice.

Ainsi la loi a elle-même baptisé du nom d'« unions » ces fédérations de syndicats. Elle n'a soumis leur formation qu'à une simple déclaration et au dépôt de leurs statuts à la mairie du lieu où elles sont établies ; mais elle a limité leurs attributions et ne leur a pas reconnu la personnalité civile. Il suffit que les syndicats affiliés trouvent dans l'union dont ils font partie un centre d'informations précieuses, une orientation générale et le moyen de développer leur puissance, soit pour traiter plus avantageusement les affaires de leurs membres, soit pour remplir plus efficacement le rôle technique, économique et social que nous leur avons reconnu.

L'union est organisée pour le conseil, l'action directe n'est pas de son domaine : elle a été réservée aux syndicats, traités avec une faveur telle que la loi les a, selon l'heureuse expression de M. Waldeck-Rousseau, « élevés au rang des établissements publics ».

Le développement des unions devait logiquement suivre pas à pas celui des syndicats agricoles : mais plusieurs courants sont à signaler dans les tendances et affinités qui ont présidé à l'agrégation des syndicats ; leur étude jette un jour nouveau sur l'avenir de la corporation rurale et sur les transformations profondes qui s'accomplissent dans nos campagnes.

I

Les syndicats agricoles n'ont eu une expansion si rapide que parce qu'ils ont rencontré, au début, un puissant patronage et de fervents apôtres. La plus nombreuse, la plus fortement constituée de nos vieilles associations agricoles, la Société des Agriculteurs de France, qui compte aujourd'hui 10.000 membres, sous la présidence de M. le marquis de Dampierre, a pressenti les services que l'association professionnelle pourrait rendre à l'agriculture : elle l'a en quelque sorte adoptée dès sa naissance, et s'est attachée à la propager. Un comité de jurisconsultes se forma dans son sein sous la direction de M. Senart, président honoraire à la cour de Paris, pour donner aux syndicats nés ou à naître tous les conseils nécessités par l'application de la loi de 1884, dont le texte, maintenu à dessein dans le vague, prête à certaines controverses ; un *Manuel des syndicats professionnels agricoles*, rédigé par deux anciens magistrats, MM. J. Boullaire et Paul Le Conte, fut publié sous les auspices de la Société ; des types de statuts furent offerts au choix des fondateurs de syndicats, et toutes les difficultés s'aplanirent devant eux. Mais surtout, en vue de stimuler les initiatives locales et d'inspirer foi dans les avantages que l'agriculture tirerait de la nouvelle forme d'association, une campagne de conférences fut entreprise, et l'on vit un des membres du conseil de la Société des Agriculteurs de France, M. Deusy, ancien député du Pas-de-Calais, parcourir le pays et porter dans les réunions organisées par les comices et les sociétés d'agriculture des départements son ardente parole qui enfantait les syndicats.

Les syndicats agricoles se créant de toutes parts, et d'autres influences, empressées à jouer aussi un rôle dans ce mouvement, y concouraient à l'envi, il s'agissait de régulariser, de canaliser le courant nouveau. La Société des Agriculteurs de France devait à son passé, à ses traditions, à l'autorité dont jouissent ses manifestations, d'assurer le développement de l'œuvre des syndicats agricoles. Un moyen bien simple s'offrait à elle de suivre et stimuler leurs progrès, de redresser au besoin leurs écarts, de les retenir dans le rayon de son influence, d'attirer à elle ceux mêmes qu'elle n'avait pas contribué à organiser, d'établir entre tous un lien solide.

L'Union des Syndicats des Agriculteurs de France fut fondée le 3 mars 1886. On lui donna comme objet général « le concert des syndicats unis pour l'étude et la défense des intérêts économiques agricoles ». Son programme a été formulé de la façon suivante par l'article 10 des ses statuts :

— Elle se propose notamment :

1° De servir aux syndicats unis de centre permanent de relations et de leur procurer les moyens et renseignements nécessaires pour les faire profiter de marchés avantageux et des tarifs de transport à prix réduits ;

2° D'encourager la création de nouveaux syndicats ;

3° De recueillir et communiquer aux syndicats unis toutes les indications, venant soit de l'intérieur soit de l'étranger, qui seraient propres à les éclairer sur la situation respective des récoltes, sur les offres et demandes, et à guider ainsi les syndicats et leurs membres dans leurs opérations et marchés ;

4° De leur donner des avis et conseils en toutes matières contentieuses ou techniques sur lesquelles les syndicats unis jugeraient utiles de les consulter, soit dans l'intérêt propre des syndicats, soit dans l'intérêt particulier de leurs membres ;

5° De leur faciliter l'usage du laboratoire de la Société des Agriculteurs de France pour l'analyse des terres, engrais et autres matières.

La loi n'ayant pas conféré aux unions la personnalité civile, on imagina de compléter cette organisation, de façon à lui permettre de rendre aux syndicats unis des services pratiques de toute nature pour leurs achats, ventes, échanges, etc., en créant à Paris le Syndicat central des Agriculteurs de France, qui, juxtaposé à cette grande union, placé sous le même patronage, devait être en quelque sorte son homme d'affaires et son courtier.

L'Union des Syndicats des Agriculteurs de France, dont le siège social, d'abord établi à Paris, 19, rue Louis-le-Grand, a été récemment transféré dans l'hôtel de la Société des Agriculteurs de France, 8, rue d'Athènes, a si bien prospéré qu'aujourd'hui, sept années après sa fondation, elle groupe près de 5oo syndicats qui possèdent en bloc environ 43o.ooo membres. Presque tous les syndicats importants et actifs sont venus à elle, même ceux créés par des influences étrangères à la Société des Agriculteurs de France. Dans tous les départements, elle a des syndicats affiliés qui participent à ses assemblées générales, et lui paient une très modeste cotisation annuelle, destinée à couvrir les frais généraux.

La Société des Agriculteurs de France a mis à la tête de son union de syndicats l'un de ses plus sympathiques vice-présidents, M. H. le Trésor de la Rocque, ancien conseiller d'État, qui a publié d'importants travaux statistiques et financiers. Le bureau de l'Union a, en outre, quatre vice-présidents, MM. Deusy, le marquis de Palaminy, Senart et Welche, et un secrétaire général, M. J. Boullaire.

La chambre syndicale qui administre et dirige l'Union compte 5o membres recrutés, pour moitié, par voie d'élection dans les syndicats unis, et pour l'autre moitié nommés par la chambre elle-même. Chaque année, à l'époque de la session de la Société des Agriculteurs de France, a lieu l'assemblée générale de l'Union, qui est une sorte de congrès des syndicats agricoles. Chacun des syndicats adhérents y est représenté par son président et des délégués régulièrement désignés, au nombre de trois pour les syndicats départementaux ou régionaux, de deux pour les syndicats d'arrondissement et d'un seul pour les autres. Cette assemblée entend le rapport qui lui est présenté par le président, au nom de la chambre syndicale, sur la situation de l'association et sur les opérations de l'année précédente. Puis elle discute les questions urgentes qui touchent le plus directement le fonctionnement des syndicats et les intérêts généraux de l'agriculture : ses résolutions sont exprimées sous forme de vœux et portés ensuite, s'il y a lieu, devant les sections et l'assemblée générale de la Société des Agriculteurs de France.

Dans sa dernière assemblée générale, tenue au mois de février dernier, l'Union des Syndicats des Agriculteurs de France s'est successivement occupée de l'application du nouveau tarif douanier, de la création de sociétés coopératives annexées aux syndicats, des assurances agricoles, du crédit agricole, de la représentation de l'agriculture, des tarifs de transport, des fournitures militaires, des moyens de faciliter l'écoulement des produits du sol, etc. Sur tous ces points, des délibérations ont été prises, après un échange de vues entre les délégués des syndicats de toutes les régions de la France. Ceux-ci trouvent grand profit à l'enseignement mutuel qui se dégage de ces réunions, et ils y puisent des lumières nouvelles pour rechercher ensuite à l'envi, par l'initiative des associations locales, la solution pratique des problèmes qui sollicitent et passionnent le zèle des hommes de progrès.

Si convaincue que soit l'agriculture de l'excellence des œuvres de l'initiative privée développées par la puissance de l'association, si peu portée qu'elle soit à réclamer en sa faveur l'intervention de l'État, elle a des besoins à faire connaître, des revendications à produire, un avis à exprimer lorsque s'agitent devant le Parlement des questions qui affectent ses droits et intérêts professionnels. Le commerce et l'industrie possèdent des représentants autorisés, les Chambres de commerce et les Chambres des arts et manufactures, qui sont leur émanation directe.

L'Union des Syndicats des Agriculteurs de France, fédération légalement établie de 5oo syndicats agricoles, est, en fait, un conseil supérieur libre de l'agriculture délégué par les associations professionnelles des départements, qui sont elles-mêmes des Chambres d'agriculture spontanées dont on ne peut dénier la compétence. En l'absence d'une représentation officielle de l'agriculture, cette tentative de représentation professionnelle indépendante a une valeur réelle qui s'accroît encore de ce que ses manifestations sont contrôlées par celles de la Société des Agriculteurs de France, grande société d'études, dont l'influence s'exerce depuis longtemps auprès des pouvoirs publics.

On peut discuter et contester assurément certaines prétentions, certaines doctrines économiques des défenseurs de l'agriculture ; mais, sous un gouvernement d'opinion publique, tout le monde reconnaît désirable que les classes agricoles puissent clairement exprimer, en ce qui concerne leurs intérêts professionnels, leurs avis et leurs vœux : c'est affaire aux mandataires politiques du pays d'en peser le mérite de façon à tenir la balance égale entre tous les facteurs de la production nationale. L'Union des Syndicats des Agriculteurs de France est évidemment apte à centraliser les diverses manifestations économiques des syndicats qui lui sont affiliés, à en dégager la moyenne et à la présenter aux pouvoirs publics comme l'expression exacte des vœux de l'agriculture.

Ce n'est pas seulement auprès des Chambres, mais

c'est aussi auprès des administrations financières, des compagnies de transport, etc., que l'Union poursuit la satisfaction des intérêts agricoles. En dehors des assemblées annuelles, son bureau est toujours en éveil pour délibérer et agir, soit de sa propre initiative quand les circonstances le demandent, soit lorsqu'il y est provoqué par l'un des syndicats unis. Dans un grand nombre de cas, il a obtenu de l'administration une interprétation moins rigoureuse des lois fiscales, notamment en ce qui touche l'application de la patente, de la taxe de vérification des poids et mesures, etc. Des négociations engagées avec les Compagnies de chemins de fer pour l'abaissement du tarif de transport des matières premières ou marchandises nécessaires à la profession agricole et des produits de la culture ont été le plus souvent couronnées de succès. Le bureau de l'Union s'est attaché, dans ces démarches, à démontrer aux Compagnies qu'il ne leur demandait pas de sacrifices, parce que la réduction des taxes déterminerait un accroissement notable des transports agricoles, et ces prévisions se sont généralement trouvées réalisées. On conçoit l'autorité dont jouit, pour suivre les négociations, le président de l'Union des Syndicats des Agriculteurs de France, qui se présente comme le délégué de 43o.ooo agriculteurs. Il est actuellement en instance pour décider les diverses Compagnies à adopter un tarif commun applicable au transport du nitrate de soude importé du Chili, dont le port de Dunkerque reçoit annuellement 22o.ooo à 23o.ooo tonnes, qui doivent se répartir sur tout le territoire afin de fertiliser notre sol.

En matière contentieuse et fiscale, l'Union répond aux nombreuses demandes d'avis qui lui sont adressées par les syndicats, en leur communiquant des consultations spéciales, rédigées, suivant les cas et l'importance des affaires, soit par la commission des syndicats de la Société des Agriculteurs de France, soit par le président ou l'un des membres de son bureau.

Le bureau de l'Union poursuit en ce moment l'étude de plusieurs questions d'un grand intérêt pratique pour les syndicats. Il encourage la création, au Bas-Meudon, d'un entrepôt destiné à emmagasiner les vins, et plus tard d'autres produits récoltés par les membres des syndicats, afin d'en organiser la vente directe au commerce et à la consommation. Il s'occupe de faciliter aux cultivateurs qui font partie des syndicats le moyen de contracter au Crédit Foncier les petits emprunts de 5.000 à 20.000 fr. amortissables par annuités. Enfin il cherche à tirer parti, par une exploitation commune, de la publicité très importante des bulletins périodiques, au nombre d'une centaine, créés par les syndicats unis, ce qui fournirait à ceux-ci des ressources supplémentaires fort appréciables.

Non contente de grouper les syndicats existants, l'Union en a fondé elle-même un grand nombre; elle stimule les initiatives locales, prépare les projets de statuts, indique les formalités à remplir. Par l'envoi de fréquentes circulaires, elle maintient entre elle et les associations qui lui sont affiliées une parfaite conformité de vues, les tient au courant des progrès accomplis dans l'œuvre syndicale, recommande à leur activité le développement des institutions annexes les plus propres à améliorer le sort des populations rurales, telles que les sociétés coopératives, les caisses de crédit mutuel, l'assistance, etc.

En formant un faisceau des syndicats créés sous son patronage, la Société des Agriculteurs de France a organisé et discipliné ces forces naissantes. Sans entraver l'essor de leur vie propre, elle leur a épargné par ses conseils des tâtonnements préjudiciables ou des tentatives imprudentes ; elle les a guidés nettement vers le bu commun. Pour mieux affirmer encore ce rôle de haut patronage, elle a constitué dans son sein une commission permanente des syndicats agricoles, présidée par M. J.-B. Josseau, ancien député, ancien président de la Société nationale d'Agriculture de France, chargée d'intervenir en son nom pour donner des avis ou concilier des différends, s'il s'en produisait, entre les syndicats affiliés à l'Union.

II

L'Union des Syndicats des Agriculteurs de France a été une œuvre de centralisation puissante, nécessaire à la première heure, lorsque les syndicats agricoles apparaissaient de tous côtés, floraison quelque peu sauvage d'un principe de liberté. Fondés le plus souvent d'enthousiasme à la suite d'une conférence éloquente sur les avantages de l'association rurale, mais dépourvus de programme précis, de direction active et éclairée, ils avaient besoin d'être soutenus, dirigés même, de peur que tant d'efforts ne vinssent à dévier et se perdre dans des voies étrangères au but de l'association professionnelle. Mais lorsque les syndicats, ayant trouvé leur formule et organisé leurs moyens d'action, purent fonctionner avec plus de spontanéité en s'adaptant aux nécessités locales, une aspiration nouvelle se révéla parmi ces associations et les poussa à organiser des groupements plus étroits, des groupements décentralisés, destinés à accroître leur importance dans la sphère même où elles gravitaient.

Au lieu de se fondre, se perdre, pour ainsi dire, dans l'ensemble des syndicats agricoles, dans l'Union centrale, dont le rôle public ne s'exerce qu'à Paris, les syndicats d'un département, d'une région, pouvaient constituer des groupements secondaires dont le développement serait patent, dont l'influence se manifesterait sur place, et qui auraient pour objet la recherche de progrès spéciaux, la représentation d'intérêts communs plus ou moins localisés dans une portion déterminée de la France. De plus, ces groupements restreints offraient aux associations plus de facilités pour s'entr'aider, se faire bénéficier mutuellement du fruit de leur expérience, traiter avantageusement leurs affaires professionnelles, se sentir les coudes, en un mot. Ces unions procèdent donc d'un sentiment décentralisateur très accusé, du réveil de la vie locale : il est intéressant de l'étudier, car il complète bien le mouvement corporatif agricole et en caractérise la portée.

C'est la circonscription départementale qui a été le premier foyer des unions secondaires de syndicats agricoles. Dans plusieurs départements, des syndicats plus ou moins nombreux, plus ou moins fortement organisés, se sont constitués en union départementale. Cette tendance a été surtout marquée pour certains départements qui ne possédaient que de petits syndicats locaux pourvus de faibles moyens d'action ; elle leur a permis de donner à leur agrégation, par la création d'une union, la plupart des avantages pratiques acquis aux grands syndicats départementaux qui comptent des milliers de membres.

Parmi les unions départementales, nous citerons les plus prospères. L'Union des Syndicats des agriculteurs de la Drôme, fondée en 1887 par M. Anatole de Fontgalland, président du Syndicat des agriculteurs de Die, a groupé vingt-deux petits syndicats du département de la Drôme, qui comptent ensemble plus de 6.000 membres. L'Union est dirigée très pratiquement par M. de Fontgalland : elle traite en bloc, par adjudication, tous les achats d'engrais, semences et produits divers nécessaires à l'agriculture pour ses 22 syndicats. Il en résulte qu'elle obtient d'excellentes conditions et rend ainsi de grands services dans un pays de petite culture où les agriculteurs seraient sans défense contre les majorations des intermédiaires. Pendant l'année 1891-1892, trois millions de kilogrammes d'engrais chimiques ont été livrés par elle aux membres des syndicats de la Drôme, et la consommation s'est accrue d'un tiers depuis trois ans.

L'Union des Syndicats agricoles de la Côte-d'Or réunit 21 syndicats de ce département ; elle a pour président M. le comte Lejéas et possède un organe hebdomadaire, *la Bourgogne agricole*, dirigé par son vice-président, M. J. Delimoges. Cette union a obtenu du préfet un arrêté rendant l'échardonnage obligatoire dans la Côte-d'Or, et du conseil général un vœu réclamant que la culture du tabac y soit autorisée. Elle a patronné la création d'un Syndicat central des agriculteurs de la Côte-d'Or destiné à grouper les offres et les demandes des membres des syndicats unis, afin de faire bénéficier leurs ventes et leurs achats de conditions plus avantageuses.

L'Union des Syndicats agricoles du Jura a été formée entre trois syndicats seulement, ceux de Dôle, Lons-le-Saunier et Poligny, et comprend près de 3.000 membres. Son président est M. Alfred Bouvet, conseiller général, président du Syndicat de Poligny. Elle s'occupe beaucoup des intérêts de l'industrie fromagère et des progrès que les *fruitières* peuvent réaliser dans la fabrication des fromages de Gruyère. Elle publie un bulletin mensuel.

L'Union des Syndicats régionaux de l'Ardèche, qui comprend trois syndicats, à Annonay, Aubenas et Privas, et environ 3 000 membres, est une simple transformation de la Société Ardéchoise d'encouragement à l'agriculture, qui, fondée en 1883, crut devoir, en 1890, se donner le caractère d'une union de syndicats pour procurer à ses membres le bénéfice de la loi sur les syndicats professionnels. Son président est M. Perrin, conseiller général, et son organe mensuel est le journal *l'Avenir agricole de l'Ardèche*. Elle subventionne les syndicats dérivés d'elle et encourage le progrès de l'agriculture locale par l'organisation de concours, conférences, champs d'expériences, cours pratiques, etc.

L'Union Beaujolaise des Syndicats agricoles, dont le siège est à Villefranche, a sa circonscription limitée à une partie de cet arrondissement du Rhône, dont elle groupe quatre syndicats, qui sont ceux de Belleville-sur-Saône, du Bois-d'Oingt, du Haut-Beaujolais et des cantons de Villefranche et Anse. Cette petite union, très activement et intelligemment dirigée par M. Émile Duport, président du Syndicat de Belleville, compte plus de 5 000 membres. Par l'intermédiaire de l'office de renseignements qu'elle a créé à l'usage de ses syndicats, elle traite leurs achats d'engrais, plants américains, sulfate de cuivre, et tout ce qui concerne les besoins de la viticulture du Beaujolais. Elle a organisé des concours de pulvérisateurs, de greffage, etc., et a ouvert à Villefranche un marché aux vins. Elle publie un bulletin mensuel, dont une partie de la rédaction est commune aux quatre syndicats unis et l'autre partie demeure spéciale à chacun d'eux; elle distribue aussi chaque année à ses membres un almanach très important, dont le tirage a atteint, pour 1893, 20 000 exemplaires. L'Union Beaujolaise a traité l'année dernière, par l'intermédiaire de son courtier agréé, un chiffre d'affaires qui passe 450.000 francs. Elle se propose d'organiser successivement des institutions de coopération, de crédit et d'assurance, afin de donner une base solide à l'assistance, qui est le but final de ses efforts.

Dans quelques départements, tels que la Charente-Inférieure et les Côtes-du-Nord, on a voulu fédérer les syndicats agricoles en constituant des syndicats généraux ou centraux, qui ne sont que des unions déguisées ; mais c'est là un groupement irrégulier, car la loi de 1884 n'autorise pas l'affiliation d'un syndicat professionnel à un autre syndicat.

Une Union des Syndicats viticoles de l'Armagnac, fondée dans le Gers en vue de faciliter l'écoulement des eaux-de-vie de producteurs de la région, n'a eu qu'une existence éphémère, bien qu'elle ait obtenu des récompenses à l'Exposition universelle de 1889.

III

Les unions départementales de syndicats agricoles n'ont témoigné qu'une médiocre vitalité, et on a été, par suite, amené à se demander si la circonscription du département ne constitue pas une base de décentralisation trop étroite pour fournir aux collectivités de syndicats des conditions favorables au développement de leur activité. Alors se fit jour l'idée de constituer des unions régionales dont la circonscription, s'adaptant plus ou moins exactement au cadre de nos anciennes provinces, comprendrait des associations d'agriculteurs ayant certains intérêts distincts à représenter plus spécialement, en raison des productions particulières de chaque partie de la France.

Dans telle région la culture des céréales est la production dominante ; dans telle autre, c'est l'élevage du bétail ou l'engraissement ; ailleurs la betterave à sucre ou d'autres cultures industrielles, ailleurs encore la viticulture, la sériciculture, l'industrie fromagère, la production des fruits à cidre, etc. De cette variété de production naissent des besoins économiques différents et aussi la nécessité d'une orientation particulière dans les études et progrès pratiques à poursuivre, comme dans les débouchés à rechercher.

Si, d'autre part, on se préoccupe des affinités naturelles préexistantes entre les hommes, et elles doivent servir d'appui à toute tentative d'association décentralisatrice, on reconnaîtra que le département est une unité administrative un peu arbitraire et factice, parce qu'elle est sans racine dans le passé. Tout autre est l'ancienne province, qui a survécu bien plus vivace qu'on ne le pense communément à la refonte de notre territoire dans le moule nouveau imaginé par l'Assemblée constituante en 1790.

La province ! A ce mot, les souvenirs de race, de mœurs, de langue, de littérature, d'histoire glorieuse, d'assemblées locales autonomes, s'éveillent en foule dans notre esprit. On est de sa province, et on s'en fait honneur à bon droit comme d'une seconde patrie dans la patrie française. C'est que de profondes, d'indestructibles sympathies demeurent attachées à ce nom, qui nous rappelle nos origines et comment nos ancêtres ont peu à peu, sans abdiquer leur génie propre, concouru à la formation de l'unité nationale.

La décentralisation provinciale ou régionale, qui proteste et entend réagir contre le despotisme de l'État et le rôle exagéré dévolu à la capitale dans la direction des affaires du pays, compte aujourd'hui des partisans fort nombreux : la création des unions régionales de syndicats agricoles a été une de leurs manifestations.

Pour exposer la genèse de ce mouvement si imprévu, il faut remonter jusqu'à la célébration du centenaire de la Révolution française.

En 1888, une assemblée commémorative réunissait à Romans (Drôme) un certain nombre de descendants des membres des États provinciaux du Dauphiné qui, cent ans auparavant, avaient dans cette même ville rédigé les cahiers de la province et réclamé la convocation des États généraux. Cette réunion, animée d'un libéralisme sincère, entreprit de reprendre et de continuer les réformes sociales nécessaires inaugurées par la Révolution, en formulant les principes d'une réorganisation meilleure de la société adaptée aux besoins des temps nouveaux. En dehors de tout esprit de parti, elle adopta un programme de décentralisation qui aboutissait à reconstituer dans chaque province les divers groupements professionnels appelés à devenir les interprètes autorisés des besoins et des intérêts régionaux auprès des pouvoirs publics.

« Il manque à notre pays, a dit M. le comte de Mun, une organisation sociale. » Or, il serait facile d'organiser les diverses forces sociales en provoquant l'établissement de nombreuses associations syndicales ou corporatives parmi les agriculteurs, les industriels, les commerçants, les représentants des professions libérales : ces associations, qui ne tarderaient pas à avoir conscience de leur puissance, travailleraient à résoudre les problèmes économiques qui les intéressent, à faire régner l'union et la concorde entre leurs membres, à aplanir les conflits qui peuvent s'élever entre les patrons et les ouvriers.

Elles devraient, dans la suite, par la réunion périodique de leurs délégués, former les États représentatifs de la province, au sein desquels seraient débattus les droits et intérêts de chacun des groupes professionnels. Les vœux et revendications qui en résulteraient, rédigés sous forme de cahiers, seraient présentés au Parlement, qui ne pourrait se dispenser d'en tenir compte dans l'élaboration des lois destinées à affecter les divers intérêts. On remédierait ainsi à l'incompétence trop souvent notoire des assemblées politiques par l'organisation de la consultation professionnelle obligatoire, et on compléterait la représentation du suffrage universel en la fortifiant.

Les idées hardies émises par la réunion de Romans ont porté leurs fruits. En 1889, dix-sept de nos anciennes provinces imitaient à leur tour l'exemple du Dauphiné, en tenant des assemblées provinciales où les mêmes principes furent discutés et adoptés. Puis, pour préciser la portée de ce mouvement et le généraliser, une assemblée générale des délégués des 18 assemblées provinciales eut lieu à Paris, les 24, 25 et 26 juin 1889 ; elle élabora, sous la présidence de M. le comte de Mun, un programme complet de décentralisation, basé sur l'organisation professionnelle et la représentation spontanée des diverses associations dans des assemblées provinciales où siégeraient, comme autrefois les membres des anciens ordres, les délégués de toutes les corporations.

Depuis lors, ce mouvement s'est poursuivi et accentué par de nouvelles manifestations. Une deuxième session des États libres du Dauphiné a eu lieu à Romans, à la fin de 1891, et a réuni 1.500 notables, de toutes les professions, venus des trois départements de l'ancien Dauphiné (1). Ses principaux organisateurs , MM. H. de

(1) La 3e session des États libres du Dauphiné s'est tenue à Voiron les 5 et 6 mars 1893.

Gailhard-Bancel, le marquis de La Tour du Pin-Chambly, Louis Milcent, etc., ont fait remarquer que, dans le système parlementaire actuel, les partis sont représentés, mais que les intérêts ne le sont pas réellement ; que pourtant les opinions politiques ne créent qu'un lien factice entre les citoyens, le véritable trait d'union étant formé par la profession ou la communauté des intérêts. La forte organisation des assemblées régionales, en maintenant dans de justes limites l'omnipotence de l'État, qui étouffe aujourd'hui les initiatives individuelles, pourra devenir une garantie de stabilité et de sécurité pour les institutions politiques elles-mêmes.

La province est un groupement naturel tout trouvé pour devenir un excellent centre de représentation des intérêts. Bien des institutions régionales existent déjà, malgré la division administrative du territoire en départements : il suffit de citer les cours d'appel, les académies, les corps d'armée, les concours agricoles régionaux, les sociétés littéraires et scientifiques, etc. La loi du 10 août 1871 a même autorisé plusieurs conseils généraux à se mettre en relation pour discuter et décider les questions d'intérêt interdépartemental, c'est-à-dire provincial.

Essayer de faire revivre les vestiges de l'ancienne vie provinciale afin de réagir contre les excès de la centralisation administrative, ce n'est certes pas porter atteinte à l'unité de la patrie française.

L'organisation de la véritable représentation des intérêts, la reconstitution professionnelle de tous les groupes sociaux qui sont bien réellement les forces sociales, car ils résument l'activité du pays, détruira l'individualisme égoïste, incapable de sauvegarder les intérêts collectifs, qui a été la plaie de la société moderne ; elle rapprochera les citoyens les uns des autres et fera régner la paix parmi eux en les pénétrant du sentiment de la solidarité. Si l'établissement d'un tel régime est peu favorable aux intrigues des politiciens, par contre, il convient merveilleusement aux travaux des hommes de bonne foi qui veulent poursuivre, en dehors de tout esprit de parti, la solution des problèmes sociaux.

Ces idées, posées nettement devant l'opinion publique, à l'heure où notre vieille société chancelle et où quelque chose d'inconnu semble s'avancer dans l'ombre, ont eu un grand retentissement. Leurs promoteurs, les organisateurs des réunions provinciales de 1888 et 1889, appartenaient généralement à cette école qui a fondé les cercles catholiques d'ouvriers ; elle possède un grand nombre d'hommes dont le talent égale le dévouement aux classes populaires, et le comte de Mun est son plus éloquent représentant. On les désigne assez souvent du nom de « socialistes chrétiens », parce qu'ils croient à la nécessité des réformes sociales ; mais ils répudient hautement ce titre (1) et font remarquer que la pratique de l'association, telle qu'ils la comprennent, leur fournit, au contraire, le moyen de combattre efficacement le socialisme d'État et le socialisme révolutionnaire, dont ils sont

(1) Voici en quels termes, à la tribune de la Chambre, M. de Mun répondait, le 8 décembre 1891, à M. Lafargue pour repousser la qualification de socialiste :

« Je ne me suis jamais qualifié de socialiste ; je ne me qualifierai jamais ainsi, parce que cette formule répond à tout un ordre d'idées absolument différent du mien, en particulier sur deux points principaux : le point de départ qui est entièrement opposé aux doctrines religieuses que je professe, et le point d'arrivée, c'est-à-dire la conception collectiviste que je réprouve parce que je ne la crois ni juste ni pratique. »

Néanmoins, sans appliquer à M. de Mun une qualification contre laquelle il a bien raison de protester, beaucoup de bons esprits lui reprochent de trop incliner les intérêts du capital devant ceux du travail, quoiqu'ils soient également respectables, et de parler aux ouvriers, qui d'ailleurs ne lui en savent aucun gré, trop souvent de leurs droits, trop rarement de leurs devoirs.

également éloignés, en réalisant progressivement par la liberté les améliorations indispensables dans la condition des travailleurs.

Ce groupe, un peu restreint, un peu exclusif peut-être dans ses origines, et qu'on pourrait croire trop dominé par ses ardentes convictions religieuses, a gagné récemment à sa doctrine de puissantes recrues. La « Ligue populaire pour la revendication des libertés publiques », fondée à Bordeaux par M. Gaston David, beau-frère de M. Carnot, s'est prononcée aussi pour l'organisation corporative professionnelle servant de base à la représentation des intérêts, de manière à assurer une expression plus exacte de la volonté générale. Une importante réunion destinée à activer l'organisation du mouvement représentatif et provincial a eu lieu à Angers, les 1er et 2 juillet 1892, sous la présidence de M. le comte de Châteaubriand ; elle a réuni des adhésions très précieuses, telles que celles de MM. Étienne Lamy, Anatole Leroy-Beaulieu, Hubert-Valleroux, Claudio Jannet, Charles de Ribbe, Urbain Guérin, Ambroise Rendu, etc. Prenant acte de ce que l'opinion publique se prononce de plus en plus en faveur d'une décentralisation effective, cette assemblée a voté, sous forme de vœux, un programme de réformes pratiques ayant pour objet la commune, le département et la province. En ce qui touche la province, ces vœux sont ainsi conçus :

Que la législation favorise le groupement des départements déjà effectué dans plusieurs régions sur le terrain des intérêts agricoles, économiques et moraux;

Qu'elle accorde à ces groupements provinciaux la personnalité civile;

Qu'il soit constitué des Assemblées provinciales comprenant des délégués des Conseils électifs et des représentants des corps et associations professionnels;

Qu'il soit attribué à ces Assemblées des pouvoirs réglementaires en ce qui touche les questions locales et régionales;

Que les projets de loi d'intérêt local actuellement soumis aux Chambres leur soient déférés.

L'idée de la reconstitution provinciale et de la représentation professionnelle des intérêts a aussi séduit des hommes placés à des pôles bien éloignés, tels que MM. Hovelacque, Henry Maret, Beauquier, Charles Dupuy, ministre de l'intérieur, etc.

IV

Pour préparer la décentralisation provinciale, il est d'abord nécessaire de faire revivre la province dans les mœurs publiques en restaurant les corps professionnels autonomes et permanents. L'agriculture, qui a le mieux profité jusqu'à présent des facilités d'organisation créées par la loi du 21 mars 1884, était prête à entrer dans ce mouvement et à montrer l'exemple aux autres intérêts, demeurés faibles et désunis.

En 1891, quelques hommes d'initiative ayant pris part aux Assemblées provinciales de 1889, MM. le marquis de Froissard, le comte de Bellissen, Louis Milcent, le comte de la Bouillerie et L. Delalande, adressaient une circulaire aux 80 syndicats agricoles fondés par l'Œuvre des cercles catholiques d'ouvriers, pour les inviter à se fédérer par région, afin de donner à l'agriculture, en unissant leurs communs efforts, un commencement de représentation professionnelle destinée à défendre plus efficacement ses intérêts. Cet appel fut entendu, et il faut y voir l'origine de la création des unions régionales de syndicats agricoles.

Déjà une union avait été fondée à Lyon pour les syndicats agricoles des départements dont cette ville est le centre : elle est demeurée la plus importante de toutes et a servi de modèle à celles qui se sont formées dans la suite.

L'Union des Syndicats agricoles du Sud-Est, ou, comme on l'appelle familièrement, l' « Union du Sud-Est », a pour circonscription la région formée par les dix départements suivants : Savoie, Haute-Savoie, Drôme, Isère, Ain, Saône-et-Loire, Loire, Rhône, Ardèche et Haute-Loire. Son siège est établi à Lyon, rue du Garet, 9. Les syndicats affiliés sont actuellement au nombre de 65 et représentent, avec leurs 50 000 adhérents, la plus grande force agricole régionale. Le président de l'Union, qu'elle vient de perdre, était M. Gabriel de Saint-Victor, ancien député, lauréat de la prime d'honneur du Rhône, qui présidait la commission des intérêts agricoles et ruraux dans l'assemblée générale des délégués des Assemblées provinciales de 1889. Les trois vice-présidents sont MM. Antonin Guinand, président du Syndicat agricole de Saint-Genis-Laval, Émile Duport, président de l'Union Beaujolaise, et Anatole de Fontgalland, président de l'Union des Syndicats de la Drôme. Avec les six assesseurs, le secrétaire général et le trésorier, ils forment le bureau chargé d'administrer l'Union, qui n'a pas de chambre syndicale. L'assemblée générale se compose de cinq membres par syndicat uni : le président, deux membres du bureau et deux délégués. Sa dernière réunion annuelle a eu lieu à Lyon, le 3 novembre dernier.

L'Union du Sud-Est publie un bulletin mensuel, servant en même temps d'organe à ceux des syndicats affiliés qui n'en possèdent point : la première partie de ce bulletin est réservée aux communications particulières de chaque syndicat; la seconde partie est commune à tous et les fait participer à la vie de l'Union. Ce bulletin, très habilement rédigé sous la direction d'une commission déléguée à cet effet, a aujourd'hui un tirage d'environ 10 000 exemplaires; il est servi à 33 syndicats. Son action vient d'être complétée par la publication de l'*Almanach du Sud-Est*.

L'Union a créé un office des syndicats unis afin de faciliter par le groupement des commandes et des offres leurs opérations d'achat et de vente ; il est géré par un courtier patenté sous la surveillance d'une commission spéciale. Les engrais divers, les produits cryptogamiques, les charbons, les machines et outils, le matériel de viticulture, les plants de vignes américaines, etc., sont fournis par l'office en quantités énormes. Pour le dernier exercice, l'ensemble de ces marchandises s'est élevé à plus de 6.000 tonnes représentant la charge moyenne de 1 200 wagons. Mais cette organisation étant insuffisante pour la vente des produits agricoles, M. Émile Duport, l'un des vice-présidents de l'Union, a conçu et fait adopter par la dernière assemblée générale le projet de créer une Société coopérative régionale de consommation et de production destinée à rendre aux syndicats unis tous les services matériels réclamés par leurs adhérents.

La *Coopérative agricole du Sud-Est* s'est constituée à côté des syndicats de l'Union, sous leurs auspices et même avec leur concours financier, sans engager en aucune façon leur responsabilité. Un capital de 50.000 francs, à moitié versé, a paru suffisant pour commencer les opérations.

L'assemblée générale de l'Union a décidé de lui réserver sa clientèle et a ouvert immédiatement parmi les syndicats représentés une souscription destinée à recueillir le capital indispensable à son organisation auprès des agriculteurs eux-mêmes. 31 syndicats se sont engagés à souscrire, ou à faire souscrire 250 actions de 100 francs à raison d'une action par groupe de cent adhérents et, de plus, à verser une cotisation de 2 francs, une fois payée, au nom de chacun de leurs membres afin de les associer en bloc à la Coopérative. Cette cotisation d'affiliation produira 31 910 francs pour les 31 syndicats. Les bénéfices réalisés par la Coopérative seront répartis entre les coopérateurs au prorata de leurs opérations, après prélèvement d'un intérêt de 5 p. 100 au profit du capital versé.

Cette tentative, dont la valeur personnelle des hommes qui l'ont conçue et le concours assuré de la plupart des syndicats unis font présager le succès, complétera bien l'œuvre des syndicats agricoles, sans les faire dévier eux-mêmes, par l'adjonction d'un nouveau rouage que leur développement progressif avait rendu indispensable.

L'Union a institué un comité de législation et du contentieux qui donne des consultations sur les difficultés judiciaires concernant soit l'application directe de la loi de 1884, soit quelque point de droit intéressant un groupe de population rurale représenté par un syndicat.

L'Union du Sud-Est a émis des vœux importants en ce qui touche la propagation des unions régionales et la réglementation de leurs rapports entre elles, l'organisation du crédit agricole, la représentation de l'agriculture, le régime des boissons, la suppression du principal de l'impôt foncier, etc.

V

L'Union des Syndicats agricoles et viticoles de Bourgogne et de Franche-Comté, qu'on appelle aussi l' « Union des deux Bourgognes », a son siège à Dijon. Fondée le 19 mars 1892, elle a groupé 22 syndicats qui comptent dans leurs cadres environ 10.000 agriculteurs. Sa circonscription s'étend à neuf départements. Elle est administrée par un bureau de 36 membres à la tête duquel a été placé M. le comte Lejéas, déjà président de l'Union des Syndicats de la Côte-d'Or. Chacun des syndicats unis est représenté à l'assemblée générale par son président et deux délégués. L'assemblée générale constitutive a établi cinq commissions chargées d'études spéciales : 1º services commerciaux ; 2º institutions de prévoyance et de coopération ; 3º viticulture; 4º législation et contentieux ; 5º bulletin mensuel. L'Union a créé une Société coopérative fonctionnant à côté d'elle, qui doit centraliser les achats des syndicats unis. Elle met aussi en relation les syndicats entre eux pour la vente et l'achat de certaines denrées. Elle patronne la formation de caisses de secours mutuels contre la mortalité du bétail. Enfin, l'Union émet des vœux sur les principales questions économiques intéressant l'agriculture de la région et se concerte avec les autres unions déjà formées pour les soutenir devant le Parlement. Elle s'est prononcée pour le maintien des prestations en nature et pour le maintien du droit des bouilleurs de cru.

Le bureau de l'Union, 165 conseils municipaux, dont celui d'une ville importante, 138 sociétés fromagères et 18 syndicats représentant plus de 22.000 citoyens ont fait remettre à M. Méline leurs protestations énergiques contre le traité franco-suisse.

En terminant son rapport à la dernière assemblée générale, M. le comte Lejéas a défini dans les termes suivants le but social des unions de syndicats agricoles :

> Entre le socialisme révolutionnaire et le socialisme d'État il y a place pour les hommes de bonne volonté qui veulent aller au progrès par la voie de la fraternité, de la morale divine et de la liberté.
>
> Dans les milieux agricoles, cette place est occupée aujourd'hui par les Unions.
>
> Vous avez, Messieurs, avec juste raison, écarté de votre œuvre la politique, cette harpie du jour, qui salit ce qu'elle touche, parce que vous voulez marcher librement à la conquête des réformes économiques et sociales qui intéressent à un si haut point le relèvement de l'agriculture et l'amélioration du sort des cultivateurs.

L'Union des Syndicats agricoles de Normandie, créée le 10 mars 1892, embrasse les cinq départements normands et compte actuellement 14 syndicats affiliés. Son siège est à Caen. Elle est administrée par un bureau de 15 membres dont le président est M. Louis Delalande, ancien magistrat. L'assemblée générale a été organisée de façon à réaliser le mieux possible la représentation professionnelle et à avoir le caractère d'une Chambre d'agriculture libre de la province. Chacun des syndicats unis y est représenté par son président assisté de trois délégués par section cantonale : afin d'établir l'équilibre entre les divers syndicats de canton, d'arrondissement et de département, le canton a été pris comme unité représentative. Ces trois délégués cantonaux doivent eux-mêmes être recrutés dans chacun des éléments dont se compose le syndicat, c'est-à-dire parmi les propriétaires, les fermiers et les ouvriers ; car les syndicats agricoles normands sont tous des syndicats mixtes. Il en résulte que chaque catégorie sociale trouve ainsi sa représentation propre. De plus, pour que le mandat soit défini, les délégués doivent être porteurs d'un cahier délibéré par leur association, contenant les vœux, revendications et questions qui l'intéressent spécialement. Les assemblées générales se tiennent deux fois par an dans une ville de l'un des cinq départements désignée par un roulement successif. Dans l'assemblée générale tenue à Évreux le 22 octobre 1892, plusieurs vœux importants ont été adoptés concernant le projet de traité franco-suisse, le projet d'impôt sur les fruits à cidre, la suppression du principal de l'impôt foncier, la représentation de l'agriculture, l'organisation de l'assistance publique dans les campagnes, l'accroissement du nombre des étalons, etc.

Afin de resserrer les liens entre les syndicats unis et d'ouvrir de nouveaux débouchés aux produits agricoles, le bureau a décidé que les offres et demandes des membres des syndicats de l'Union seraient centralisées chaque mois pour être publiées sous une rubrique spéciale dans tous les bulletins de ces associations. Une section du contentieux doit être instituée pour fournir des avis, des arbitres ou des consultations. L'Union des Syndicats de Normandie a inscrit à son programme l'étude d'importantes questions telles que l'organisation de magasins généraux où les cultivateurs pourraient warranter leurs récoltes, de caisses de crédit mutuel, de cours et écoles professionnels, etc. Elle s'occupera également des projets de travaux publics intéressant la région.

L'Union des Syndicats agricoles de la région du Nord, constituée à Amiens le 16 août 1891, comprend aujourd'hui 13 syndicats agricoles appartenant aux départements du Pas-de-Calais, du Nord, de l'Aisne et de la Somme. Elle a pour président M. Madaré, avocat, président du Syndicat agricole du Boulonnais. Son siège est à Boulogne-sur-Mer, mais les assemblées générales ont lieu à Amiens, centre de la région.

Chaque syndicat y est représenté par son président et deux délégués. D'après un article de ses statuts, « l'Union a pour mission de grouper les représentants de l'agriculture de la région, de manière à obtenir la promptitude et l'unité d'action nécessaires à la défense des intérêts agricoles ». Elle s'est principalement occupée jusqu'à ce jour du régime douanier, de la législation des sucres, qui intéresse à un si haut degré les départements du Nord, et des moyens de sauvegarder les intérêts des producteurs de betteraves. Dans ce but, elle a discuté et adopté un projet de compromis uniforme destiné à régler, dans un esprit d'équité et de conciliation, les rapports entre cultivateurs et fabricants de sucre pour les marchés de betteraves. La dernière assemblée générale de l'Union, qui a eu lieu à Amiens, le 27 novembre 1892, portait à son ordre du jour la culture du lin, la vente des laines, le crédit agricole, les mesures à prendre contre la fièvre aphteuse, etc.

L'Union des Syndicats agricoles et viticoles du Centre, fondée le 11 mars 1892, a son siège à Orléans; elle s'étend à dix départements, et comprend déjà environ 13000 membres répartis entre neuf syndicats. Son président est M. Deusy, ancien député, et ses statuts sont analogues à ceux de l'Union du Sud-Est. Elle entend surtout faire œuvre pratique, notamment organiser la vente des produits du sol à prix rémunérateurs, en luttant contre la concurrence du commerce dont les conditions économiques se sont modifiées au détriment des producteurs.

C'est par la publicité combinée des syndicats unis, a dit M. Deusy, par des moyens empruntés aux courtiers, par le groupement et le conditionnement de la marchandise, qu'on pourra trouver les débouchés qui sont partout comme les besoins sont partout, et rapprocher, par la centralisation des besoins dans une force commune, le consommateur du producteur.

Les adjudications publiques, l'exportation, la clientèle des grandes sociétés coopératives urbaines de consommation, des économats de mines, de compagnies de chemins de fer et de grandes usines, le marché parisien, etc., tels sont les principaux débouchés que le courtier de l'Union du Centre aura à rechercher pour les denrées agricoles récoltées par les syndicats unis.

Les syndicats de l'Union du Centre publient un bulletin commun et traitent par la même adjudication leurs marchés d'engrais.

L'Union des Syndicats agricoles de l'Ouest, qui vient de se constituer définitivement par les soins de M. le comte de la Bouillerie, président du Syndicat agricole d'Anjou et de la commission agricole de l'Œuvre des cercles catholiques d'ouvriers, a son siège à Angers. Ses statuts sont adoptés. 25 syndicats des départements de Maine-et-Loire, Sarthe, Vendée et Loire-Inférieure, comprenant ensemble 12 000 à 13 000 membres, ont déjà donné leur adhésion. Il est probable que la Mayenne, la Vienne et les Deux-Sèvres feront aussi partie de la circonscription de l'Union. M. le comte de la Bouillerie, qui se dévoue au progrès des syndicats agricoles, et qui a su faire du Syndicat d'Anjou, comptant près de 6 000 adhérents, un véritable modèle, attend de l'organisation des unions régionales, ayant leur point d'appui et leur centre dans les Conseils de l'Union de Paris et de la Société des Agriculteurs de France, les meilleurs résultats pour la défense des intérêts généraux de l'agriculture et même du principe de la propriété battu en brèche par les socialistes ; il y voit aussi « un très puissant moyen de resserrer les liens qui attachent au sol les grands propriétaires, très nombreux dans les contrées de l'Ouest, et qui peuvent exercer une heureuse influence sur les populations rurales à la condition de se mêler à elles, de s'occuper de leurs intérêts et de leur être efficacement utiles ». La vente des produits ne pourra, d'après lui, être facilitée que par les unions ; mais surtout, il ne met pas en doute qu'elles sauront résoudre le grand problème du crédit agricole, et détourner en même temps l'épargne de nos campagnes des caisses de l'État, pour la reporter sur l'amélioration du sol.

A Tours, c'est l'Union des Syndicats agricoles de Touraine, qui va grouper, à côté du grand syndicat départemental présidé par M. G. Houssard, conseiller général, les petits syndicats locaux si nombreux dans l'Indre-et-Loire, où les a propagés le zèle d'un pionnier de l'idée syndicale, M. Louis Dubois, directeur du journal *le Tourangeau*, avec quelques syndicats des départements limitrophes possédant les mêmes intérêts régionaux. Dès le 1er mai 1892, le département d'Indre-et-Loire comptait 50 syndicats agricoles, c'est-à-dire beaucoup plus qu'aucun autre département. Dans l'espace d'une année, il s'y est créé 36 syndicats communaux : on y a reconnu que le groupement agricole s'opère par en bas avec une grande facilité et que, dans cette sphère restreinte, il tend à produire, mieux que dans toute autre, le rapprochement si désirable des gros propriétaires et des petits cultivateurs, l'apaisement des dissensions politiques, la solidarité des catégories sociales. Mais ces éléments épars doivent ensuite se constituer en union, afin de développer tous leurs fruits matériels et moraux. L'Union des Syndicats agricoles de Touraine, qui s'inspirera des idées de décentralisation administrative, accroîtra les forces des syndicats unis, sans diminuer l'intensité de la vie locale, et en respectant l'autonomie de chaque association.

L'Union des Syndicats agricoles du Sud-Ouest, dont le siège est à Toulouse, comprend dix départements, et a groupé une douzaine de syndicats de cette région sous la présidence de M. le marquis de Palaminy, ancien président du Syndicat agricole de la Haute-Garonne. Elle est peu active, et se contente d'émettre quelques vœux d'ordre économique relativement aux besoins particuliers de l'agriculture et de la viticulture régionales.

L'Union des Syndicats agricoles de Provence vient de se former à Marseille par l'initiative d'un bureau provisoire que présidait M. le comte de Villeneuve-Flayosc, déjà fondateur d'une petite union, qui fonctionne à Aubagne depuis deux ans entre six syndicats voisins, l'Union des Syndicats agricoles du bassin de l'Huveaune. Une réunion des présidents de syndicats appartenant aux trois départements de l'ancienne Provence, Bouches-du-Rhône, Basses-Alpes et Var, a eu lieu à Marseille, le 6 décembre 1892, pour l'adoption définitive des statuts. Ces syndicats, au nombre d'une quinzaine, représentent en bloc un chiffre approximatif de 2 500 adhérents. L'Union établira à Marseille un office ou comptoir d'achat et de vente pour le compte des syndicats unis. Elle doit aussi s'occuper des moyens d'organiser le crédit agricole et de faire des avances aux cultivateurs sur la valeur de leurs produits, pour les affranchir de l'obligation à laquelle ils sont souvent réduits de vendre à tout prix.

Plusieurs autres unions régionales sont encore projetées : en Bretagne, sous les auspices de M. le vicomte de Lorgeril, député, président du Syndicat pomologique de France, et de M. Urbain Guérin, qui en a fait voter le principe dans la dernière session de l'Association bretonne, à Vannes; en Auvergne, où M. Victor Chaboissier, président de l'important Syndicat des Agriculteurs du Puy-de-Dôme, travaille à constituer en union avec les syndicats de ce département, ceux de la Creuse, de la Corrèze, de la Lozère, de l'Ardèche, du Cantal, de l'Allier et de la Haute-Loire formant la région du centre-sud de la France, etc. Le Syndicat des industries agricoles et horticoles de Poitiers, présidé par M. H. de la Martinière, a décidé en principe sa transformation graduelle en Union Poitevine des syndicats agricoles locaux dont il deviendrait le centre, ses sections actuelles devant s'ériger en syndicats autonomes.

Il existe aussi des unions d'un caractère irrégulier qui, dans le sud-est et le sud-ouest de la France, ont pour objet de grouper toutes les associations agricoles, comices, sociétés d'agriculture et syndicats, d'un certain nombre de départements, afin de les amener à formuler en même temps, et avec plus de force, au sujet des intérêts économiques agricoles de la contrée qu'elles représentent, des revendications identiques. Mais ces unions, limitées d'ailleurs à ce seul objet, n'ont rien de commun avec celles qu'a organisées la loi de 1884 entre syndicats professionnels.

Nous ferons remarquer en terminant que, si une union de syndicats ne peut faire partie d'une union plus large, les syndicats eux-mêmes peuvent appartenir à plusieurs unions : il n'est pas rare d'en trouver qui soient affiliés, tout à la fois, à une union départementale, à une union régionale, et enfin à l'Union des Syndicats des Agriculteurs de France.

Cette dernière union, l' « Union des Syndicats », comme on la désigne souvent par simplification de langage, est la clef de voûte de toute cette organisation : c'est elle qui a provoqué la création des unions régionales, qui les délimite, les réglemente, et exerce sur elles une sorte de haute tutelle. Son président, M. le Trésor de la Rocque, est l'inspirateur, le conseiller écouté des bureaux des diverses unions, dont les présidents se maintiennent en fréquents rapports avec lui. Elle a créé dans son sein une commission des unions régionales ; tous les présidents de ces unions en font partie. L'œuvre entière demeure imprégnée de l'esprit de la Société des Agriculteurs de France et forme une émanation directe de cette grande association.

Dans ce nouveau classement des forces rurales disciplinées et accrues grâce au développement de l'esprit corporatif, les unions régionales figurent assez bien les maîtresses branches d'un grand chêne, dont les syndicats seraient les rameaux touffus et dont l'Union des Syndicats des Agriculteurs de France formerait le tronc puissant.

CHAPITRE IV.

I

Nous avons cherché à faire connaître les syndicats
agricoles et les fédérations ou unions établies entre eux.
Pour achever de déterminer le rôle de l'association professionnelle dans le monde rural, il nous reste à apprécier
l'influence de quelques syndicats agricoles ayant un
caractère spécial et un rayon d'action très étendu, puisqu'il embrasse la France entière ou un groupe considérable de départements.

A cette catégorie appartiennent le Syndicat central des
Agriculteurs de France, le Syndicat économique agricole, le Syndicat des viticulteurs de France, le Syndicat
des sériciculteurs de France, le Syndicat pomologique de
France.

Le Syndicat central des Agriculteurs de France, fondé

en 1886, sous le patronage de la Société des Agriculteurs de France, de même que l'Union des Syndicats, a eu pour objet de rendre aux membres des Syndicats unis les services d'ordre matériel que l'Union, dépourvue de personnalité civile, était par là même impuissante à leur offrir. Son but réel a été l'établissement d'un office de renseignements et d'entremise fonctionnant à Paris pour l'avantage commun de toutes les associations professionnelles rattachées à la Société des Agriculteurs de France (1).

Cet office, aux termes de ses statuts, se charge, sans responsabilité : 1° de favoriser la vente des produits agricoles; 2° de centraliser les demandes d'achats de machines, engrais, semences, etc., émanant soit des membres du Syndicat central, soit des syndicats ou associations agricoles qui useront de son entremise, de manière à les faire profiter des remises obtenues des fournisseurs, en raison de l'importance de ces commandes.

A titre d'association autonome, le Syndicat central possède des adhérents qui sont aujourd'hui au nombre de 5 600, répartis dans toute la France; à leur égard, il serait fondé à intervenir comme un syndicat ordinaire, à recevoir leurs commandes et à leur fournir les marchandises nécessaires à l'exercice de la profession agricole, sans faire ainsi acte de commerce. Comme rouage imaginé pour favoriser les opérations des syndicats unis en application de cette idée que la concentration des commandes, poussée à ses extrêmes limites, permet de procurer aux agriculteurs des rabais supérieurs à ceux qu'ils pourraient obtenir par l'entremise de leurs syndicats lo-

(1) Le Syndicat central des Agriculteurs de France a son siège, 19, rue Louis-le-Grand.

caux, son rôle devient plus compliqué. La loi de 1884 n'autorise pas un syndicat agricole à traiter ses achats par l'entremise d'un autre syndicat ; il en résulte que le Syndicat central n'est pas en droit de faire des fournitures directes aux syndicats de l'Union qui s'adressent à lui. Son office se borne à transmettre des renseignements et à mettre l'acheteur en rapport avec le fournisseur pour qu'ils puissent traiter ensemble. Le rôle du Syndicat central se rapproche donc beaucoup de celui d'un courtier ; mais le résultat est à peu près le même quant au bénéfice de la concentration des commandes, car le Syndicat central, administré gratuitement, est un courtier désintéressé qui ne prélève dans ces négociations que le remboursement de ses frais généraux. L'importance de la clientèle ainsi groupée permet au fournisseur, assuré d'un écoulement rapide et affranchi de charges coûteuses, telles que l'emploi des négociants intermédiaires, représentants et dépositaires, de rapprocher le plus possible pour le consommateur le prix d'achat de celui de la vente en gros.

Opérant au grand jour, publiant par la voie de son bulletin bimensuel les prix et conditions qu'il est autorisé à offrir à sa clientèle par les producteurs des divers centres industriels, le Syndicat central a agi comme un régulateur des cours en ce qui concerne les engrais chimiques, machines agricoles, etc. La baisse qu'il a obtenue a été de 12, 15 et jusque 30 p. 100, suivant les marchandises ; non seulement elle a été acquise à ses propres acheteurs, mais la loi de la concurrence en a fait bénéficier, pour partie du moins, l'agriculture tout entière.

Le Syndicat central des Agriculteurs de France est présidé par M. Welche, ancien ministre, président de la Société d'Économie sociale ; il a pour secrétaire général

M. Paul Le Conte, ancien magistrat. Il est administré par un conseil d'administration de trente-six membres dont le bureau exerce les pouvoirs à titre de délégué. On remarque dans ce conseil plusieurs membres du Parlement: MM. Godelle, de Ladoucette, d'Aillières, Thellier de Poncheville, de Villebois-Mareuil, Bourlon de Rouvre, députés. L'office, qui a pour directeur administratif M. Brillaud-Laujardière, comprend quatre sections: engrais, génie rural, semences, bétail et produits divers.

Depuis sa fondation, le Syndicat central a vu ses affaires suivre une marche constamment progressive. Dans l'espace de ces six années, il a traité pour sa clientèle un chiffre d'achats qui dépasse 25 millions de francs; pour l'année 1892 seule, l'importance de ses opérations a atteint près de 6 millions de francs. Le taux des prélèvements nécessaires pour rémunérer les employés et faire face à tous les frais a été maintenu au-dessous de 2 p.100.

La seconde partie du programme que s'est proposé le Syndicat central, celle qui consiste à favoriser la vente des produits agricoles en leur ouvrant de nouveaux débouchés et en rapprochant le producteur du consommateur pour les ventes amiables directes ou sur échantillon, est d'une réalisation beaucoup moins avancée: la vente sur échantillon notamment, qui semble théoriquement assez facile, est entravée par l'impossibilité où se trouve la direction du Syndicat central de vérifier la conformité des échantillons, envoyés avec les marchandises livrées et de fournir ainsi à l'acheteur la garantie nécessaire. Cependant, un service important a été créé pour la vente des animaux gras sur le marché de la Villette; le bétail expédié par les clients du Syndicat central est vendu, sous le contrôle d'un de ses employés, par un commissionnaire attitré, et les frais de vente sont réduits au minimum, avec une sécurité absolue dans l'envoi des fonds aux expéditeurs. Par suite de la grande publicité qu'il a créée et du mouvement d'échanges qu'il a su organiser entre les syndicats de l'Union, le Syndicat central commence à effectuer des ventes assez considérables pour certains produits agricoles : les semences et plants, vins, cidres, fruits, fourrages, pailles, etc. Le chiffre des ventes traitées en 1892 s'est élevé à 800 000 francs.

En vue d'assurer la parfaite sécurité de son fonctionnement, le Syndicat central s'est constitué sur les cotisations annuelles de ses adhérents une réserve qui dépasse déjà la somme de 100 000 francs.

Tout autre est le rôle du Syndicat économique agricole fondé et présidé par M. Kergall, directeur de la *Revue économique et financière*. Ce syndicat ne s'occupe ni d'achats, ni de ventes, ne traite aucun marché ; il se contente de mener en faveur des mesures économiques que peut exiger l'intérêt de l'agriculture une active propagande, de formuler des programmes de revendications et de préparer leur succès en battant le rappel des contingents ruraux pour soutenir énergiquement devant l'opinion et devant les pouvoirs publics les droits et les besoins de la démocratie des campagnes. En communion d'idées avec l'ensemble de nos syndicats agricoles, dont son bureau et sa chambre syndicale comptent beaucoup de présidents ou de personnalités éminentes, il organise l'action d'une façon méthodique et graduelle pour faire prévaloir les unes après les autres les réformes reconnues les plus urgentes. Sans porter ombrage à aucune autre association, il s'est fait ainsi une place à part dans le groupement syndical et rend à l'agriculture d'incontestables services.

Le Syndicat économique agricole, créé en 1889, a pour circonscription la France entière (1), et ses adhérents se recrutent parmi les membres les plus actifs des syndicats des départements, parmi ceux qui ont spécialement souci de remplir la haute mission économique et sociale dévolue à l'association professionnelle. A son bureau siègent, à côté de M. Kergall, président, M. Deusy, comme président d'honneur, MM. Flourens et le vicomte de Lorgeril, députés, comme vice-présidents.

La propagande du Syndicat économique agricole s'exerce sous les formes les plus variées : distribution d'imprimés, journaux, almanachs et brochures, signature de pétitions, vœux et délibérations des corps représentatifs, réunions et conférences publiques, etc.

L'exemple d'une nation voisine, dit une circulaire du Syndicat, nous a montré deux choses : la première, c'est que les grands mouvements d'opinion ne se produisent pas tout seuls; la seconde, c'est comment l'action d'un groupe, même petit, d'hommes résolus arrive à les produire. Il n'est peut-être pas une seule grande réforme anglaise qui n'ait été précédée d'une campagne d'agitation pacifique et légale dans le pays, campagne de presse, campagne de conférences et de discours surtout, qui, après avoir éclairé l'opinion, a fini par l'entraîner et lui faire briser tous les obstacles. A plus forte raison, des campagnes de ce genre sont-elles assurées du succès dans notre pays où tout citoyen dispose de la sanction souveraine du bulletin de vote.

Voici comment le Syndicat économique agricole a mis cette doctrine en pratique.

A la veille du renouvellement de la Chambre des députés, en 1889, un programme des revendications agricoles visant la revision du tarif général des douanes,

(1) Son siège social est à Paris, 3o, rue de Provence.

la réduction des charges fiscales qui pèsent sur les agriculteurs au niveau de celles qui sont imposées aux
autres catégories de contribuables, l'abaissement des
tarifs de transport, le maintien et le développement de
la loi sur les syndicats professionnels, etc., avait été
discuté et voté par le Congrès des syndicats agricoles
réuni à Paris, puis adopté par l'assemblée générale de
la Société des Agriculteurs de France.

Le Syndicat économique agricole eut l'idée hardie de
soumettre à tous les candidats à la députation ce programme présenté comme l'expression des besoins et des
vœux de l'agriculture française tout entière, et de les
inviter par lettre à y adhérer s'ils voulaient obtenir les
suffrages des cultivateurs. La plupart des candidats
répondirent à cette mise en demeure en contresignant
le programme agricole : il en résulta que, dans la
Chambre élue en 1889, plus de 300 députés, c'est-à-dire
la majorité, s'étaient formellement engagés par avance à
défendre l'agriculture comme elle entendait être défendue.

Afin de consacrer cette victoire, le Syndicat économique agricole convoqua à une réunion privée tous les
députés signataires du programme agricole. M. Kergall, qui présidait, les adjura de rester unis, malgré
leurs dissentiments politiques, dans l'intérêt de la terre
française, et obtint qu'il serait formé dans la Chambre
un groupe agricole unique composé de députés de tous
les partis, sous la présidence de M. Méline.

La réforme douanière étant assurée, le Syndicat économique agricole s'est attaché à poursuivre la réalisation
des autres articles du programme agricole, notamment
la suppression du principal de l'impôt foncier, et la
réduction des tarifs de transport pour les produits agricoles ou nécessaires à l'agriculture.

La campagne de l'impôt foncier a été conduite avec une rare vigueur. La propagande écrite s'exerçait largement par la distribution de brochures spéciales, par la polémique du journal hebdomadaire, *la Démocratie rurale*, organe du Syndicat économique agricole, et de l'*Almanach de la démocratie rurale*, tiré chaque année à plus d'un million d'exemplaires, tandis que quarante grandes réunions publiques, organisées en moins de trois ans par les associations agricoles des départements dans toute la France, fournissaient à MM. Kergall, Flourens et de Lorgeril l'occasion de soutenir éloquemment la cause du dégrèvement de la terre, devant les cultivateurs invités à la prendre en main comme leur propre cause. Une pétition répandue dans le pays recueillit rapidement un million de signatures. Malgré les résistances de l'administration, le Syndicat obtint d'environ 10 000 municipalités rurales le vote d'une délibération réclamant la suppression du principal de l'impôt foncier sur la propriété non bâtie. Trente-huit conseils généraux s'associèrent à cette revendication, tandis qu'un projet de loi destiné à la réaliser réunissait les signatures de 215 députés. Le premier fruit de cette agitation populaire a été le dégrèvement de 15 millions, voté au budget de 1891 pour donner satisfaction au sentiment manifesté par le pays rural : mais la campagne n'est pas close et le Syndicat demeurera sur la brèche jusqu'à ce que le principal tout entier de cet impôt antiproportionnel et excessif pour la culture ait disparu de nos budgets.

Le Syndicat économique agricole se prépare à renouveler, pour les prochaines élections de la Chambre des députés, l'initiative qu'il a si heureusement prise au nom des intérêts ruraux en 1889. Le 23 novembre 1892, il s'est réuni afin d'établir les cahiers de l'agriculture française pour les élections générales de 1893. Voici le programme qu'il a discuté et adopté :

I. — Maintien du tarif général des douanes;

II. — Suppression du principal de l'impôt foncier sur les propriétés non bâties, l'économie résultant de la conversion de la rente 4 1/2 p. 100 étant réservée à l'agriculture ;

III. — Maintien de la loi du 21 mars 1884 relative aux syndicats professionnels. Protection accordée aux syndicats agricoles *légalement* constitués ;

IV. — Encouragements à la création de sociétés coopératives, caisses agricoles d'assurances, de retraites, de secours mutuels. Organisation du crédit pour l'agriculture ;

V. — Abrogation des entraves légales qui s'opposent à la libre organisation de l'assistance dans les campagnes ;

VI. — Répression du vagabondage et de la mendicité par l'application des lois existantes.

Ce programme agricole, adopté en principe par l'assemblée générale de l'Union des Syndicats des Agriculteurs de France, et qui pourra, au moyen de quelques additions, être adapté plus spécialement aux besoins de chaque région, sera finalement présenté à l'acceptation des candidats par les soins du Syndicat économique agricole, comme en 1889.

L'association dirigée avec tant d'habileté et d'énergie par M. Kergall ne se contente pas d'être ainsi, dans les rapports nécessaires entre l'agriculture et la politique, le délégué des forces rurales ; elle est encore une ligue de défense sociale opposée à la propagande socialiste-collectiviste dans les campagnes. Le journal *la Démocratie rurale* s'emploie vaillamment à combattre ce bon combat; l'*Almanach de la démocratie rurale* s'applique à réfuter les menteuses promesses que les congrès socialistes adressent aux paysans, à leur démontrer que c'est l'association professionnelle, le syndicat agricole, qui leur apporte, en ce qui les concerne, la véritable solution pratique de la question sociale. M. Kergall poursuit même, sur le terrain solide de l'organisation de la vie à bon marché par le contact direct du producteur et du consommateur, le principe d'une entente permanente entre les syndicats agricoles et les syndicats ouvriers de l'industrie, ces deux moitiés de la démocratie française, qui, réalisée, assurerait mieux que tout autre mode d'action la défaite du socialisme et la pacification nationale.

Le programme anti-socialiste du Syndicat économique agricole consiste à prendre le contrepied du courant socialiste. Aux doctrines socialistes de la suppression de la propriété, de l'intervention abusive de l'État, de la centralisation à outrance, de la guerre des classes, de l'élimination de la bourgeoisie, il oppose les solutions contraires : l'extension de la propriété, l'action de l'État réduite au minimum, la décentralisation, l'union des classes, la bourgeoisie formant l'état-major des associations libres. Il entend surtout réfuter les théories collectivistes par les faits, prouver le mouvement en marchant lui-même. C'est pourquoi il recommande l'action par l'association libre et sous les formes les plus variées : coopération, crédit populaire, syndicats, mutualité, assurances, etc.

M. Kergall a développé, le 5 mars dernier, à Voiron, devant l'assemblée des États libres du Dauphiné, la thèse de la solution de la question sociale par l'association libre.

Il a conclu en ces termes :

Vous avez banni la politique de vos ordres du jour et, à sa place, vous avez mis, par l'association, la question sociale. Vous êtes en cela les dignes fils des pères de l'Évolution de 1789. La politique, c'est la forme ; la question sociale, c'est le fond ; la politique, c'est hier ; la question sociale, c'est de-main ; la politique, c'est l'eau trouble, c'est la réaction ; l'as-sociation libre, c'est la lumière, c'est le progrès. Et voilà pour-quoi je demande aux fils de ceux qui ont inauguré le xixe siècle, *le siècle des droits de l'homme,* d'inaugurer le xxe siècle, *le siècle des devoirs de l'homme.*

Je vous demande d'affirmer :

Qu'au-dessus de la politique, il est une question vitale : la question sociale ; que, conformément aux votes des Con-grès ouvriers de Paris, 1876, et Lyon, 1878, cette question ne peut être résolue que par l'association libre, c'est-à-dire par l'union des classes, pour la liberté et la justice ;

Et je vous prie :

De faire appel à tous les Français en situation de s'occu-per du peuple et de les adjurer de remplir enfin leur devoir social et patriotique, en constituant le réseau d'associations libres indispensable à la reconstitution de la société fran-çaise.

Cette résolution a été votée par acclamation.

Dans ses assemblées qui groupent l'état-major de l'ar-mée des syndicats agricoles le Syndicat économique agri-cole discute avec une grande compétence les questions qui se rattachent à son programme, telles que la vente des produits agricoles, l'organisation coopérative de la production, le crédit agricole, etc.

Si le syndicat dont nous venons de parler exerce une influence économique et sociale tout à la fois, le Syndicat des viticulteurs de France est une institution purement économique ; sans se préoccuper en rien de servir les intérêts particuliers de chacun de ses membres, il se ren-ferme exclusivement dans la défense des intérêts collectifs et économiques de la viticulture française. Fondé en 1888, il a pour président M. Paul Leroy-Beaulieu, membre de l'Institut, rédacteur en chef de *l'Économiste français,* et pour secrétaire général M. A. Hardon, ingénieur. Sa chambre syndicale compte des représentants de toutes nos régions viticoles. Son premier soin a été de dénoncer les fraudes qui constituaient, sous le régime des traités de commerce, une prime considérable à l'importation des vins étrangers ; il s'est fait ensuite instrument d'action permanente pour éclairer l'opinion, les pouvoirs publics et les grandes administrations sur les questions de viticulture si mal connues en dehors du groupe des intéressés.

On regardait comme plus ou moins normal, a dit M. Leroy-Beaulieu, dans son rapport présenté à l'assemblée générale du Syndicat le 20 février 1892, un régime qui trompait constamment le consommateur sur la nature même de la marchandise vendue, en lui présentant comme vins naturels des liquides où il n'entrait pas une goutte provenant de la fermentation des raisins frais. Tout ce système, en empruntant le mot respectable de liberté commerciale, se couvrait d'un pavillon auquel il n'avait pas droit, puisqu'il ne représentait que des primes aux fraudes de toutes sortes. Le Syndicat a fait tous ses efforts pour éclairer l'opinion publique à ce sujet ; il y a en partie, mais non encore complètement, réussi : il continuera sa propagande dans cette voie.

Dans son rapport à l'assemblée générale de 1893, M. Leroy-Beaulieu a indiqué la réforme des octrois comme le but vers lequel le Syndicat doit diriger ses efforts, afin de « faire tomber ces barrières intérieures qui s'opposent à la libre circulation des vins ».

Par les démarches incessantes de son bureau auprès des ministres et des commissions parlementaires, le Syndicat des viticulteurs de France a largement contribué à la réglementation de la fabrication des vins de raisins secs, au vote du tarif douanier, à l'abaissement de l'échelle alcoolique des vins importés, à la réforme de l'impôt des boissons, à la loi rendue pour la répression des fraudes sur le vin. Il a obtenu du ministre du commerce l'adjonction de viticulteurs au comité d'expertise légale qui vérifie la qualité des vins étrangers.

Le Syndicat s'est montré le vigilant et habile défenseur de la prospérité de notre viticulture dans toutes les questions qui la touchent de près ou de loin. La réforme du régime fiscal des boissons, qui est en voie de réalisation, a été préparée et suivie par lui : il s'est prononcé énergiquement contre le maintien du privilège des bouilleurs de cru et contre le vinage à prix réduit qui n'aurait d'autre but que de faciliter le mouillage des vins, c'est-à-dire la fraude. Un groupe nombreux de ses membres est partisan du monopole de la rectification et de la vente de l'alcool dont il considère l'établissement futur comme le corollaire du nouveau régime des boissons.

Bien qu'il se tienne en dehors de toute préoccupation commerciale, le Syndicat a réclamé l'admission des producteurs de vins au Concours général agricole de Paris et il a été fait droit à sa demande par un arrêté du ministre de l'agriculture qui a décidé l'ouverture, au concours de 1893, d'une exposition spéciale des vins, cidres et poirés récoltés en France, Algérie et Tunisie ; cette exposition a eu lieu du 4 au 8 février dernier, au Palais de l'Industrie, et la dégustation des produits exposés y a été autorisée. Plusieurs syndicats importants y ont exposé les vins récoltés par leurs membres et ont pu ainsi mettre le producteur en contact direct avec l'acheteur, à leur avantage réciproque.

Le Syndicat des viticulteurs de France (1) compte environ 3 000 membres à titre individuel ; un certain nom-

(1) Le Syndicat a son siège à Paris, 122, avenue des Champs-Élysées.

bre d'associations des départements lui sont, en outre, affiliées. Il tient son assemblée générale annuelle à Paris, au mois de février, vers l'époque de la réunion des autres grandes sociétés agricoles. Son bulletin mensuel publie ses actes et circulaires, les documents officiels, les comptes rendus des principaux congrès ou réunions viticoles et d'importantes études sur les questions législatives, administratives ou techniques qui intéressent la viticulture.

Le Syndicat général des sériciculteurs de France s'est constitué à Avignon, centre principal des départements séricicoles, à la fin de 1887. Ces départements sont au nombre d'une vingtaine; mais il n'en est que quatre où l'élevage du ver à soie présente une véritable importance. Le nombre des sériciculteurs est d'environ 140.000.

Cette association, instituée entre propriétaires et cultivateurs, élevant ou pouvant élever des vers à soie, et les graineurs, filateurs, mouliniers ou autres personnes exerçant des professions connexes, a pour objet l'étude et la défense des intérêts séricicoles et spécialement le relèvement du prix des cocons indigènes dans des conditions qui permettent la reprise de l'élevage des vers à soie menacé de disparaître. Elle a pour président d'honneur M. Pasteur et pour président effectif M. Bérenger, sénateur, membre de l'Institut; MM. Jamais, député du Gard, et Fougeirol, député de l'Ardèche, sont vice-présidents.

Le Syndicat a mené une active propagande pour défendre, dans la discussion du tarif général des douanes, les intérêts de la production des cocons indigènes contre les prétentions de la fabrique lyonnaise. Il a organisé le pétitionnement dans les départements intéressés à la prospérité de cette industrie agricole et multiplié les réunions publiques afin de réaliser l'entente sur la protection efficace à réclamer pour la sériciculture. Celle-ci n'a pas obtenu les droits de douane qu'elle demandait ; mais si des primes ont été accordées à la production des cocons indigènes, ce résultat, qui permet d'espérer le salut d'une de nos plus belles productions nationales, est dû, pour une large part, à l'agitation légale créée par le Syndicat des sériciculteurs de France qui a eu pour interprète M. Loubet devant le Sénat.

Le Syndicat pomologique de France s'est fondé à Rennes en 1891 pour compléter, à titre de syndicat professionnel, l'action de l'Association pomologique de l'Ouest présidée par M. Lechartier, doyen de la Faculté des sciences de cette ville. Il avait d'abord adopté le nom de « Syndicat pomologique de l'Ouest » qu'il a abandonné pour une appellation plus générale, par cette considération que l'industrie du cidre et de ses dérivés ne se localise plus à nos provinces de l'Ouest, mais intéresse aujourd'hui 65 départements où l'on plante le pommier à cidre. Le Syndicat a pour objet : la vulgarisation de toutes les études techniques et améliorations pratiques relatives à la culture et à la protection des arbres, à la fabrication des cidres, poirés et eaux-de-vie ; la création de débouchés pour les récoltes ; la défense des intérêts économiques, agricoles, industriels des syndicataires, etc. Il est présidé par M. le vicomte Charles de Lorgeril, député d'Ille-et-Vilaine, vice-président du Syndicat économique agricole. Lorsqu'il compte 5o membres au moins dans un département, il y organise une section départementale administrée par un bureau spécial. Il a pour organe la revue mensuelle *le Cidre*, dirigée par M. Eugène Vimont.

Le Gouvernement ayant proposé de frapper d'un droit de circulation le transport des fruits à cidre, le Syndicat a organisé contre l'impôt projeté un vaste pétitionnement dans les régions intéressées et la résistance, appuyée par la formation à la Chambre d'un groupe de 125 députés défenseurs des intérêts cidricoles, a été assez énergique pour faire échec au projet.

Au mois d'octobre 1892, le Syndicat pomologique de France a tenu son premier congrès à Saint-Servan : il a réuni les pomologues les plus distingués de Bretagne et de Normandie pour juger les concours de fruits, de cidres, poirés et eaux-de-vie, d'instruments, etc., et discuter la valeur des mémoires présentés sur les questions techniques mise à l'ordre du jour. Plusieurs syndicats agricoles de l'Ille-et-Vilaine, du Morbihan et de la Manche y avaient organisé des expositions collectives de fruits de pressoir très remarquables. L'un des buts les plus pratiques de l'association professionnelle a été rappelé, dans les termes suivants, par M. le comte Christian de Kergariou, président du congrès :

Nous nous ferons, par nos syndicats, les intermédiaires entre le producteur et le consommateur ; nous ferons comprendre à l'un et à l'autre que c'est leur intérêt commun que nous servons. Le producteur, dans l'esprit duquel surtout nous avons quelque peine à détruire certains préjugés, ne tardera pas à apprécier les services de nos administrations syndicales lorsque, par elles, ses ventes seront plus abondantes et plus rémunératrices, ses rentrées plus assurées.

II

Outre les grands syndicats spéciaux que nous venons d'étudier, il existe beaucoup de syndicats agricoles plus modestes qui se distinguent dans l'ensemble de ces associations en ce qu'ils visent uniquement un objet restreint, une production déterminée : les cultivateurs qui ont créé ces syndicats ne leur demandent que des services d'un ordre particulier; le groupement n'a pas d'autre but. Toutefois cet objet circonscrit affecte souvent l'intérêt capital des agriculteurs syndiqués.

Ainsi, dans les contrées où les vignobles sont plus exposés qu'ailleurs à subir les ravages des gelées printanières, comme en nos départements de l'Est, il s'est formé des syndicats de vignerons pour préserver les vignes de la gelée par la production de nuages artificiels : dans la Meurthe-et-Moselle, la Meuse et les Vosges, ces associations sont assez répandues.

Lorsque la température s'abaisse d'une façon inquiétante, on allume sur divers points du vignoble des foyers alimentés par des matières combustibles qui dégagent d'épaisses fumées, telles que le brai, le goudron, la naphtaline, etc. Par un temps calme, le nuage compact qui en résulte se maintient longtemps au-dessus des vignes : il intercepte le rayonnement nocturne et ménage la transition entre la température de la nuit et celle des premiers rayons solaires. Les frais de ce traitement, qui sauve souvent la récolte d'une ruine complète, sont couverts par une cotisation proportionnelle au nombre d'hectares de vignes possédé par chaque vigneron.

C'est aussi le souci de préserver les récoltes d'un danger commun qui a motivé la création des syndicats de hannetonnage limités à l'objet spécial d'organiser méthodiquement la destruction du hanneton et de sa larve, le ver blanc, sur les propriétés de leurs adhérents. Ce genre de syndicat, très utile à l'agriculture dans les régions où le hanneton exerce particulièrement ses ravages, s'est propagé surtout dans les départements de la Mayenne, l'Orne, la Manche, l'Aisne, Seine-et-Marne, etc. Il reçoit des subventions de l'État, des conseils généraux et des communes intéressées.

En Bretagne, où un insecte parasite, l'anthonome, compromet souvent la floraison du pommier et rend nécessaires des traitements insecticides au sulfate de cuivre, un syndicat de défense contre l'anthonome du pommier vient de se fonder à Pontivy. Quant au principal parasite de la vigne, le phylloxéra, on sait que depuis longtemps la lutte a été entreprise contre lui au moyen de syndicats d'un caractère particulier, les syndicats anti-phylloxériques, qui ne sont pas régis par la loi sur les syndicats professionnels, mais par la loi du 17 juillet 1878 qu'a modifiée, à certains égards, la loi du 15 décembre 1888 : ils sont au nombre de 700 à 800.

La protection des champs cultivés contre le maraudage et les dégâts causés par le gibier, l'entretien des voies de communication ont encore justifié la création de quelques syndicats spéciaux. Mais plus nombreux sont, parmi ces syndicats, ceux qui ont pris pour but la défense des intérêts d'une production locale déterminée. Dans cette catégorie se rangent les syndicats agricoles d'éleveurs et engraisseurs de bétail, d'herbagers, de cultivateurs de betterave, de houblon, de tabac, etc., d'apiculteurs, de sériciculteurs, etc. L'horticulture, la production des fruits et légumes de primeur ont leurs syndicats spéciaux d'horticulteurs, maraîchers et fleuristes qui s'occupent surtout d'organiser la vente des fleurs, fruits et légumes et d'en rendre la culture plus rémunératrice, les transports moins coûteux, les débouchés meilleurs.

La fabrication du beurre et du fromage se prête admirablement à l'intervention de syndicats professionnels concentrant dans une petite usine pourvue des appareils perfectionnés le lait d'adhérents disséminés dans un rayon peu étendu, afin de le traiter industriellement et d'en écouler les produits au mieux des intérêts communs. Le Syndicat laitier des propriétaires de Leschelle (Aisne), fondé par M. le comte Caffarelli, député, pour la production du beurre, l'Association fromagère vosgienne de Révillon, le Syndicat fromager de Servigney-Genevrey (Haute-Saône), fondé par M. Victor du Bled, celui de Gérardmer, etc., offrent de bons types de ce genre d'association syndicale. Les Fruitières ou fromageries coopératives, dont l'existence est séculaire et qui peuplent, au nombre de 1 500 à 2 000 (1), nos montagnes du Jura et des Alpes françaises, ne sont-elles pas, elles aussi, des syndicats professionnels spéciaux de producteurs agricoles ? Ces syndicats embryonnaires sont, à la vérité, peu capables généralement de perfectionner leurs procédés de fabrication et d'aviser à leurs besoins collectifs. Il y a été pourvu, dans le Doubs, par la création du Syndicat des fruitières de Comté et des agriculteurs du Doubs, placé sous la présidence d'honneur de M. Viette, ministre des travaux publics, et dans le Jura par celle du Syndicat des fruitières du Jura que préside M. le marquis de Froissard. Cette dernière association fonctionne comme une sorte d'union des 70 à 80 sociétés fromagères qui lui sont affiliées : elle travaille au progrès de l'industrie fromagère, fait inspecter les chalets

---

(1) Le nombre des fruitières s'est accru, depuis l'enquête agricole de 1882, dans quelques départements tels que le Haute-Marne, la Savoie, l'Isère, etc. Mais il a diminué en Franche Comté, leur terre classique, par suite d'une double tendance : 1° la fusion de plusieurs fruitières d'un même village en une seule ; 2° la substitution de laiteries industrielles aux fromageries par association, suivant un système aujourd'hui généralisé dans toute la Suisse.

et surveiller la fabrication, veille à l'exécution des marchés conclus pour la vente des fromages, défend en un mot les intérêts communs des producteurs sans porter atteinte à l'administration autonome des fruitières.

Un groupe de syndicats agricoles mérite encore d'attirer l'attention. Il ne se spécialise pas dans son objet, car ses opérations professionnelles sont à peu près celles de la généralité des syndicats, mais dans l'esprit qui préside à sa direction : nous voulons parler des syndicats qu'on désigne souvent du nom de « syndicats catholiques », parce qu'ils se rattachent à l'Œuvre des cercles catholiques d'ouvriers. Leurs fondateurs se sont efforcés d'organiser le patronage rural et ont fait prédominer le caractère social de l'institution sur son caractère économique. Ces syndicats ne sont pas conçus d'après un type uniforme ; mais on les reconnaît aisément au soin particulier qu'ils prennent d'organiser efficacement la solidarité professionnelle entre les adhérents et aux institutions d'assistance mutuelle qu'ils ont créées.

Ils sont actuellement répandus, au nombre d'environ quatre-vingts (1), en Bretagne, Normandie, Anjou, Poitou, Languedoc, Guyenne, dans la région des Cévennes, dans le département de la Drôme, etc. Ils ont adopté une commune devise : *Cruce et aratro*, et célèbrent généralement, à la façon des confréries, une fête patronale, celle de saint Isidore, laboureur, pour les syndicats d'agriculteurs, celle de saint Vincent, vigneron, pour les syndicats viticoles, celle de saint Fiacre, jardinier, pour

---

(1) La nomenclature complète des syndicats agricoles affiliés à l'Œuvre des cercles catholiques d'ouvriers a été publiée par le journal *la Corporation,* organe de cette association, dans son numéro du 4 juin 1892.

les syndicats horticoles ; d'autres se placent sous le patronage de saint Joseph ou de Notre-Dame des Champs.
Ils se distinguent par de sérieux efforts pour faire régner
l'union et la fraternité entre leurs membres, améliorer
les rapports entre patrons et ouvriers, développer le bien-
être matériel et moral par la prévoyance, l'assistance et
la coopération. Ils ont organisé des secours mutuels et
des soins médicaux gratuits en cas de maladie. Beaucoup
d'entre eux ont rendu obligatoires l'arbitrage dans les
contestations sur les intérêts agricoles, le repos du di-
manche, l'assistance aux funérailles des adhérents, etc.
Syndicats professionnels de nature essentiellement mixte,
ils reconnaissent souvent trois catégories de membres,
les fondateurs ou bienfaiteurs, les titulaires qui sont les
propriétaires ou chefs d'exploitation, et les simples associés qui comprennent les fils de cultivateurs et les ouvriers agricoles. Ils se subdivisent ordinairement en sections communales ou paroissiales.

Les syndicats agricoles de ce groupe sont pour la plupart des associations à circonscription restreinte, à l'exception de deux grands syndicats départementaux, le
Syndicat agricole d'Anjou, dont nous avons déjà parlé,
et le Syndicat des agriculteurs de la Manche, présidé par
M. E. Garnot, l'un des promoteurs les plus actifs de
l'association professionnelle dans les campagnes.

Une mention particulière est aussi due à l'Association
professionnelle de Saint-Fiacre (1), syndicat d'horticulteurs et de jardiniers de Paris et de sa banlieue, qui s'est
donné pour but de reconstituer, dans une certaine mesure, l'ancienne et puissante corporation des jardiniers de
Paris. Cette association, qui a réuni plus de 1 100 mem-

____

(1) Elle a son siège à Paris, 126, boulevard Montparnasse.

bres sous la présidence d'honneur de M. Henry de Vilmorin et sous la présidence effective de M. Paul Blanchemain, a organisé un service de contentieux, un office commercial, une bibliothèque, un bureau de placement gratuit, une société de secours mutuels, et des cours théoriques et pratiques d'enseignement professionnel. Sans faire de promesses mensongères à la classe ouvrière, elle lui rend ainsi de nombreux services. L'Association a créé des sections locales dans dix communes de la banlieue ; elle publie un bulletin mensuel, *le Syndicat horticole*, et un annuaire. Des associations professionnelles de Saint-Fiacre ou syndicats horticoles ont été fondés sur le même modèle dans plusieurs grandes villes, au Mans, à Nantes, Pau, Laval, Angers, etc.

DEUXIÈME PARTIE

LE SOCIALISME AGRAIRE ET SON PROGRAMME

CHAPITRE V

LA PROPAGANDE SOCIALISTE DANS LES CAMPAGNES

L'évolution du socialisme révolutionnaire en parti politique. — Le plan de M. Paul Lafargue. — Ce que pensent du socialisme d'Etat les vrais socialistes. — Les syndicats et les grèves de bûcherons dans le centre de la France. — Les avances du socialisme aux paysans. — Le loup devenu berger. — Une enquête agricole socialiste. — Situation respective de la propriété rurale et de la main-d'œuvre agricole. — Le congrès socialiste de Marseille et son programme agricole. — Caractère général de ce programme. — Discussion de ses articles. — Application du socialisme municipal et spoliation de la grande propriété. — Les réformes utiles dejà réclamées ou même réalisées par les associations agricoles. — Un article sous-entendu. — La nationalisation du sol, perpétuelle menace pour les petits propriétaires. — La ligue anti-socialiste des syndicats agricoles.

I

Nous avons exposé à grands traits l'œuvre de l'association professionnelle agricole. Elle va dans ses résultats directement à l'encontre des visées du socialisme qui, s'il prodigue aux travailleurs les plus séduisantes promesses, en subordonne l'exécution au remaniement général de la société. Mais le peuple qui travaille et qui souffre, le peuple des campagnes surtout, si souvent dupé par des charlatans de tout poil, a appris, à ses dépens, à se défier des beaux parleurs en possession du secret de ramener l'âge d'or et de régénérer l'humanité. Il vit de bonne soupe et non de beau langage : la plus modeste amélioration apportée aux conditions de son existence le touche plus que les perspectives idéales qui fuient toujours devant ses yeux et dont son robuste bon sens ne saurait d'ailleurs admettre la réalisation pratique.

L'avenir du socialisme se trouvait donc menacé par les bienfaits de l'association libre.

Une évolution considérable s'est produite dans la politique du parti socialiste. Ayant pris conscience de la force très réelle qu'il possède dans les grands centres industriels, comptant sur l'effacement progressif des anciens partis divisés et découragés, exploitant l'impuissance du personnel gouvernemental à donner satisfaction aux revendications populaires, les abus et les fautes du parlementarisme, les scandales financiers, etc., le socialisme s'est résolu à entrer en ligne comme parti de gouvernement, à marcher par les voies légales à la conquête du pouvoir.

Longtemps il n'a attendu que d'un coup de force, d'une surprise, telle que fut l'explosion de la Commune en 1871, l'occasion d'arriver à appliquer ses théories ; aujourd'hui, il entrevoit la possibilité d'y parvenir sans secousse violente et régulièrement par le libre jeu du suffrage universel.

Dès lors, il ne lui suffit plus d'avoir dans les grandes villes, dans les mines, dans les colossales usines de l'industrie, de puissantes forteresses ; c'est le cœur du pays qu'il faut gagner, ce sont les gros bataillons ruraux qu'il faut essayer de rallier à l'armée socialiste pour que celle-ci puisse marcher, sous la protection de la loi, à l'assaut de la société.

Ainsi le socialisme, le véritable socialisme sans épithète, qui se confond avec le collectivisme ou communisme, était jadis révolutionnaire dans son but final, révolutionnaire aussi dans ses moyens d'action ; attaquant les bases de la société, niant la légitimité des lois, on devait le considérer comme en insurrection latente dans l'État. Aujourd'hui, il modifie ses procédés, il accepte provisoirement les lois qui régissent l'ordre social, mais c'est dans l'espoir de le détruire ; il renonce, provisoirement du moins, aux procédés révolutionnaires pour employer les moyens légaux, plus sûrs et moins dangereux. Quant au but, il n'a pas varié ; nous en avons pour garante la franchise des chefs du parti qui n'ont cessé de proclamer la nécessité de la révolution sociale s'opérant par la mise en commun de tous les moyens de production, par la « nationalisation du sol », par la « socialisation des mines », pour nous servir de la phraséologie familière à MM. Jules Guesde, Paul Lafargue, Ferroul, etc., c'est-à-dire, en langue vulgaire, par la confiscation de toute propriété individuelle.

M. Paul Lafargue, député du Nord, élève et gendre de l'allemand Karl Marx, a exposé très clairement, devant un auditoire bourgeois, dans une conférence donnée à l'hôtel de la Société de géographie, le 21 mai 1892, le programme adopté par le parti socialiste pour devenir le maître de l'État et se trouver ainsi en mesure de réaliser l'application pratique de sa doctrine. Écoutons la prédiction d'un des chefs reconnus du socialisme français : elle est instructive et peut nous fournir des armes pour nous défendre.

Selon M. Lafargue, la bourgeoisie, maîtresse du

pouvoir politique, avait cherché à le monopoliser en établissant dans tous les pays le suffrage restreint, afin d'écarter de la direction politique la classe non possédante. Mais, presque partout, elle a dû plus ou moins rapidement accorder le suffrage universel.

La bourgeoisie elle-même, dit-il, a été forcée de mettre cette arme terrible entre les mains des salariés : il est vrai que cette arme à double tranchant a, jusqu'ici, blessé la classe ouvrière, inhabile à la manier. Depuis 1848, nous possédons le suffrage universel, et cependant les assemblées parlementaires, dans leur immense majorité, n'ont été composées que de capitalistes ou de représentants des intérêts capitalistes. Des ouvriers ont nommé des capitalistes pour les représenter. Ils ont pris, pour défendre leurs intérêts, leurs pires ennemis. Malgré le suffrage universel, le gouvernement, comme au temps du suffrage restreint, est entre les mains de la classe possédante, qui ne légifère que dans son propre intérêt.

. . . .

Mais les socialistes commencent à faire l'éducation de la classe ouvrière, à lui enseigner le maniement du suffrage universel : elle vient de prouver qu'elle sait profiter des enseignements communistes. Aux dernières élections municipales, le parti ouvrier, dont je suis un des militants, a engagé la lutte dans 77 villes, avec le programme de Lyon ; nous avons conquis 27 communes, où nous avons la majorité, et dans plusieurs, tout le conseil ; dans les autres nous avons fait pénétrer des minorités importantes. Le nombre des suffrages obtenus, rien qu'au premier tour, s'élève à plus de 102 000 (1). C'est un commencement de mainmise sur les pouvoirs de la commune.

(1) D'après l'*Almanach du Parti ouvrier* pour 1893, le chiffre des voix recueillies par les candidats socialistes, aux élections municipales de 1892, dans 91 communes, a été de 157 531. Paris ayant donné, d'autre part, d'après un relevé qui a été publié, 106 736 suffrages aux candidats socialistes et révolutionnaires dans le scrutin du 16 avril 1893, c'est un total de 264 267 voix à porter à l'actif du parti socialiste. En tenant compte des éléments socialistes disséminés dans le reste de la France, on ne saurait évaluer à moins de 300 000 à 400 000 l'ensemble des électeurs acquis au parti ouvrier.

La classe ouvrière, poursuit M. Lafargue, est aujourd'hui la seule classe utile ; il ne lui reste, pour remplir tous les rôles sociaux, que d'administrer les intérêts politiques de la nation. Eh bien, c'est dans les conseils communaux, dont les socialistes commencent à s'emparer, que se formera la pépinière d'hommes nécessaires pour administrer le pays.

Le prolétariat, maître des pouvoirs de la commune et de l'État, imitera l'exemple que lui a donné la bourgeoisie au siècle dernier ; après avoir exproprié politiquement la classe capitaliste, il l'exproprier a économiquement : il fera cesser l'antinomie, que nous avons constatée au début, entre l'organisation communiste de la production et l'appropriation individualiste des instruments de travail et des fruits du travail ; il socialisera la propriété capitaliste : alors il y aura non seulement mise en commun des moyens de production, mais encore mise en commun des moyens de jouissance (1).

Les instruments de production, c'est-à-dire la terre, les mines, les usines, les chemins de fer, etc., devenus propriétés de la nation, seront remis entre les mains des ouvriers organisés en syndicats : alors l'État, qui n'est que la « place forte du capitalisme », sera supprimé, parce qu'il n'y aura plus de classes à défendre et que, tous étant égaux, personne n'aura intérêt à nuire à autrui.

M. Paul Lafargue a, d'ailleurs, donné l'assurance que la révolution sociale, fatale, nécessaire, qui doit clôturer l'ère capitaliste, « n'aura pas le caractère sanguinaire de celle du siècle dernier, due seulement à la férocité de la classe bourgeoise ».

Cette révélation ne manque pas d'intérêt et doit être mise à profit : elle démontre qu'on ne saurait plus longtemps considérer le socialisme comme un parti de rêveurs

____

(1) La conférence de M. Lafargue, qui a eu pour contradicteur M. Edmond Demolins, a été publiée par la revue *la Science sociale*, dans sa livraison de juillet 1892.

et d'utopistes, incapable d'exercer une sérieuse influence, mais qu'il faut, puisqu'il se prépare à la lutte, le traiter en parti d'action et défendre contre ses entreprises l'organisation de la société.

Doit-on chercher à opposer au collectivisme le socialisme d'État ?

Le socialisme d'État, ce fruit de la terre prussienne, est radicalement impropre à arrêter les progrès du socialisme révolutionnaire auquel il fait la courte échelle. Dans les pays où il est en honneur, il a accru la puissance du parti collectiviste, qui le rejette dédaigneusement après s'en être servi. En réponse à ses avances, le congrès des socialistes allemands, tenu à Berlin du 14 au 23 novembre 1892, sous la présidence de MM. Singer et Gottlieb, a voté la résolution suivante :

Le congrès déclare que le socialisme n'a rien de commun avec le socialisme d'État.

. . . .

Le socialisme d'État, lorsqu'il s'occupe d'améliorer le sort du prolétariat, propose des demi-mesures nées de la peur du socialisme. C'est un palliatif afin de détourner les classes ouvrières du véritable socialisme.

Le socialisme n'a jamais dédaigné les mesures pour améliorer la situation des ouvriers ; il les a approuvées même lorsqu'elles provenaient de ses adversaires : mais il considère ces mesures comme de petits acomptes ne devant pas faire perdre de vue le but définitif de la transformation de l'État et de la société par le socialisme révolutionnaire.

Le socialisme est, par sa nature même, révolutionnaire. Le socialisme d'État, au contraire, est conservateur. Ce sont donc des antinomies absolument inconciliables.

Voilà comment les chefs du socialisme international, qui, de Berlin, dirigent le mouvement socialiste dans toute l'Europe, jugent l'intervention de l'État pour la solution des questions sociales.

Aussi quand nous voyons des hommes politiques prêcher la nécessité d' « aller au socialisme » pour l'empêcher de venir à nous (1), nous ne pouvons les suivre si, par cette marche en avant, ils entendent la pratique du socialisme d'État. Ces mesures, qui ne seraient, a-t-on dit, que des « gâteaux de miel jetés dans la triple gueule de Cerbère (2) », ne satisferont pas les socialistes qui ne les accepteront que comme de « petits acomptes », elles n'arrêteront en rien la poussée socialiste lors des prochaines élections : bien au contraire, elles la seconderont indirectement ; car l'intervention de l'État aura pour seul effet d'énerver la force de résistance qu'opposerait aux menées socialistes l'association libre développant l'action de l'initiative privée.

II

Si nous voulons repousser efficacement les entreprises du socialisme, la logique nous commande d'organiser la lutte sur le terrain même où il dirige l'attaque ; or, son nouveau plan de campagne consiste à mener une active propagande dans les classes rurales. C'est ainsi qu'il espère, ses chefs le proclament très haut, sceller devant les urnes de suffrage universel l'alliance du prolétariat urbain et du prolétariat rural pour former la grande armée socialiste destinée à vaincre la bourgeoisie, et par ce mot, qui a bien vieilli, il entend, on le sait, désigner tous ceux qui possèdent.

Nous allons passer en revue les récentes manifesta-

(1) « Il faut aller au socialisme, sinon le socialisme viendra à nous plus vite et plus rudement que nous ne le souhaiterions. » (M. Ranc, dans *le Matin* du 13 octobre 1892.)

(2) M. Charles Benoist dans le *Journal des Economistes.*

tions de l'action socialiste ; elles nous fourniront de précieuses indications sur le caractère de la propagande entamée dans les campagnes, parallèlement à celle qui se poursuit dans les centres industriels.

Déjà on a signalé les syndicats agricoles socialistes organisés parmi les ouvriers ruraux, dans le centre de la France, pour appliquer le système de la grève aux travaux des champs. A cette première tentative, dont la portée semble encore assez limitée et qui a causé plus d'appréhensions que de sérieux malaises dans la culture, a succédé, à bref délai, la grève des bûcherons de la Nièvre, du Cher, de l'Allier et du Loiret, favorisée, il faut le reconnaître, par la crise que subit actuellement l'exploitation forestière. Plusieurs parmi les syndicats de bûcherons n'avaient pour objet que d'obtenir à l'amiable le relèvement des salaires avilis par suite de la baisse des menus bois. Mais d'autres, dans la Nièvre notamment, ont cherché à vaincre par la violence la concurrence des ouvriers non syndiqués, et à peser sur la liberté des patrons pour les empêcher d'employer les ouvriers de leur choix. A cet effet, ils ont imaginé d'imposer aux marchands de bois, sous menace de grève, une double série de prix, l'une applicable aux ouvriers syndiqués, et l'autre, inférieure d'un tiers environ, aux ouvriers non syndiqués. L'originalité de cette combinaison réside en ce que le produit de cette taxe de 33 pour 100, prélevée sur les concurrents du syndicat, doit être partagé par moitié entre les syndiqués et les patrons. Cet ingénieux système, qui prétend respecter la liberté des patrons, permettrait aux membres du Syndicat des bûcherons de la Nièvre de gagner de l'argent sans travailler, en prélevant une sorte de dîme sur le salaire des travailleurs. Le syndicat obligatoire ou l'amende au profit du syndicat; cela nous ramène, on en conviendra, bien près des abus tant reprochés, au nom de la liberté du travail, aux anciennes corporations supprimées par la révolution française.

Dans cette tactique des bûcherons de la Nièvre, qui s'étaient crus fondés à placer l'exécution du règlement de leur chambre syndicale sous la protection des tribunaux, il n'est pas malaisé de reconnaître l'influence des meneurs socialistes, au premier rang desquels figurent plusieurs députés de la région.

Le plus clair résultat de ces manœuvres a été d'empêcher les marchands de bois de se porter adjudicataires des coupes, par crainte des difficultés et des pertes auxquelles ils se voyaient exposés. Un grand nombre de bûcherons du centre de la France se sont ainsi trouvés privés des salaires qui constituaient leur principal moyen d'existence, et devant la misère d'une population, victime, ainsi qu'il arrive toujours, des combinaisons intéressées des ambitieux qui l'exploitent, on a dû demander que, dans l'urgente nécessité de procurer du travail aux bûcherons, l'État fît exploiter en régie les coupes de la forêt d'Orléans; or cette exploitation serait vraisemblablement onéreuse pour le budget, car l'État exploite toujours à des conditions moins avantageuses que les particuliers.

Il faut s'attendre, en outre, à voir ces exigences imprévues de la main-d'œuvre déterminer une dépréciation de la propriété forestière, qui commençait à peine à se relever par l'effet du tarif douanier mis en vigueur l'année dernière.

« Et ce qui se passe aujourd'hui dans le domaine forestier, observe le *Journal de l'agriculture*, se passera

demain peut-être dans le domaine agricole; les cultivateurs ne sauraient donc trop veiller sur le nouveau danger qui les menace. »

Tel a été le premier épisode de l'entrée en scène du socialisme dans les campagnes. Elle a été singulièrement
favorisée par des circonstances économiques complexes
qui mettaient l'intérêt des bûcherons directement aux
prises avec l'intérêt des adjudicataires de coupes. Elle l'a
été encore par ce fait très important que la grève des bûcherons a pris naissance et s'est propagée dans la région
de la France où la grande propriété est encore le plus
fortement constituée (le département du Cher appartient
presque en entier à la grande propriété) et que les ouvriers, fréquemment réduits au chômage pendant l'hiver,
par suite du battage mécanique des grains, de l'abandon
des mines de fer et de l'extinction des hauts-fourneaux,
de la suppression des petits ateliers ruraux, etc., y forment un prolétariat agricole facile à endoctriner pour le
socialisme, comme l'est le prolétariat industriel dans tous
les centres manufacturiers.

L'exploitation du massif forestier du Centre, qui comprend 8oo.ooo hectares de bois répartis dans cinq départements, est presque seule à fournir du travail pendant
les mois d'hiver à toute une population que le chômage
général réduit à la misère. Il en résulte que tous les journaliers, maçons, terrassiers, etc., se portent en masse
dans les bois pour exploiter les coupes, en concurrence
avec les bûcherons de profession. Là où il aurait suffi de
vingt ouvriers pour exploiter une coupe, il s'en présen-
tait cent, que les marchands de bois étaient obligés d'em-
baucher, qu'ils le voulussent ou non. Cette abondance
exagérée de la main-d'œuvre devait nécessairement faire
baisser les salaires, au préjudice des bûcherons habiles,

et les propriétaires forestiers voyaient leurs bois mal exploités par des ouvriers inhabiles.

Une telle situation rendait évidemment facile le principe d'une entente entre les trente mille ouvriers bûcherons de la région, pour la défense de leurs intérêts communs. Des syndicats de bûcherons se sont créés un peu partout dans le Cher, dans la Nièvre, dans l'Allier, dans le Loiret, presque dans chaque commune des principaux centres forestiers. Un lien fédératif a été aisément établi entre tous ces syndicats ouvriers, qui ne se font nullement concurrence entre eux, puisqu'ils ont pour but de se réserver à chacun l'exploitation des coupes de leur circonscription, à l'exclusion des ouvriers étrangers à leurs syndicats, et sous des conditions imposées aux marchands de bois par la menace habituelle de la grève.

En présence de ces exigences, les marchands de bois se sont syndiqués à leur tour, et on a proposé aussi de syndiquer les propriétaires en formant un vaste syndicat des propriétaires forestiers de France, qui, au lieu de vendre les coupes, organiseraient eux-mêmes l'exploitation des bois et la vente de leurs produits (1). Mais il ne suffisait pas aux syndicats de bûcherons de faire une démonstration qui serait demeurée sans effet si les marchands de bois avaient pu faire procéder à l'exploitation des coupes par des ouvriers non syndiqués, qui n'auraient pas fait défaut pour les remplacer. C'est alors que les bûcherons syndiqués ont eu recours aux violences et à tous les moyens d'intimidation en usage dans les grèves de l'in-

(1) Il est incontestable que l'exploitation des bois par leurs propriétaires serait bien préférable, si elle pouvait s'organiser dans les régions troublées par les grèves de bûcherons. Il en résulterait des rapports très différents entre patrons et ouvriers : car les marchands de bois ne sauraient avoir, pour résoudre les difficultés créées par les bûcherons, l'influence acquise des propriétaires forestiers sur les populations au milieu desquelles ils vivent.

d ustrie. La liberté du travail a été violée, les coupes exploitées malgré les injonctions des syndicats ont été envahies, les ouvriers maltraités ont été forcés de se retirer, et souvent privés de leurs outils séquestrés par les grévistes. Des rixes ont eu lieu, des menaces d'incendie ont été proférées, les bois parcourus par des patrouilles de grévistes ont eu à subir leurs déprédations.

Pour imposer finalement leurs volontés, les syndicats de bûcherons spéculent sur l'obligation qui est imposée aux marchands de bois par leurs marchés d'avoir exploité dans un délai déterminé les coupes dont ils sont adjudicataires. Les marchands de bois se retourneront alors contre les propriétaires et ne consentiront plus à leur acheter leurs coupes qu'avec un délai de deux années pour l'enlèvement. Déjà des marchés n'ont pu être conclus qu'à cette condition très préjudiciable à la propriété forestière, menacée de subir de ce fait une nouvelle dépréciation.

La plupart des adjudications de coupes du domaine forestier de l'État n'ont pu avoir lieu, parce que l'administration n'a pas voulu modifier les cahiers de charges en prolongeant les délais d'usage, et qu'elle n'ose garantir aux marchands de bois qu'elle les mettra en mesure d'exploiter, par la protection assurée à la liberté du travail.

Dans le département du Loiret, où les syndicats de bûcherons, nombreux également autour de l'immense forêt d'Orléans, gardent une attitude beaucoup plus modérée que dans le reste de la région et refusent de suivre les mêmes influences, M. de Maulde, président du Syndicat des bûcherons de Nibelle, a proposé au préfet une combinaison destinée à améliorer les salaires des ouvriers et à empêcher la misère d'envahir la contrée, par suite de la non-adjudication des coupes de bois. Il s'agirait pour l'État de mettre en adjudication à part l'abatage et la façon de ses coupes : les syndicats de bûcherons pourraient soumissionner, et ils exploiteraient sous la surveillance directe des gardes forestiers. L'État vendrait ensuite aux marchands de bois les plus offrants le bois tout débité.

Cette idée d'organiser coopérativement l'exploitation des forêts, de manière à en réserver tout le bénéfice aux travailleurs par la suppression de l'entrepreneur intermédiaire, mérite d'être étudiée très sérieusement, comme toutes les mesures destinées à rendre plus large la participation des ouvriers dans les bénéfices du travail. Elle a été adoptée en principe par l'assemblée générale de l'Union des Syndicats agricoles et viticoles du Centre, qui a émis, à cet égard, le vœu suivant :

« Que l'État mette de suite en adjudication l'abatage de tout ou partie de ses ventes de bois dans la forêt d'Orléans et dans les autres forêts du Centre, de façon à procurer des moyens d'existence aux bûcherons actuellement sans travail. »

Les prétentions des bûcherons syndiqués, qui cherchent à les imposer aux marchands de bois à l'aide de la grève, se résument généralement en trois points : 1º augmentation des salaires ; 2º embauchage collectif de tous les syndiqués ; 3º constitution d'une caisse au profit du syndicat.

Pour la question des salaires, les bûcherons obtiennent assez facilement satisfaction. Si les salaires étaient tombés trop bas, par suite de l'abondance exagérée de la main-d'œuvre et en vertu de la loi économique de l'offre et de la demande, ils se sont déjà bien relevés et dépassent d'un franc le taux moyen du salaire des ouvriers ruraux de la région pendant les mois d'hiver ; ils sont d'environ 2 fr. 5o par jour : de plus, les bûcherons touchent, en nature, un supplément de salaire, sous forme de bois de chauffage qu'ils sont autorisés à emporter gratuitement. Quant à l'embauchage collectif de tous les bûcherons syndiqués, aux prix fixés par le syndicat, bien entendu, c'est une condition nuisible à la bonne exploitation des coupes et très onéreuse pour les marchands de bois, qui ne peuvent l'accepter. Il en est de même, et à plus forte raison, de la troisième réclamation des ouvriers, ayant pour objet la constitution d'un fonds de réserve ou d'une caisse syndicale. Cette caisse serait alimentée par le patron lui-même, obligé d'y verser une certaine somme par tête d'ouvrier qu'il emploie. On s'explique facilement la répugnance des marchands de bois à verser des fonds destinés à alimenter les grèves futures, à fournir des verges pour se faire fouetter.

Si nous cherchons à découvrir les menées du parti socialiste dans cette situation profondément troublée de la région forestière du centre de la France, où le désordre, les entraves à la liberté du travail, les menaces de violences, souvent suivies d'effet, les déprédations et les atteintes à la propriété, règnent depuis de longs mois, et sont difficilement réprimés par la force publique, elles sont bien évidentes. Les députés socialistes de la région, MM. Baudin, Thivrier, Ducoudray, etc., ont fomenté et entretenu l'agitation parmi les bûcherons, qu'ils se sont efforcés d'organiser en groupes révolutionnaires. Jusqu'à ce jour, les grèves de bûcherons se sont localisées dans chaque syndicat ; elles éclataient sur un point et s'apaisaient ailleurs, par suite d'une entente particulière entre les ouvriers et les patrons sur les conditions de la reprise du travail. Mais l'avenir nous réserve peut-être de voir se produire, sur un signe de M. Baudin, la grève générale des bûcherons du Centre, ce qui donnerait à la situation une acuïté bien plus redoutable.

L'organisation des bûcherons du Cher a été très habilement faite. Les syndicats locaux obéissent à une direction centrale, dont le siège est à Meillant, la « Chambre syndicale des ouvriers bûcherons et travailleurs similaires du département du Cher ». Cette Chambre syndicale compte diverses sections dans le département ; elle doit être considérée comme le lien fédératif qui relie tous les syndicats de bûcherons. On évaluait le nombre des bûcherons syndiqués du Cher à 7.000, au printemps de 1892 ; il serait actuellement, dit-on, de 14.000. Leur action politique paraît acquise aux doctrines les plus avancées, les plus nettement socialistes.

« Aux dernières élections, a dit M. Baudin, député, qui se vante de les avoir organisés, ils ont remplacé dans vingt communes les nobles et les bourgeois devant qui ils tremblaient auparavant. »

Ils ont envoyé, l'année dernière, une délégation à l'inauguration de la Bourse du travail de Paris, qui a été, on s'en souvient, une si bruyante manifestation des visées révolutionnaires et antipatriotiques du collectivisme international.

Dans la Nièvre, la grève a éclaté, l'automne dernier, par suite de la venue de nombreux ouvriers étrangers au pays qui se répandaient dans les coupes et en chassaient les ouvriers indigènes, leur prenant leurs outils pour les empêcher de travailler. Ceux-ci demandaient vainement à être protégés par la gendarmerie pour continuer le travail. Les meneurs leur distribuaient de l'argent pour les décider à se mettre en grève, et un ancien procureur général, témoin de ces faits, M. Tournyer, a pu affirmer devant la Société des Agriculteurs de France que les premiers fonds versés pour entretenir la grève parmi les bûcherons du Morvan provenaient des mineurs de Carmaux.

Nous avons vu, d'ailleurs, des députés étrangers au pays aller porter aux bûcherons du Centre la parole socialiste, comme cela s'est fait pour la grève de Carmaux. L'influence socialiste, qui prévaut dans les grèves de bûcherons, semble donc bien démontrée.

Le gouvernement ne saurait agir trop énergiquement pour défendre contre ces menées l'ordre public et la liberté du travail, en même temps qu'il a le devoir de protéger la conservation et l'exploitation régulière des 9 millions et demi d'hectares qui forment le domaine forestier de l'Etat, des communes et des particuliers.

III

Ce premier succès partiel devait encourager le socialisme à travailler à étendre son influence dans les campagnes : aussi les chefs du parti résolurent-ils de se préoccuper, dans le congrès qui devait se tenir à Marseille au mois de septembre 1892, des procédés à employer pour gagner des adeptes parmi les paysans.

Ce congrès, qui a été en réalité dirigé par le député socialiste allemand Liebknecht, l'un des chefs du socialisme international, a eu lieu, du 24 au 28 septembre, sur l'invitation adressée par vingt et un conseillers municipaux de la ville de Marseille à tous les conseillers municipaux socialistes de France, élus, comme eux, avec le programme municipal du parti ouvrier, élaboré au congrès de Lyon en 1891. Il avait pour but déclaré de rechercher, dans les communes où des municipalités socialistes ont été nommées, le moyen d' «inaugurer une politique nouvelle, la politique socialiste, qui se distingue de toutes les autres par ce fait qu'elle tient ce qu'elle promet », et d'écarter les obstacles dressés devant elle par la « réaction dirigeante ».

Il fallait déployer beaucoup d'habileté et de prudence, car on savait le paysan français instinctivement défiant à l'égard des doctrines communistes et très attaché à son lopin de terre. Autrefois les *partageux* de 1848 n'avaient pas eu grand succès auprès de lui : il les accueillait avec incrédulité, se disant qu'un « tiens » vaut mieux que deux « tu l'auras ». Qu'adviendrait-il des ouvertures qu'on lui ménageait, aujourd'hui que le socialisme perfectionné, parvenu à son incarnation dernière, procédant avec la rigueur de sa doctrine scientifique, ne peut plus lui promettre le partage avec le grand propriétaire voisin, qui pourrait l'enrichir, mais n'a à lui offrir que la nationalisation, la confiscation générale des terres, qui doit sûrement l'appauvrir ? Quel moyen de présenter aux paysans cet idéal comme une amélioration de son sort, quel moyen surtout de l'en convaincre ?

C'est ici qu'il faut admirer la souplesse et la hardiesse avec lesquelles ont manœuvré les organisateurs du congrès de Marseille. Comme il ne fallait pas songer à prêcher aux paysans le socialisme intégral, le vrai, celui qu'on vise sans transaction possible, on l'a réservé pour les ouvriers des villes et on en a fabriqué un autre, très différent, à l'usage des gens des campagnes. Le loup s'est fait berger afin de séduire le troupeau rural.

Pour donner aux paysans la mesure de l'intérêt nouveau qu'il prend à leur sort, le parti socialiste eut tout d'abord l'idée de faire une sorte d'enquête destinée, en même temps qu'à lui fournir les éléments de son programme de socialisme agraire, à l'éclairer sur la situation, les vœux et les besoins des classes agricoles. Le plan paraît en avoir été conçu par M. Jules Guesde et elle fut réalisée par l'envoi, dans trois mille communes de France, où le parti socialiste se flatte de posséder quelques adeptes, d'une circulaire accompagnée d'un questionnaire détaillé.

Nous reproduisons en son entier ce document important :

DEMANDES :

1º Quelle est, dans votre commune ou canton, la propriété qui domine ? Est-ce la grande, la moyenne ou la petite propriété, en entendant par cette dernière la propriété cultivée exclusivement par le propriétaire ou sa famille ; par moyenne, celle qui est cultivée par le propriétaire au moyen de bras étrangers ; et par grande, celle qui est donnée à bail à des fermiers ou métayers ?

2º Le ou les grands propriétaires habitent-ils la commune où le canton ?

3º Dans quel rapport sont entre elles ces formes de propriété ?

4º Emploie-t-on les machines agricoles (semeuses (sic), moissonneuses, batteuses, etc.), et dans quelle proportion ?

5º Quels sont les gages par mois ou par an des employés de ferme (valets, bouviers, etc.) ?

6º Quel est le salaire des hommes à la journée ou journaliers, avec nourriture, sans nourriture ?

7º Ceux qui ne possèdent aucun lopin de terre sont-ils en majorité ou en minorité dans la commune ou le canton ?

8º Les petits propriétaires, c'est-à-dire ceux qui cultivent eux-mêmes et seuls, vivent-ils de leur propriété ? Sont-ils au contraire obligés de se louer sur la terre des autres ? Indiquer combien sont dans le premier cas et combien dans le second.

9º Le travail à domicile existe-t-il chez vous (métier à main, bonneterie, soierie, etc.), et depuis combien de temps ?

10º Se fait-on aider par femmes ou enfants ?

11º Combien de temps travaille-t-on par an ?

12º Combien d'heures par jour ?

13º Combien peut-on gagner ?

14º Ce travail à domicile suffit-il à vous faire vivre, ou faut-il le combiner avec le travail des champs ?

15º Existe-t-il des fabriques ? Quelles fabriques ? Depuis combien de temps ? Combien emploient-elles d'ouvriers ou d'ouvrières ?

16º Ces ouvriers ou ouvrières vivent-ils de leur salaire industriel ou possèdent-ils un morceau de terre, ou se louent-ils sur la terre des autres comme journaliers ?

17º Quel est le salaire quotidien de l'homme, de la femme ?

18º Compte-t-on beaucoup d'ouvriers étrangers au pays ? Leur nombre augmente-t-il ?

19º Emigre-t-on dans les villes ? Dans quelle proportion ?

20º Existe-t-il des propriétés communales ? Quelle est leur importance ? Tendent-elles à diminuer ? Comment sont-elles gérées ?

21º Les propriétés privées sont-elles hypothéquées ? Dans quelle mesure ?

22º Les propriétaires dans l'embarras empruntent-ils à des banques ou à des particuliers ?

23º Possède-t-on en général ou loue-t-on la maison que l'on habite ? Quel est, pour le travailleur purement agricole, ou agricole et industriel à la fois, le loyer moyen par an ?

24º Quel est le prix des vivres (pain, viande, vin ou bière, beurre, huile, lait, etc.) ? Dans quelle proportion ces prix ont-ils augmenté depuis vingt ans ?

25º Avez-vous constaté, depuis l'apparition de l'industrie, un changement dans les mœurs ? Se marie-t-on moins ? La prostitution s'est-elle répandue ? Indiquer le chiffre des morts et des naissances il y a vingt ans et aujourd'hui (par année).

26º Quel a été l'effet des derniers tarifs de douane ?

La principale remarque que suggère ce questionnaire très complet, très minutieux, a trait à la singularité du classement nouveau adopté par le socialisme, pour les diverses catégories de la propriété rurale ; il est très différent de celui qui a toujours été admis dans les enquêtes agricoles et qui prend la contenance des parcelles possédées comme base, logique d'ailleurs, de la distinction entre la petite, la moyenne et la grande propriété.

Le socialisme, qui se croit de force à attirer à lui, non seulement l'ouvrier des champs, mais aussi le petit propriétaire rural, procède tout autrement. Son plan consiste à essayer de créer un grand prolétariat rural, puissant par le nombre et la cohésion. L'ouvrier agricole est une minorité ; souvent il est lui-même un petit propriétaire. Pour rallier une majorité dans les campagnes, il s'agit d'agglomérer les petits propriétaires avec les ouvriers et auxiliaires de la culture, d'établir une scission, une ligne de démarcation bien nette, entre cette classe agrandie et les autres éléments de la propriété foncière. C'est ainsi que le socialisme des villes, qui se flatte de vaincre dans les prochains scrutins, pourra compter sur l'appui numérique du socialisme des campagnes et préparer la formation de ces « armées agricoles et industrielles » (1) que M. Benoît Malon considère comme une réforme économique urgente.

IV

Si habile que puisse être cette tactique de chercher à diviser les propriétaires du sol, de classer à part ceux qui cultivent exclusivement avec leurs bras et ceux de leurs familles pour les fondre avec les journaliers et domestiques de ferme, de faire naître une sorte d'antagonisme entre ce groupement arbitraire et la propriété grande ou moyenne qui exploite le sol à l'aide de bras étrangers, elle ne prévaudra pas contre l'attachement

(1) *Précis historique, théorique et pratique du socialisme.* Paris, F. Alcan, 1892.

inébranlable du paysan pour la terre, contre cette passion native qui l'a toujours préservé de l'infiltration socialiste.

La nationalisation du sol, *terminus* de l'évolution socialiste, agira comme un épouvantail permanent à l'égard de ces 3 525 000 petits propriétaires qui, sur un chiffre total de 4 835 000 propriétaires ruraux recensés dans l'enquête agricole de 1882, se livrent en personne à l'exploitation de leur modeste domaine.

On leur dira que la grande propriété tend à se reconstituer, qu'elle menace l'existence de la petite culture, que celle-ci se trouve en état d'infériorité quant aux conditions de la production, etc. Peine inutile! ils savent que la France est l'un des pays où le sol est le plus morcelé, que les lois, les mœurs, tout concourt à laisser la propriété rurale se démocratiser de plus en plus, malgré quelques oscillations peu importantes causées par la crise agricole. Ils savent que certains économistes ont pu même considérer ce morcellement comme un émiettement exagéré, nuisible à la richesse nationale. Ils n'ignorent pas que, dans les quelques départements où les grands domaines sont encore nombreux, ils iront en s'amoindrissant sûrement et fatalement par l'effet de nos lois successorales et des liquidations qu'entraînent les circonstances diverses de la vie humaine. Enfin, il ne leur est pas permis de méconnaître que, là où elle existe encore, la grande propriété, la grande culture joue un rôle économique qui n'est pas sans utilité pour la petite propriété ; car ce sont ses exemples, ses essais, la propagande pratique qu'elle exerce autour d'elle, qui font progresser les méthodes d'exploitation agricole.

Le nombre des propriétaires fonciers a presque doublé en France depuis la Révolution. Des travaux très sérieux permettent d'estimer que, tant pour la propriété urbaine que pour la propriété rurale, il était d'environ 4 millions en 1789. On l'évaluait de 7 1/2 à 8 millions en 1890.

L'étude du mouvement des cotes foncières fournit d'autres enseignements. La cote foncière, on le sait, est la part qui, dans une *même* commune, incombe à un *même* contribuable sur les rôles de l'impôt. Le nombre des cotes foncières qui, de 9 millions 1/2 environ en 1816, s'était élevé graduellement jusqu'au chiffre de 14 333 700 en 1882, a fléchi légèrement dans les années qui ont suivi ; il était, en 1891, de 14 121 800. Mais cette diminution, qui semblerait indiquer un recul de la petite propriété, ne doit pas être interprétée aussi rigoureusement, l'administration ayant, à partir de cette époque, fait opérer la réunion de nombreuses cotes multiples qui avaient continué à figurer indûment sur les rôles.

Il est avéré, d'autre part, que la crise qui a sévi sur l'agriculture depuis 1879 par suite des importations d'outre-mer, des ravages du phylloxéra et de l'aggravation des charges de toute nature qui atteignent le producteur, a amené un déclassement de la propriété rurale qui a commencé à se manifester d'une manière sensible en 1884, avec la baisse de la rente foncière et des fermages ; il en est résulté un mouvement tout à fait anormal de ventes de terre qui, en sept années, de 1880 à 1887, a déplacé le tiers du sol arable de la France. Ce déclassement considérable a affecté, à des degrés divers difficiles à déterminer, la grande, la moyenne et la petite propriété ; toutefois la constitution de la petite propriété ne semble pas avoir été ébranlée par cette liquidation.

L'examen des cotes foncières fournissait, en 1884, le classement suivant de la propriété en France :

	Nombre de cotes	Superficies occupées.
Petite propriété (moins de 6 hectares)......	89,56 pour 100	25,79 pour 100
Moyenne propriété (de 6 à 50 hectares)....	9,58 —	38,94 —
Grande propriété (au-dessus de 50 hectares)	0,86 —	35,27 —
	100 »	100 »

Ainsi la petite propriété, enracinée d'une façon indestructible dans notre société française, celle qu'on voudrait enrôler dans le prolétariat socialiste, représente 89 1/2 pour 100 de l'ensemble des cotes foncières et possède près de 26 pour 100 du sol de la France.

Si on réunit la petite à la moyenne propriété, on obtient la classe des paysans agriculteurs et des contribuables qui leur sont assimilables dans les bourgs et les petites villes ; à cette classe, qu'on pourrait opposer à celle des grands propriétaires ou des capitalistes, comme les dénomme le socialisme, il y a lieu d'attribuer 99 pour 100 du nombre des cotes et environ 65 pour 100 de la superficie totale.

Quelle résistance aux théories communistes ne doit-on pas trouver dans de pareils chiffres ! Il faut considérer, en outre, que la propriété foncière n'est plus aujourd'hui, comme elle était autrefois, la forme à peu près exclusive de la propriété, et que, dans les campagnes, abondent, non seulement parmi les grands et les moyens propriétaires, mais aussi parmi les simples travailleurs ruraux, les titulaires de rentes, de valeurs mobilières et de livrets de caisse d'épargne.

Non moins favorable à la stabilité de l'ordre social est cette constatation fournie par l'enquête sur la propriété bâtie, faite de 1887 à 1890, que sur 8 914 500 maisons (usines non comprises), dont 8 302 500 étaient habitées,

4 969 200 étaient occupées tout entières et 491 100 partiellement occupées par leurs propriétaires, ce qui permet de conclure, avec M. de Foville, que, « dans deux maisons sur trois, les habitants peuvent dire qu'ils sont chez eux (1) ». Cette proportion générale est certainement bien dépassée dans les communes rurales, car le paysan est le plus souvent propriétaire de la maison qu'il habite et du petit enclos qui en dépend.

La population agricole représenterait aujourd'hui, d'après les statistiques, 47, 8 pour 100 de la population totale de la France ; mais ce chiffre officiel est inférieur à la réalité ; car, ainsi que l'a fait observer M. le Trésor de la Rocque, dans les communes rurales de 2 000 habitants et au-dessous, une grande partie de la population recensée comme commerçante ou industrielle appartient en même temps à la profession agricole, qui est même souvent sa profession principale (2). Quoi qu'il en soit, dans cette population agricole qui comprend la grande moitié des citoyens, le nombre des travailleurs à gages, journaliers et employés de la culture, est sensiblement égal à celui des patrons, propriétaires exploitants, fermiers, métayers et régisseurs.

Quelle industrie pourrait en dire autant ?

Le nombre des journaliers et domestiques de ferme, qui était de 4 098 000 en 1862, était descendu à 3 434 000 en 1882, et celui des propriétaires cultivateurs s'était accru proportionnellement de 338 000 dans la même période. Il est peu probable que les résultats fournis par

---

(1) *Nouveau Dictionnaire d'économie politique ;* voy. « Morcellement ».

(2) D'après le rapport présenté par M. le Trésor de la Rocque à la Société des Agriculteurs de France, sur l'*Enquête et la statistique agricole de 1892,* le chiffre de la population agricole, que l'enquête de 1882 a fixé à 18.249.209 habitants, serait réellement de 24 millions environ, soit une proportion de 62 pour 100 de la population totale.

l'enquête agricole décennale de 1892 viennent modifier gravement cette situation qui démontre bien l'accession progressive du salariat rural à la propriété. Aussi, les ouvriers de nos campagnes sauront-ils résister aux excitations du socialisme quand celui-ci cherchera à les mettre en hostilité avec la grande propriété et la grande culture ; bien loin de leur nuire, c'est cette grande propriété qui, là où elle subsiste encore, leur fournit, par ses entreprises destinées à accroître la productivité du sol et la richesse du pays, les abondants salaires à l'aide desquels ils se transforment par l'épargne en petits fermiers, métayers ou petits propriétaires.

On a fait remarquer, non sans raison, que si le socialisme ne visait pas le but immédiat de recruter le plus grand nombre possible de suffrages ruraux pour les prochains scrutins, il serait plus conforme à ses principes de poursuivre la destruction de la petite propriété et la reconstitution de la grande.

Tant qu'il ne s'est pas élevé à la propriété, le paysan peut se laisser séduire par les théories communistes, estimant qu'à leur mise en pratique il n'a rien à perdre et peut avoir quelque chose à gagner. Du jour où il est petit propriétaire, il devient par là même un ennemi-né de la doctrine socialiste, qui le menace dans sa possession. C'est pourquoi l'idéal d'un gouvernement démocratique doit être la transformation des travailleurs salariés en propriétaires, et sa préoccupation constante doit être de protéger les petits propriétaires, de diminuer leurs charges, afin de leur faciliter la conservation de la propriété.

Au contraire, la grande propriété, l'exploitation des vastes domaines, favorise la création d'un prolétariat rural nombreux et aggloméré qui, de même que la grande industrie, offre un milieu de culture très propice à la propagation des idées socialistes.

Cette inconséquence s'explique par la déviation récente du socialisme philosophique en parti d'action. Organisé aujourd'hui pour exercer une influence politique, il se prête aux transactions qu'imposent les nécessités contingentes de la politique : il admet tous les expédients temporaires qui peuvent le conduire à devenir légalement le maître de l'Etat, ce qui lui semble le plus sûr et le meilleur moyen d'aboutir à réaliser son programme théorique et pratique.

V

L'enquête entreprise dans les 3 000 communes où le parti socialiste se flatte d'avoir déjà pris pied fournit-elle de précieux enseignements aux chefs de ce parti ? Nous l'ignorons ; mais elle dut les convaincre de la résistance que présenterait le paysan français aux avances qu'on était résolu à lui faire, de la difficulté d'organiser cette propagande, de l'impossibilité même de la tenter avec un programme dont les solutions brutales, accueillies avec enthousiasme par les ouvriers de l'industrie, auraient épouvanté les masses rurales. Il fallait donc trouver autre chose afin de les séduire : il fallait donner au socialisme une double face, celle qu'on montre aux villes, et celle qu'on réserve aux campagnes, bien différente de la première.

C'est ce que fit audacieusement le congrès socialiste révolutionnaire de Marseille ou, pour employer la phraséologie en usage dans les milieux socialistes, le « 10e congrès national du Parti ouvrier français », qui comprenait les représentants de 718 chambres syndicales et groupes socialistes. Après avoir adopté les propositions les plus subversives, après avoir applaudi le député allemand Liebknecht dans ses déclarations doctrinales que les socialistes ne connaissent pas de patrie et que, sans distinction de frontières, ils répartissent les hommes en deux classes irréconciliables, la classe bourgeoise ou capitaliste, celle qui possède, et la classe ouvrière, les bourgeois de tous les pays, d'une part, et les prolétaires de tous les pays, d'autre part, il a tout à coup abordé la question agricole, jusqu'alors négligée dans les précédents congrès, et, sur le rapport d'une commission spéciale, après une discussion à laquelle prirent part MM. Briant, Paul Lafargue, Ferroul, député, maire (aujourd'hui révoqué) de Narbonne, etc., il a voté, à l'unanimité, les résolutions suivantes qui constituent le programme officiel de l'action socialiste dans les campagnes :

ARTICLE PREMIER. — Minimum de salaire fixé par les syndicats ouvriers agricoles et par les conseils municipaux tant pour les ouvriers à la journée que pour les loués à l'année (bouviers, valets de ferme, filles de ferme, etc.).

ART. 2. — Création de prud'hommes agricoles.

ART. 3. — Interdiction aux communes d'aliéner leurs terrains communaux ; — amodiation par l'État aux communes des terrains domaniaux maritimes et autres actuellement incultes ; — emploi des excédents des budgets communaux à l'agrandissement de la propriété communale.

ART. 4. — Attribution par la commune des terrains concédés par l'État, possédés ou achetés par elle, à des familles non possédantes associées et simplement usufruitières, avec interdiction d'employer des salariés et obligation de payer une redevance au profit du budget de l'assistance communale.

ART. 5. — Caisse de retraite agricole pour les invalides et les vieillards, alimentée par un impôt spécial sur les revenus de la grande propriété.

ART. 6. — Achat par la commune de machines agricoles et leur location à prix de revient aux travailleurs agricoles ; — création d'associations de travailleurs agricoles pour l'achat d'engrais, de grains, de semences, de plants, etc., et pour la vente des produits.

ART. 7. — Suppression des droits de mutation pour les propriétés au-dessous de 5 000 francs.

ART. 8. — Réduction par des commissions d'arbitrage, comme en Irlande, des baux de fermage et de métayage, et indemnité aux fermiers et aux métayers sortants pour la plus-value donnée à la propriété.

ART. 9. — Suppression de l'article 2102 du Code civil donnant au propriétaire un privilège sur la récolte ; — suppression de la saisie-brandon, c'est-à-dire des récoltes sur pied ; — constitution pour le cultivateur d'une réserve insaisissable comprenant les instruments aratoires, les quantités de récoltes, fumiers et têtes de bétail indispensables à l'exercice de son métier.

ART. 10. — Revision du cadastre et, en attendant la réalisation de cette mesure générale, revision parcellaire par les communes.

ART. 11. — Cours gratuits d'agronomie et champs d'expérimentation agricole.

Ce programme agricole, évidemment très étudié par les chefs dirigeants du parti qui ont senti la nécessité d'adresser aux paysans de sérieuses avances, offre un singulier mélange de vérité et d'erreur, de propositions inoffensives ou même utiles, et déjà réclamées par de nombreuses associations agricoles, et de revendications essentiellement révolutionnaires. Il serait, dans plusieurs de ses articles, la mise en pratique du socialisme municipal, bien plus dangereux que le socialisme d'État : car l'État, du moins, est éloigné de nous, il n'a ni passions ni haines personnelles, il est étranger aux jalousies et aux coteries de clocher, tandis que le socialisme, à la commune, c'est la tyrannie locale la plus éhontée, c'est le despotisme tracassier des majorités de village imposant une servitude impitoyable aux minorités qui se refusent à partager leurs idées et leurs passions ; c'est un régime intolérable.

Les propositions innocentes sont destinées à faire passer les autres et à donner à l'ensemble du programme un aspect bénin qui n'offusque pas le bon sens rural toujours défiant. Mais le trait distinctif qu'il présente, ce sont les manœuvres employées pour détacher la petite propriété de la classe des propriétaires, pour la conquérir en excitant l'instinct de convoitise que lui inspirent les grands domaines, surtout lorsque le propriétaire se désintéresse de leur exploitation (ce qui, d'ailleurs, est aujourd'hui bien plus rare qu'autrefois), et qu'il y apparaît seulement pour en percevoir les revenus et y séjourner quelques mois de vie oisive, étranger aux populations qui l'entourent. On voudrait persuader le petit propriétaire rural que son ennemi-né est le grand propriétaire qui donne ses terres à bail à un fermier ou métayer et ne participe pas lui-même à la direction de la culture. Ce grand propriétaire, dont le domaine sera souvent moins étendu que celui d'un moyen propriétaire de la nouvelle classification socialiste, c'est-à-dire d'un propriétaire cultivant ses terres au moyen de bras étrangers, il n'est qu'un capitaliste, un parasite, et, à ce titre, on lui fait une guerre sans merci. Peu importe si, en l'attaquant lui-même, on atteint indirectement l'importante catégorie des fermiers et métayers, qui n'existerait pas sans le grand propriétaire : le socialisme se soucie peu d'elle et n'a cure du rôle si considérable qu'elle joue dans l'économie rurale. Ce n'est pas la production du sol, la richesse nationale, qui le préoccupe : il lui est indifférent que la terre soit bien ou mal exploitée, puisque son programme agricole n'est pas destiné à accroître le bien-être des populations rurales, qu'il tend seulement à créer des divisions, des antagonismes sociaux qui lui ménagent des alliances pour la conquête du pouvoir politique.

VI

Pour apprécier le caractère du programme agricole socialiste, nous allons passer rapidement en revue ses onze articles :

Article premier. — Fixation du salaire minimum par les syndicats ouvriers agricoles et par les conseils municipaux. — C'est là une prétention exorbitante, attentatoire aux principes de la liberté du travail et de la liberté des conventions. L'ancien socialisme français, avant d'avoir versé dans le collectivisme allemand, n'aurait jamais osé proposer une telle solution des difficultés relatives au salaire : car, en 1876, le congrès ouvrier de Paris, qui considérait alors l'association coopérative comme destinée à affranchir les travailleurs, déclarait « ne reconnaître que les contrats passés librement entre les parties ». La question du salaire est complexe et il est malaisé de concilier le principe du salaire nécessaire aux besoins de l'ouvrier, du « juste salaire », avec la loi économique de l'offre et de la demande, avec l'équilibre des prix de revient et des prix de vente qui s'impose à tout producteur agricole ou industriel.

On pourrait admettre que, dans les syndicats agricoles mixtes, c'est-à-dire composés de patrons et d'ouvriers, les salaires fussent débattus librement entre les uns et les autres, sans que le taux convenu fût opposable naturellement aux patrons et ouvriers étrangers à ces syndicats. Mais imposer aux patrons des salaires fixés par les syndicats ouvriers, comme ont d'ailleurs cherché à le faire les syndicats de bûcherons, c'est vraiment faire trop bon marché de la liberté des patrons et des conditions économiques qui les dominent dans leur profession d'agriculteurs obligés de vendre leurs produits sur le marché dont ils subissent les prix, bien loin de les régler eux-mêmes.

Que dire de l'intervention des conseils municipaux dans un débat relatif à des intérêts privés? S'agit-il d'approuver, d'homologuer et rendre exécutoires les décisions des syndicats ouvriers portant fixation du salaire? S'agit-il même de se substituer à eux dans certains cas et de statuer à leur défaut? De telles fantaisies ne se discutent pas: on y voit dans toute sa candeur la conception du socialisme municipal opprimant d'une main de fer le patron rural, le malheureux propriétaire foncier, à seule fin sans doute de lui rendre moins amère, parce qu'il l'aura préalablement ruiné, la nationalisation finale du sol. Il est d'ailleurs bien évident que, dans un pareil système, les conseils municipaux se confondraient rapidement avec les meneurs des syndicats agricoles ouvriers et que toute garantie de représentation serait enlevée aux intérêts de la propriété rurale.

Article 2. — Création de prud'hommes agricoles. — Cette proposition est très acceptable, elle se recommande même par les services qu'elle rendrait à l'agriculture. Ces conseils électifs, composés en nombre égal de patrons et d'ouvriers, exercent une magistrature professionnelle très sage, parce qu'elle est essentiellement conciliatrice. Les conseils de prud'hommes sont les juges de paix de l'industrie. Il y aurait un véritable intérêt, comme cela a été proposé depuis longtemps, à créer cette juridiction au profit de l'agriculture pour lui confier le règlement des différends, bien plus rares d'ailleurs que dans l'industrie, qui peuvent naître entre patrons ruraux et ouvriers de culture, notamment à l'occasion des salaires. Le socialisme ne vient ici qu'à la suite de nombreuses associations agricoles qui ont réclamé et réclament encore l'institution des prud'hommes ruraux (1). Il faut toutefois reconnaître qu'elle est devenue beaucoup moins utile aujourd'hui que les syndicats agricoles ont multiplié dans toute la France leurs commissions de contentieux et d'arbitrage dont la juridiction amiable, acceptée par tous les syndiqués, maintient la concorde dans le monde agricole et évite les frais judiciaires.

Articles 3 et 4. — La conservation de la propriété communale, son agrandissement par l'emploi des excédents des budgets communaux (ils sont bien rares dans les communes rurales, ces excédents!) ne soulèvent pas de critiques.

D'après un plan cher à M. Ferroul, qui avait promis au congrès d'en faire l'application à Narbonne « avant un mois », il y aurait lieu d'organiser les biens communaux et les terrains domaniaux incultes, tels que ceux du littoral méditerranéen propres à la culture de la vigne, que l'État pourrait amodier aux communes afin d'accroître l'étendue de la propriété communale, en « propriété collective communale, au bénéfice des travailleurs agricoles non possédants ». C'est là évidemment un pas indiqué dans la voie de la nationalisation du sol, une expé-

(1) La réunion départementale des membres de la Société des Agriculteurs de France de l'Allier faisait observer que « les prud'hommes ruraux seraient destinés à servir d'arbitres dans une foule de règlements entre fermiers, métayers et propriétaires, et que, surtout, ils fourniraient, pour les estimations d'entrée et sortie de fermes ou de métairies, des experts précieux en lesquels on pourrait avoir pleine confiance. »

rience destinée à montrer aux paysans comment il serait possible de mettre les terres en commun pour les cultiver. Les « colons de la commune », comme on les a dénommés au congrès de Marseille, ne pourraient employer de bras salariés et auraient à payer une redevance légère au profit des prolétaires non agriculteurs.

La mise des terres en commun, afin de les cultiver avec plus de profit, ne peut être tentée avec succès que par l'association libre. En fait, on commence à la pratiquer, au moins pour quelques cultures, dans certains syndicats agricoles.

Article 5. — Cet article mentionne la création de caisses de retraites agricoles pour les invalides et les vieillards. Les syndicats agricoles n'ont pas attendu le programme de Marseille pour chercher à organiser la prévoyance et l'assistance dans les campagnes, au moyen de caisses de secours mutuels, caisses de retraite, orphelinats agricoles, dispensaires, etc. Tout le monde souhaite qu'il soit possible d'assurer des pensions de retraite aux ouvriers de la culture; mais il est essentiellement révolutionnaire de proposer qu'une caisse de retraites agricoles soit alimentée par un impôt spécial sur les revenus de la grande propriété : c'est la spoliation pure et simple d'une partie ou de la totalité des revenus de la grande propriété, et l'on sait que, d'après la classification collectiviste, ce terme désigne maintenant, non plus la grande superficie territoriale, mais tout domaine donné à bail par des propriétaires qui, parfois, ne peuvent faire autrement, dans l'impossibilité où ils sont d'exploiter euxmêmes, tels que les femmes, les mineurs ou les personnes exerçant des professions dites libérales.

Si on cherchait l'application des principes de l'équité naturelle dans le programme de Marseille, on pourrait encore remarquer que cet impôt spécial exorbitant frapperait précisément la propriété dont le revenu est le moins élevé, par suite des conditions dans lesquelles elle est exploitée, puisque cette exploitation comporte le bénéfice d'un intermédiaire, le fermier ou métayer.

L'assistance efficace, l'amélioration du sort des vieux travailleurs ruraux, les syndicats professionnels agricoles sauront bien l'organiser et l'alimenter sans rien demander à la confiscation, mais au moyen des infinies ressources de la mutualité et de la bienfaisance privée, lorsqu'auront disparu, comme ils le réclament, les entraves légales qui paralysent actuellement leurs efforts.

Article 6. — Le congrès proclame la haute utilité des syndicats agricoles, puisqu'il en recommande la création aux travailleurs ruraux. L'avis vient peut-être un peu tard, alors qu'il existe déjà en France plus de 1 300 syndicats agricoles qui se sont formés librement, sans attendre l'invitation du congrès socialiste de Marseille. Il est vrai que celui-ci vise apparemment l'organisation de syndicats agricoles ouvriers destinés à combattre les syndicats mixtes, à entraver leur action, à semer des ferments d'antagonisme entre le propriétaire ou patron et l'ouvrier de culture. Nos syndicats agricoles ne se laisseront pas entamer par cette diversion ; car ils fonctionnent avec un sentiment si large de la solidarité professionnelle, que leurs services profitent surtout aux petits cultivateurs, que le crédit, l'influence, propres aux associés les plus favorisés de la fortune, s'y exercent au bénéfice de ceux qui en sont le plus dépourvus ; ceux-ci ne trouveraient pas ce précieux avantage dans les syndicats d'où seraient exclus les propriétaires fonciers.

Quant à l'idée de faire acheter par la commune des machines agricoles qui seraient remises en location aux travailleurs, elle émane encore du socialisme municipal, elle tend à préparer la socialisation des terres, en démontrant aux paysans les bienfaits de l'exploitation collective à l'aide d'un outillage commun. Sans doute, les groupements de cultivateurs ont leur utilité pour leur permettre l'emploi des instruments de culture perfectionnés, dont l'acquisition serait une charge trop onéreuse pour chacun d'eux, et dont ils peuvent user successivement. Mais la commune n'a pas à leur fournir l'instrument de travail; c'est aux syndicats agricoles qu'il incombe de provoquer, comme ils le font déjà, l'initiative de ces groupements libres, petites associations locales destinées à acheter en commun les machines pour les mettre à la disposition de tous les associés. Cette entente, si simple et si facile à réaliser, n'est qu'une application des principes de la coopération de production, au nom desquels les producteurs agricoles s'associent pour diminuer leurs frais tout en améliorant leurs rendements.

Article 7. — En demandant la suppression des droits de mutation en faveur de la petite propriété, le programme socialiste se borne à renchérir sur les revendications déjà anciennes de nos associations agricoles. Dès l'année 1880, la Société des Agriculteurs de France réclamait, outre la déduction, dans le calcul des droits de mutation par décès, du passif régulièrement établi, la revision générale des articles du code de procédure civile relatifs aux ventes judiciaires d'immeubles, aux partages et aux purges d'hypothèques, dans un sens favorable à la petite propriété et à l'agriculture; elle protestait également contre le maintien des décimes additionnels aux droits d'enregistrement établis à titre temporaire en 1873, et dont un projet actuellement soumis aux Chambres propose d'augmenter le nombre, bien loin de les supprimer.

L'énormité des frais de succession et de vente, en ce qui concerne les petits domaines, constitue un abus fiscal qui ruine la petite propriété foncière ; c'est une des causes les plus certaines de la dépopulation des campagnes et de la crise agricole. En prenant l'initiative de solliciter un large dégrèvement des droits d'enregistrement, les associations agricoles ont témoigné qu'elles n'entendent pas laisser au parti socialiste l'honneur de revendiquer les mesures qui pourraient favoriser la conservation comme la création de la petite propriété rurale.

Article 8. — Ici nous rencontrons une avance que le programme de Marseille adresse aux fermiers et métayers, après celles qu'il a faites aux petits propriétaires. En proposant la réduction des baux, nous supposons qu'il entend l'appliquer aux cas où le fermier invoquerait des circonstances postérieures à son engagement pour établir que le taux du fermage est devenu exagéré et onéreux pour lui. Lorsque pareille situation se présente, il est peu de propriétaires qui ne sachent consentir amiablement les concessions que l'équité commande et que leur conseille même leur intérêt bien entendu. Ces commissions d'arbitrage, qui auraient mission de réduire les baux, comment seraient-elles composées afin d'offrir des garanties égales aux propriétaires et aux fermiers ? C'est ce que le congrès de Marseille a négligé de prévoir : il faut lui savoir gré de n'avoir pas fait intervenir ici les syndicats agricoles ouvriers et les conseils municipaux, comme dans l'article 1er.

Il y a, d'ailleurs, un grand principe intéressé dans cette question, c'est celui de la liberté des conventions. Quand on se préoccupe des cas où le fermier pourrait se trouver lésé par suite des circonstances fortuites, on néglige ordinairement d'envisager le cas inverse où la partie lésée serait le propriétaire, comme si, pendant la durée du bail, le prix de vente des denrées agricoles et, par suite, le bénéfice de l'exploitation venaient à s'accroître notablement. Pourtant, si on trouve juste de couvrir le fermier contre les pertes pouvant résulter de l'écart en moins que des conditions économiques survenues ultérieurement peuvent laisser entre ses prévisions et le produit net du sol, il serait logique de faire participer le propriétaire aux bénéfices qu'un écart en sens contraire pourrait déterminer.

Afin de remédier aux abus que comporte l'*alea* des bénéfices de la production agricole, on a rappelé que jadis le fermage se payait, non pas en argent mais en denrées, et on a proposé une plus large pratique du bail mobile ou fermage variable, dont le taux s'élève ou s'abaisse en proportion du cours des céréales et des principaux produits de l'exploitation, une certaine quotité de ces produits étant seule fixée originairement comme représentation de la rente foncière. Quant aux moins-values qui résultent des risques ordinaires de la culture, le contrat de métayage se prête assurément mieux que le fermage à les répartir équitablement entre le propriétaire et l'exploitant.

La question de l'indemnité à attribuer au fermier sortant pour la plus-value qu'il a donnée à la propriété a été souvent discutée et divise encore l'agriculture. Elle est complexe et soulève des problèmes d'une solution difficile ; elle intéresse le droit de propriété et la liberté des conventions. Bien que de bons esprits aient opiné pour suivre l'exemple de l'Angleterre en admettant, dans une certaine mesure, le droit du fermier à l'indemnité de plus-value, la majorité des associations agricoles incline, dans l'intérêt du progrès lui-même, de l'équité bien comprise et de la paix des campagnes, à repousser l'intervention de la loi en cette matière pour maintenir intacte la liberté des parties contractantes d'introduire dans les baux les stipulations nécessaires au règlement de leurs intérêts réciproques.

Article 9. — Cet article propose la suppression du privilège du propriétaire s'exerçant sur les récoltes du fermier, en même temps qu'il veut en constituer un autre au profit du petit cultivateur, sous forme d'une réserve insaisissable. C'est toujours la même politique qui prend à la grande propriété ce qu'elle offre à la petite.

La restriction, sinon la suppression complète, du privilège du bailleur a déjà été demandée comme susceptible de favoriser l'organisation du crédit agricole, et elle a été adoptée par une loi du 19 février 1889. Il a paru impossible de le réduire davantage sans compromettre l'intérêt du fermier, dont le meilleur banquier sera toujours le propriétaire lui-même, de telle sorte qu'il importe de ne pas affaiblir ses garanties.

Sur l'intéressante question d'arriver à rendre insaisissable, en faveur du petit cultivateur, une réserve indispensable à l'exercice de sa profession, le programme de Marseille, qui semble se borner à réclamer la suppression de la saisie à l'égard des instruments aratoires, bétail, fumiers et récoltes, est moins libéral que les associations agricoles qui ont demandé l'insaisissabilité du petit domaine rural.

Conformément aux vœux de quelques associations agricoles des départements, M. Welche, président du Syndicat central des Agriculteurs de France et de la Société d'économie sociale, a proposé à la Société des Agriculteurs de France d'appuyer, afin de combattre ainsi la dépopulation des campagnes, un projet de loi, soumis à la

Chambre par M. le comte de Mun, croyons-nous, qui a pour objet de faire déclarer insaisissables les petites propriétés d'une valeur inférieure à un chiffre à déterminer, soit 5 000 francs, par exemple. En Allemagne, on a cherché à protéger la propriété rurale en autorisant le petit propriétaire, habitant sa terre et la cultivant lui-même, à créer un « bien de famille », qu'il peut transmettre intact à l'un de ses enfants, sous la condition d'assurer aux autres leur part en biens d'une autre nature ou au moyen d'une soulte à payer en argent. L'introduction dans nos codes d'une disposition analogue n'apporterait pas une dérogation bien grave à nos lois successorales, et elle se justifierait aisément par le souci de maintenir la stabilité de la famille rurale, de la rattacher au sol et de ramener vers les villages la population qui s'en éloigne. Partout où elles ont été appliquées, ces dispositions ont assuré la permanence du foyer domestique et la conservation de l'épargne qu'elles encouragent à créer.

De là à suivre l'exemple des législations en vigueur aux Etats-Unis et au Canada qui ont organisé le bien de famille insaisissable ou *homestead*, il n'y a qu'un pas. Cette insaisissabilité se constitue en faisant enregistrer comme bien de famille un domaine d'une certaine valeur et d'une certaine étendue ; elle ne saurait préjudicier aux droits des créanciers antérieurs et ne couvre le domaine que tant qu'il est habité et cultivé par le propriétaire lui-même.

L'étude de cette question, qui a été soulevée par plusieurs sociétés d'agriculture et syndicats agricoles (1) et qui

(1) Un syndicat agricole de la Charente a formulé à cet égard le vœu suivant :

« Considérant que, dans l'état actuel de notre législation, la petite propriété foncière, celle qui exige la résidence et fixe la famille au a fait l'objet de pétitions adressées au Sénat, se recommande à tous les hommes qu'inquiètent les conséquences économiques et sociales de la dépopulation des campagnes.

Article 10. — La revision ou réfection du cadastre entraînerait une dépense énorme, qui serait au minimum de 800 millions, dit-on, et pourrait s'élever à 1700 millions, et même plus, selon les diverses bases adoptées pour cette colossale opération. C'est une entreprise disproportionnée à l'intérêt qu'elle peut offrir pour la réforme de l'impôt foncier. Quant à cet impôt lui-même, si lourd pour le petit propriétaire rural, le plus chargé d'impôts de tous les contribuables, les associations agricoles sont intervenues en faveur de la démocratie rurale, bien plus efficacement que le congrès de Marseille, puisqu'elles ne se bornent pas à demander la revision du cadastre et qu'elles réclament énergiquement la suppression du principal de l'impôt tout entier. C'est le seul moyen pratique d'atténuer l'inégalité de traitement qui existe

sol, est insuffisamment garantie et protégée et qu'elle n'offre pas la stabilité qui pourrait attacher à la terre celui qui la possède et qui souvent l'a acquise par toute une vie de labeur ;

« Que cette propriété est efficacement protégée, aux États-Unis, par le *homestead* et en Allemagne par le *'hoferolle ;*

« Le Syndicat agricole du canton de Saint-Amand-de-Boixe émet le vœu :

« 1° Que la petite propriété foncière soit protégée et que sa conservation soit assurée dans les familles par la simplification des formalités judiciaires et par la réduction des droits fiscaux qui pèsent si lourdement sur elle en matière de partage, principalement quand il s'agit de biens de mineurs ;

2° Que les pouvoirs publics étudient s'il ne serait pas possible de protéger la petite propriété foncière par l'introduction dans nos codes de dispositions qui, sous toutes les garanties de publicité et d'authenticité, couvriraient le père de famille, habitant et cultivant son domaine en *bien de famille,* jusqu'à concurrence d'une valeur à fixer. Ce bien, dont l'importance devrait être suffisante pour entretenir une famille, serait *insaisissable* aussi longtemps que les conditions d'habitation et d'exploitation personnelles seraient remplies. »

entre les contribuables agricoles et les autres catégories de contribuables, aussi bien qu'entre les agriculteurs eux-mêmes au point de vue de la répartition de cet impôt.

Ce qui prouve bien, d'ailleurs, l'insuffisance avérée des palliatifs proposés à cet égard par le congrès de Marseille, c'est que le candidat du parti socialiste qui s'est présenté le premier aux suffrages des paysans en invoquant ce nouveau programme, M. Jaurès, n'a pas cru devoir s'y enfermer et qu'il s'est, au contraire, rallié au programme des associations agricoles, puisqu'il a promis aux électeurs de Carmaux de donner son concours à la suppression du principal de l'impôt foncier.

Si on considère la revision du cadastre comme la préface d'une réforme considérable actuellement soumise à l'étude d'une commission extraparlementaire, qui aurait pour but de *mobiliser le sol* par la création de livres fonciers formant titre de propriété et dont les extraits ou « cédules hypothécaires », régulièrement délivrés aux propriétaires, pourraient être négociés comme de véritables valeurs au porteur, il s'agit là d'une conception chimérique et dangereuse que l'agriculture doit repousser sans hésitation ; loin de développer le crédit de la propriété foncière, elle favoriserait la spéculation, l'agiotage, l'ébranlement de la fortune publique, et diminuerait encore l'attachement du cultivateur pour la terre.

Article II. — Des cours d'agronomie, des champs d'expérience, c'est-à-dire l'enseignement théorique et pratique de l'agriculture, la propagande des meilleures méthodes de culture, n'est-ce pas le rôle incontesté des associations agricoles ? Les syndicats le remplissent avec succès par les multiples moyens que l'on sait. Laissent-ils place à une organisation meilleure pour la diffusion du progrès agricole, il est permis d'en douter. En tout cas, il y aurait de la part des chefs du parti socialiste quelque présomption à leur faire concurrence sur ce terrain. L'intervention des syndicats agricoles est aussi désintéressée que féconde : non contents de se constituer éducateurs professionnels, ils se montrent encore lés auxiliaires et les soutiens de l'enseignement agricole officiel à tous ses degrés.

VII

L'analyse nous a permis de reconnaître ce que le programme agricole de Marseille contient de fade et insignifiant sur plusieurs points, d'inquiétant sur d'autres où perce le bout d'oreille de la spoliation et du despotisme de la commune. Mais, tel qu'il est, ce programme n'est qu'un leurre pour ceux qu'il a entrepris de séduire. Il a beau s'évertuer à offrir des gages à la petite propriété par la suppression des droits de mutation, par la constitution d'une réserve insaisissable, par la revision du cadastre, etc.

Qu'importe, puisque la propriété foncière, la petite comme la grande, est irrévocablement condamnée par le socialisme et qu'aucun doute ne subsiste à cet égard! Il y a dans ce programme un article sous-entendu qui le domine et qu'il faut rétablir, car il doit infailliblement annuler l'effet de toutes les habiletés de son texte. Cet article final, voici comment il peut se formuler :

« Le socialisme a pour fin dernière la suppression de la propriété individuelle, la confiscation générale des terres, des maisons, des rentes, des valeurs, des dépôts de caisse d'épargne, des outils même, c'est-à-dire de tous les moyens de production. »

Il ne faut pas dire que le socialisme s'est amendé, qu'il a renoncé à ses revendications extrêmes, que le programme de Marseille le démontre, etc. Bien au contraire, ce programme n'est qu'une manœuvre destinée à gagner les suffrages des paysans dans les prochaines élections, il n'a aucune autre valeur, et nous en avons pour garant l'un des principaux chefs du congrès, le rapporteur de la commission agricole, M. Lafargue lui-même, qui, pour calmer les scrupules des délégués des chambres syndicales ouvrières, a pris soin de déclarer que ce programme de réformes agricoles, rédigé pour les campagnes, ne constitue qu'un minimum, une face transitoire de l'action politique du parti.

« Le programme agricole minimum, a dit expressément le gendre de Karl Marx, n'entraîne pas l'abandon des articles principaux du programme socialiste impliquant l'expropriation politique et économique de la classe bourgeoise. »

Et il ne faut pas se lasser de le redire afin de dissiper les équivoques, la classe bourgeoise, aux yeux du collectivisme, embrasse tous ceux qui possèdent, serait-ce le plus minime lopin de terre, une obligation de chemin de fer ou du Crédit foncier, un titre de rente ou un simple livret de caisse d'épargne.

Ainsi l'habile manœuvre des inspirateurs du congrès se trouve déjouée par cet accès de franchise qu'arrachèrent sans doute à M. Lafargue les protestations des intransigeants du parti ouvrier. Il faut nous en féliciter, car le paysan saura où on le mène s'il se laisse amorcer par le programme du congrès socialiste. Il est aussi menacé que les autres catégories de citoyens par l'avènement du collectivisme ; il l'est même davantage, lui, petit propriétaire du sol de France : car, le jour où le parti socialiste, arrivant au pouvoir, soit par la voie légale du suffrage universel, comme il s'en flatte, soit par une révolution violente dont il guette toujours l'occasion, mettrait la main sur tous les moyens de production, l'argent, les capitaux, les valeurs mobilières, auraient eu le temps de se cacher, de se transformer ou de fuir à l'étranger, tandis que la terre, la propriété foncière, qui ne peut s'échapper, serait fatalement vouée à la spoliation.

Le paysan français tient à son champ qui est le fruit de son travail accumulé et la base féconde de son travail quotidien, qui est la garantie de son indépendance chèrement conquise ; il faut qu'il sache bien que son champ est menacé ; il doit comprendre qu'il serait la première victime du socialisme en dépit des marques d'intérêt hypocrites qui ont pour but de tromper sa clairvoyance naturelle. Ce n'est pas la grande propriété qui est l'ennemie du paysan, ainsi qu'on veut le lui faire entendre, c'est le socialisme qui est son ennemi irréconciliable : c'est donc à la démocratie des campagnes qu'il appartient de sauver l'ordre social, en se préservant des entreprises dirigées contre elle-même.

Il est inutile d'insister en rapprochant du programme agricole que nous venons d'étudier l'œuvre entière de ce congrès de Marseille qui, de même que toutes les assemblées socialistes, a clos ses séances aux cris de : *Vive l'Internationale! Vive la Révolution !* Mais il est singulièrement instructif de rechercher comment les organes socialistes apprécient la tactique nouvelle adoptée au congrès de Marseille.

Voici comment s'exprime à ce sujet l'*Almanach du Parti ouvrier :*

Le congrès de Marseille, dit-il, aura donné au Parti ouvrier, avec son programme agricole, le pont qui lui manquait pour transporter sa propagande dans le milieu rural, en pleine paysannerie française.

Jusqu'alors, nous avions dû nous limiter au prolétariat industriel. Le machinisme, en l'agglomérant dans de vastes usines, le livrait pour ainsi dire au socialisme, qui, divisant très intelligemment sa tâche pour mieux l'accomplir, a levé sa première armée dans la classe ouvrière proprement dite.

Mais il n'oubliait pas, et ne pouvait pas oublier qu'à côté ou que derrière les serfs de la machine il y avait, plus nombreux encore quoique plus éparpillés, les serfs du champ, qu'il aurait à conquérir un jour, lorsque l'état de ses forces le lui permettrait.

Aussi, dès qu'au soleil des élections municipales de Mai il fut démontré que, du côté des travailleurs de l'atelier, nous avions, en grande partie, « ville gagnée », le Parti s'occupa-t-il d'aborder, d'entamer les travailleurs de la terre.

De là la question agricole portée devant notre dixième Congrès national, qui l'a, ajoutons-le, résolue victorieusement malgré sa complexité, en prenant, dans ses *cahiers complémentaires*, la défense des multiples éléments qui constituent la population paysanne.

Producteurs, au nombre de 2 millions et demi, déjà dépossédés de leur instrument de travail, le sol, et réduits, comme leurs frères de l'industrie, à la vente de leur force-travail pour vivre ;

Producteurs, encore propriétaires, au moins de nom, cultivant eux-mêmes la terre qu'ils possèdent —ou qu'ils croient posséder et dont ils ne sont que les esclaves ;

Fermiers et métayers qui mettent en valeur la propriété d'autrui avec des bras loués ou salariés ;

Tous ces exploités, à titres divers, ont été appelés, sur le terrain des réformes immédiates, à se coaliser contre l'ennemi commun, le grand propriétaire, le capitaliste foncier et ses complices du gouvernement, en même temps que le Parti mettait à leur secours, au service de leurs revendications particulières, la force des ouvriers des villes.

Le temps au programme de Marseille de pénétrer dans les campagnes, et le pacte d'alliance — nécessaire — sera scellé entre le travail agricole et le travail industriel, combinés en une seule armée contre la réaction capitaliste et gouvernementale.

C'en sera fait de la dernière forteresse sur laquelle le conservatisme bourgeois comptait pour arrêter dans sa marche la Révolution sociale.

VIII

L'élaboration d'un programme agricole n'a pas été, de la part des chefs du parti socialiste, un acte isolé et platonique. D'autres congrès socialistes ont eu lieu depuis lors et ont traduit la même préoccupation dominante de rallier les campagnes aux revendications du prolétariat ouvrier. Le congrès de Saint-Quentin portait à son ordre du jour la création de syndicats agricoles et leurs rapports avec les syndicats ouvriers. Le congrès régional socialiste tenu à Roubaix au printemps dernier, et qui a établi à Lille une fédération régionale, a voté, en ce qui concerne les communes rurales, les résolutions suivantes :

« Organisation de la propagande dans les campagnes par la distribution gratuite de journaux socialistes, de brochures spéciales et d'une brochure rédigée en patois pour chaque canton.

« Création dans chaque commune d'un comité dit de la presse, chargé de distribuer des brochures et des journaux et d'organiser des conférences. »

Déjà la brochure explicative du programme agricole de Marseille est répandue à profusion dans nos département du Nord sous ce titre : *Programme Agricole du Parti ouvrier*. Elle contient le commentaire de ce programme, article par article, et se termine par un appel adressé aux travailleurs des campagnes adjurés de voter pour les candidats du parti ouvrier partout où il en présentera et, dans les circonscriptions où il n'en présentera pas, de n'accorder leurs suffrages qu'au candidat qui s'engagera par écrit à réaliser les réformes mentionnées dans le programme.

« Vous savez maintenant, y est-il dit aux paysans, com-
« ment le Parti ouvrier, dont on vous faisait un mons-
« tre, comprend vos intérêts et leur défense.

« Vous savez dans quel but il s'adresse à vous et vous
« invite à vous joindre au prolétariat industriel, déjà or-
« ganisé, pour chasser du pouvoir les faux républicains
« qui vous exploitent depuis trop longtemps et installer
« au gouvernement le *parti du travail et des réfor-*
« *mes.*

« Vous viendrez au Parti ouvrier qui, le premier, a
« pris votre cause en mains et est le seul parti politique
« qui ne *vous offre pas à manger dans une assiette*
« *vide.* »

Les syndicats et les grèves de bûcherons, qui ont entraîné des manifestations violentes à l'encontre des bûcherons réfractaires à la direction des meneurs, ont puissamment servi l'action socialiste dans les départements du Centre; la liberté du travail y a subi une grave atteinte.

L'élu des populations de Carmaux, M. Jaurès, a pu représenter sa victoire comme le fruit d'une alliance conclue entre les paysans et les ouvriers mineurs; elle témoigne, à l'en croire, que le socialisme vient de pénétrer dans les campagnes, qu'il s'est installé en ami chez les paysans et qu'avec leur concours les transformations sociales profondes qui s'appellent la Révolution pourront s'accomplir sans violence.

La propagande socialiste dans les campagnes n'est donc pas seulement décidée doctrinalement; elle s'orga-

nise, elle a commencé sur tous les points.où les circonstances la favorisaient et elle sera menée, cela n'est pas
douteux, avec l'énergie et la ténacité qui caractérisent
l'action du parti. C'est pourquoi il est urgent de lui opposer l'action de l'initiative privée dans les associations
libres, la ligue antisocialiste de nos syndicats agricoles, dont nous allons mieux préciser, en la détaillant,
l'influence bienfaisante sur l'amélioration du sort des
populations rurales.

TROISIÈME PARTIE

L'ŒUVRE ÉCONOMIQUE ET SOCIALE DES SYNDICATS AGRICOLES

CHAPITRE VI

LA COOPÉRATION

Comment les syndicats agricoles ont entrepris de satisfaire aux besoins économiques et sociaux des paysans. — Un programme plus efficace que celui de Marseille. — Son application progressive. — La coopération complète l'action des syndicats professionnels. — Le Syndicat agricole de la Charente-Inférieure et la Société coopérative fondée par M. Arthur Rostand. — Une organisation modèle. — Ses résultats généraux. — Le commerce a dû abaisser ses prix de vente. — La coopération appliquée à la vente des produits agricoles. — Le parasitisme des intermédiaires. — La vie à bon marché résultant du rapprochement du producteur et du consommateur. — Projet d'organisation de la « Coopérative de France ». — Sociétés coopératives fondées par les syndicats agricoles à Clermont-Ferrand, Hyères, Tonnerre, Lyon, Dijon, etc. — Tendance fâcheuse de quelques syndicats à se transformer eux-mêmes en sociétés coopératives. — La coopération agricole doit-elle être civile ou commerciale, locale ou régionale? — Sociétés spéciales de production et de vente. — Boucheries, laiteries et beurreries coopératives. — La coopération dans les travaux agricoles. — L'agriculture rendue plus industrielle. — Rapports de clientèle à établir entre les syndicats agricoles et les sociétés ouvrières de consommation. — La coopération condamnée par le socialisme.

En étudiant le fonctionnement des syndicats agricoles, nous avons déjà eu l'occasion d'indiquer rapidement les services très variés, très importants, qu'ils rendent à leurs adhérents. Nous les avons vus se faire les apôtres du progrès dans l'exploitation du sol, répandre les notions techniques et les appuyer par la démonstration, instituer des concours, des essais publics, des expositions, des champs d'expériences, devenir l'école mutuelle des cultivateurs. Non contents d'enseigner la culture perfectionnée, ils ont fourni, grâce à la vertu de l'association libre, les moyens de la pratiquer sans grever les maigres ressources de leurs membres. Ils ont ainsi élevé notablement le niveau des procédés de l'exploitation agricole rendue plus productive, plus industrielle.

C'était beaucoup déjà : mais il y avait mieux à faire qu'à propager le progrès des méthodes de culture. Il fallait surtout relever les paysans de leur infériorité séculaire dans l'État, leur apporter l'émancipation économique non moins précieuse pour eux que l'émancipation politique, les organiser en profession apte à faire prévaloir ses droits et ses besoins devant les pouvoirs publics sur le pied de l'égalité avec les autres professions. Les syndicats agricoles n'ont pas failli à cette tâche : ils ont su donner à l'agriculture une représentation professionnelle spontanée, active, compétente, fortement constituée, qui est intervenue, dans toutes les circonstances où cela était opportun, pour la défense de ses intérêts soigneusement étudiés. Il suffit de rappeler ici les succès qu'elle a obtenus dans le vote des tarifs douaniers, dans le dégrèvement partiel de l'impôt foncier, dans le rejet du traité de commerce franco-suisse, dans le retrait du projet d'impôt sur la circulation des fruits de pressoir, etc.

L'association professionnelle a rendu à nos populations rurales la part légitime d'influence qu'elles doivent exercer non pas seulement dans le choix des mandataires politiques, mais dans la direction quotidienne des affaires du pays en ce qui touche leurs besoins et leurs intérêts propres.

Nous n'avons pas à revenir sur ce que nous avons dit à ce sujet : il est bien évident qu'en ce qui touche le progrès agricole, la représentation professionnelle, l'enseignement technique, etc., les syndicats agricoles ont pleinement réussi à atteindre le but qu'ils s'étaient proposé et que le socialisme ne saurait avoir la prétention de les supplanter. Mais les populations rurales ont d'autres besoins encore et l'amélioration de leur sort réclame des services d'un ordre différent. Il s'agit de pénétrer à leurs foyers, de modifier les conditions de leur existence individualiste, de leur apporter le bien-être, de les aider efficacement dans l'exercice de leur profession, de leur offrir enfin les ressources de la prévoyance, de l'assistance, du crédit, etc.

Telles sont les véritables réformes économiques et sociales qui intéressent les gens des campagnes : moins pompeuses peut-être que celles du programme agricole de Marseille, elles possèdent sur elles l'avantage d'être plus pratiques, plus réellement utiles, plus faciles à accomplir. Une institution qui réaliserait progressivement et sûrement ces transformations fondamentales dans la vie des paysans aurait résolu à leur profit la question sociale et rendu vaine, en la discréditant d'avance, toute la propagande du parti socialiste.

Or, cette institution, nous la possédons puisque, bien avant que le socialisme songeât à formuler son programme agricole, nos syndicats naissants se donnaient pour objet de poursuivre l'exécution d'un plan de réformes économiques et sociales que la plupart de leurs statuts ont formulé à peu près dans ces termes :

« Le syndicat se propose de préparer, encourager et

soutenir la création d'institutions économiques telles que sociétés de crédit agricole, sociétés coopératives de production et de consommation, caisses de secours mutuels contre la maladie, la mortalité du bétail, la grêle, etc., caisses de retraites pour la vieillesse, assurances contre les accidents, bureaux de consultation et d'arbitrage, etc. »

Rédiger un programme est bien, mais l'appliquer est mieux : il nous faut donc rechercher comment les syndicats agricoles ont essayé de doter l'agriculture de ces réformes vitales. Si ce qu'ils ont déjà entrepris et les résultats obtenus permettent d'augurer qu'ils soient aptes à organiser dans les campagnes la coopération, le crédit, la mutualité, l'assurance, l'assistance, etc., il est bien évident qu'il faudra considérer leur action comme la meilleure digue à opposer à la propagande socialiste : il suffira de la développer, de l'élargir, de la généraliser conformément aux enseignements de l'expérience déjà acquise, pour créer dans le pays rural en faveur de l'association professionnelle libre un courant puissant qui détruira l'effet de toutes les menteuses promesses des socialistes.

Les réformes, si discutables d'ailleurs, contenues dans le programme agricole de Marseille n'ont, en effet, que la valeur de promesses peu coûteuses à faire, tandis que les améliorations apportées par l'initiative des syndicats à l'exercice de la profession agricole constituent déjà un ensemble de faits acquis dont l'appréciation est facile, comme nous allons nous en rendre compte.

Les réformes économiques et sociales qui intéressent essentiellement la condition des paysans peuvent être ramenées à la satisfaction de cinq besoins principaux : 1° la coopération ; 2° le crédit ; 3° l'assurance ; 4° l'assistance ; 5° l'arbitrage.

I

La coopération est de l'essence des syndicats agricoles ; car ils n'étaient originairement que de simples associations coopératives formées pour l'achat des engrais. On peut la définir une forme particulière d'association qui tend à supprimer certains intermédiaires et à se partager les profits ainsi obtenus en commun. Sa devise est : « Tous pour chacun, chacun pour tous. » Elle est donc l'application rigoureuse des idées de solidarité professionnelle qui ont présidé à la formation des syndicats agricoles. Les membres des syndicats peuvent bien se grouper pour acheter à de meilleures conditions les matières fertilisantes, semences, machines agricoles et généralement toutes les marchandises utiles à l'exercice de leur profession. Mais la loi de 1884 n'autorise pas les syndicats à procéder de même en ce qui concerne les objets de consommation courante et ménagère nécessaires aux besoins des familles et dont l'acquisition, faite également en commun, serait si favorable aux petits cultivateurs en leur permettant de réaliser de sérieuses économies sur l'ensemble de leurs dépenses.

Est-ce à dire qu'il faille se contenter d'avoir affranchi l'agriculteur de l'exploitation d'intermédiaires, toujours plus nombreux, en ce qui concerne ses achats professionnels et qu'il n'y ait rien à faire pour lui procurer le même bénéfice quant aux achats relatifs à la subsistance et à l'entretien de sa famille? Non, personne ne songe à s'arrêter en chemin et à ne pas tirer toutes ses fécondes conséquences d'une évolution aussi capitale pour le progrès de l'agriculture et l'amélioration du sort des classes rurales que l'a été la création des syndicats agricoles.

Le moyen est tout trouvé : il s'agit simplement de leur annexer des sociétés coopératives de consommation constituées par leurs soins et sous leur patronage, qui leur permettront de faire indirectement toutes les opérations qui ne sont pas de leur ressort direct.

Les syndicats professionnels n'ont pas la capacité légale requise pour faire eux-mêmes de la coopération de consommation, sauf en ce qui concerne les marchandises nécessaires à l'exploitation du sol ; mais ils peuvent très régulièrement constituer à côté d'eux, et pour leur usage, des sociétés coopératives ayant une existence propre, une administration, une caisse et une direction complètement distinctes. Le groupement syndical fournit ainsi au groupement coopératif une clientèle, des administrateurs, et, ce qui importe beaucoup au succès de l'entreprise, l'esprit de solidarité qu'il a su développer parmi ses membres.

Le droit des syndicats professionnels de fonder des sociétés coopératives est absolu ; aucune autorisation administrative ne leur est nécessaire. Il leur suffit de se conformer aux dispositions de la loi du 24 juillet 1867 sur les sociétés à capital variable, qui demeure le code de la coopération en attendant le vote définitif de la loi en préparation sur les sociétés coopératives. Les actions doivent être nominatives, d'une valeur de 50 francs au maximum, et le capital social ne peut à l'origine dépasser 200.000 fr. Le versement d'un dixième du capital social est nécessaire pour la constitution de la société.

Un syndicat agricole peut donc aisément se doubler d'une société coopérative de production et de consommation qui, le déchargeant du souci, de la responsabilité

des opérations d'achat et de vente, lui laisserait la plénitude de ses moyens pour la propagation des bonnes pratiques de culture, l'organisation d'institutions d'assistance
et de mutualité, la défense des intérêts économiques de
l'agriculture, etc. La société coopérative s'occuperait d'a-
cheter et de fournir aux membres du syndicat, aux prix
du commerce de gros, non seulement les engrais, machines agricoles, semences, animaux reproducteurs, etc.,
mais tous les objets et denrées nécessaires aux besoins
des familles ; en même temps, elle se chargerait de vendre, pour le compte des syndiqués, les produits divers de
l'exploitation du sol, leur assurant, par suite de ses relations avec les centres commerciaux et de l'importance
des affaires qu'elle serait en mesure de traiter, un écoulement plus rémunérateur (ce que les syndicats ne peuvent
guère, l'expérience l'a démontré, entreprendre eux-mêmes
avec succès).

Ainsi se trouvait atteint un triple but :

1° L'abaissement des frais de culture concordant avec
l'accroissement des rendements : par suite, le prix de
revient des produits agricoles diminué ;

2° La vente plus facile et plus avantageuse de ces produits ;

3° Une réduction considérable de toutes les dépenses
de ménage, c'est-à-dire la vie à bon marché pour les
familles rurales.

Ne serait-ce pas la prospérité rendue à l'agriculture
par la solution d'un gros problème social ?

Il était assez facile de poser ces principes, mais il l'é-
tait beaucoup moins de chercher à les appliquer en dirigeant l'association professionnelle agricole dans une
voie inexplorée. Cette tâche a été entreprise et menée à

bonne fin, dans le département de la Charente-Inférieure, par un homme doué d'un véritable génie financier et commercial, M. Arthur Rostand, enlevé par une mort prématurée, en 1892, aux œuvres qu'il avait fondées et à celles, plus importantes encore, qu'il se préparait à organiser.

En exposant avec quelques détails comment a été créée et comment se pratique la coopération agricole dans un grand département tout entier, nous ferons concevoir les services de toute nature qu'elle est appelée à rendre aux classes rurales.

Le Syndicat agricole départemental de la Charente-Inférieure s'est fondé en mai 1886, sous le patronage du président de la Société des Agriculteurs de France, M. le marquis de Dampierre, qui en est le président d'honneur. Le président titulaire est M. Th. Guillet, conseiller général, à Saintes ; mais le véritable organisateur de l'association fut son vice-président, M. Arthur Rostand. Issu d'une famille marseillaise très honorablement connue dans la haute finance parisienne, M. Rostand avait dirigé une vaste exploitation agricole dans l'Amérique du Sud et y avait puisé cette hardiesse de vues qui marque les entreprises agricoles et industrielles des races du nouveau monde. Il comprit tout le parti pratique que pouvait tirer l'agriculture de la forme nouvelle d'association autorisée par la loi de 1884.

La Charente-Inférieure avait été ravagée par le phylloxéra, et, dans certaines parties du département ruinées par la destruction du vignoble, la valeur de la terre était tombée de 10 000 francs l'hectare à 500 francs. La baisse du bétail, résultant des importations étrangères, avait porté la crise au plus haut point d'intensité, et les petits cultivateurs découragés abandonnaient la lutte, quand le Syndicat entreprit de leur venir en aide en leur fournissant à bon marché, non seulement les marchandises nécessaires à l'exploitation du sol, mais aussi tous les objets indispensables à la nourriture, à l'habillement, à l'entretien de leurs familles, de telle sorte que l'épargne leur permît plus tard de faire à la terre des avances qui pourraient devenir la source de bénéfices nouveaux. Le Syndicat avait rapidement prospéré, puisqu'il comptait plus de 8 000 membres dès la seconde année de sa fondation. M. Rostand avait tenu ses promesses; grâce à son esprit pratique, à son expérience des affaires, à sa connaissance des marchés étrangers, il parvenait toujours à traiter pour les membres de son association des achats extraordinairement avantageux qui faisaient le désespoir du commerce local et excitaient la jalousie des syndicats voisins. Mais du succès lui-même, de l'importance croissante des opérations réalisées, allait naître le danger.

Les syndicats les plus populaires et les mieux dirigés ont connu cette heure critique. Lorsque la quantité de marchandises qu'il leur faut acheter, afin de répondre aux demandes de leurs adhérents, dépasse un certain mouvement annuel de fonds proportionné à leur importance relative, tout se complique, tout devient difficile : le personnel manque, le contrôle devient impossible, les garanties se trouvent insuffisantes, les responsabilités s'aggravent, et les hommes de cœur qui ont accepté la tâche de présider aux opérations syndicales se sentent débordés. L'association traverse une crise décisive pour son avenir. Deux moyens différents ont été tentés pour en triompher : la transformer elle-même en société coopérative, en société anonyme à capital variable, comme l'a fait le Syndicat agricole de Montpellier et du Languedoc, ou lui annexer une société coopérative, comme l'a fait le Syndicat de la Charente-Inférieure et comme d'autres ont cherché à le faire depuis.

Le Syndicat professionnel agricole de Montpellier et du Languedoc, créé en 1886, comptait en 1890 environ 1 500 membres payant une cotisation annuelle de 5 francs. Ne possédant aucun capital, n'admettant aucune solidarité entre ses membres, il avait si rapidement prospéré que ses achats de marchandises nécessaires à l'agriculture, toujours livrées au comptant et même après dépôt préalable du prix au moment de la commande faite par chaque syndiqué, avaient dépassé 1.200.000 fr. en 1889 et avoisinèrent 1.700.000 fr. en 1890. En présence de ce développement imprévu, les administrateurs, trouvant les rouages du Syndicat insuffisants, ses statuts trop étroits, cherchèrent à écarter de leurs épaules un fardeau devenu trop lourd. Ils proposèrent de transformer purement et simplement l'association en société coopérative de consommation et d'approvisionnement agricole régie par la loi du 24 juillet 1867 sur les sociétés anonymes à capital variable. En conséquence, une assemblée générale des adhérents spécialement convoquée a prononcé la dissolution du Syndicat agricole et a transféré son actif, son passif et sa clientèle à la société en formation, qui a toutefois conservé comme raison sociale le nom de « Syndicat agricole de Montpellier et du Languedoc, société civile anonyme à capital variable ».

La société s'est définitivement constituée le 27 janvier 1891 au capital de 53.250 fr., qui a été depuis lors porté à 100.000 fr. La cotisation annuelle payée par les membres du Syndicat était de 5 fr.; l'action de la Société anonyme est de 50 francs, payable par dixièmes annuels, de sorte qu'en versant la même somme de 5 francs par an, les membres de l'ancien syndicat se trouveront, au bout de 10 années, avoir libéré, s'ils n'aiment mieux le faire par anticipation, l'action de la nouvelle société anonyme dont ils seront propriétaires. Quant à ceux qui répugnaient à devenir actionnaires, il leur a été loisible de participer à tous les avantages de l'association, sauf aux répartitions de bénéfices et à la copropriété des réserves, en continuant leur versement de 5 francs par an qu'ils seront toujours libres de cesser.

L'objet des opérations de la Société a été ainsi défini par ses statuts :

Cette Société est formée en vue d'écouler les produits du sol et d'acheter toutes matières nécessaires à son exploitation. Son objet s'étend, par voie de conséquence, à l'achat et à la vente de toutes espèces de denrées et de marchandises pour compte : 1° de tous ses membres ; 2° de toutes personnes qui seront admises à s'y adjoindre, moyennant une cotisation annuelle, comme associés participant à tous les avantages autres que les bénéfices et les réserves.

Les bénéfices nets doivent être affectés intégralement à la constitution d'un fonds de réserve de 200.000 fr. ; après quoi, ils seront répartis comme dividende entre les actions de manière à leur servir un intérêt qui ne pourra dépasser chaque année 10 p. 100 des versements dont elles seront libérées. L'excédent, s'il y a lieu, sera affecté à un second fonds de réserve destiné à être réparti entre les actionnaires au prorata du mouvement de leurs comptes, c'est-à-dire des opérations traitées pour eux.

Ainsi à Montpellier, le syndicat professionnel a disparu, il s'est absorbé dans une société coopérative agricole. Dans la Charente-Inférieure, au contraire, on s'est bien gardé de sacrifier avec le syndicat l'instrument de progrès que la loi du 21 mars 1884 a mis à la disposition des cultivateurs. On n'a pas songé à diminuer son importance, loin de là ; on a voulu lui donner dans la société coopérative formée sous son patronage un précieux auxiliaire, un agent actif pour les achats comme pour les ventes, qui le dégage de toute responsabilité commerciale, des risques de perte qu'entraînent fatalement les achats fermes, et lui réserve toute son initiative pour rendre à ses membres des services professionnels d'un ordre différent.

Cette création est l'œuvre personnelle de M. Rostand : il s'est inspiré des sociétés coopératives de consommation si répandues en Angleterre, et dont Londres possède un type bien connu, la Société coopérative pour l'armée et la marine (*The Army and Navy coopérative store*) ; elle occupe 6.000 employés dans ses immenses magasins, a vendu en 1890 pour 75 millions de marchandises les plus variées, et ses actions, émises à 25 francs, valaient 700 francs au commencement de 1891.

La « Société coopérative de production et de consommation de la Charente-Inférieure » fut créée le 15 septembre 1888 sous la forme de société anonyme à capital variable. Remarquons en passant que cet essai de coopération rurale est bien plus complexe que la coopération anglaise ou celle qui se pratique dans nos centres industriels, qui est généralement une simple association de consommateurs. Afin d'être vraiment utile aux cultivateurs, de leur rendre tous les services que comporte son essence, la coopération syndicale doit s'étendre à la production comme à la consommation, à la vente des produits récoltés par le cultivateur comme à l'achat des marchandises nécessaires à tous ses besoins. C'est ce qu'a très bien compris M. Rostand, qui a donné à sa société coopérative un cadre assez large pour en faire le meilleur et le plus complet auxiliaire des syndicats agricoles.

La Société coopérative, dont le siège est à la Rochelle, se constitua au capital de 200.000 francs, maximum autorisé par la loi, divisé en 4.000 actions de 50 francs chacune, qui furent souscrites par des membres du Syndicat. Par suite de l'extension qu'il a fallu donner aux opérations sociales, de nouvelles émissions d'actions ont eu lieu successivement, et actuellement la Société fonctionne avec un capital de près de 600.000 fr. entièrement réalisé, et 600.000 fr. de fonds versés en comptes courants par des actionnaires ou empruntés à des banquiers.

Elle a besoin de ce fonds de roulement de 600.000 fr. afin d'avoir, comme cela a été reconnu nécessaire, répartis dans ses diverses succursales, des approvisionnements de marchandises entièrement payées pour une somme de 1.200.000 fr. environ ; mais voulant se soustraire à un mode d'emprunt onéreux par la fréquence des renouvellements qu'il occasionne, elle a décidé tout récemment l'émission de 1.200 obligations de 500 fr. rapportant 25 fr. par an et remboursables en vingt années par tirages annuels.

Qu'a fait la Société coopérative à l'aide de ces ressources, et comment sont réglés ses rapports avec le Syndicat agricole ?

La Société coopérative est le fournisseur général, l'agent, l'homme d'affaires du Syndicat, dont tous les membres ont droit à ses services. Le Syndicat compte aujourd'hui 11.500 adhérents, payant une cotisation de 0 fr. 05 par semaine, ou 2 fr. 60 par an, soit 11.500 chefs de famille qui assurent le bienfait de la coopération à 30.000 ou 40.000 personnes, dans un département de

450.000 habitants. En vertu d'un traité passé entre la Société coopérative et le Syndicat, celui-ci paye à la Coopérative une cotisation annuelle de 1 franc par membre; par contre, tous les syndiqués font de droit, et en bloc, partie de la Société coopérative, à titre d'associés participant aux bénéfices, et cette participation est réglée par les statuts à 50 pour 100 des bénéfices nets, distribués au marc le franc des achats; pour l'exercice 1889, elle a donné à chaque adhérent 2 pour 100 du montant de ses achats, soit une répartition de 25.000 fr. La répartition a été la même en 1890; elle n'a été que de 9.000 fr. en 1891.

En échange de la subvention payée par le Syndicat, la Société coopérative prit à sa charge les frais de publication du bulletin mensuel, les loyers, les gages du personnel, les frais de bureau et la moitié du traitement du professeur d'agriculture que s'est attaché le Syndicat, si bien qu'en 1890 elle a reçu du Syndicat environ 11.500 francs, et payé pour lui près de 16.000 francs, sans préjudice des œuvres de propagande agricole qu'elle a organisées. Ainsi allégé de dépenses considérables et dégagé de toute préoccupation commerciale, le Syndicat peut consacrer désormais la plus grande partie de ses disponibilités aux encouragements à donner, sous des formes diverses, à l'agriculture et à ses serviteurs.

La Société coopérative se charge, en outre, de faire gratuitement les encaissements du Syndicat.

Le chiffre des affaires traitées par la Société coopérative de la Charente-Inférieure s'est accru parallèlement à l'augmentation du capital social. Pour l'exercice 1891, il a atteint 2 millions de francs sur lesquels figurent pour 600.000 fr. les engrais et autres marchandises d'utilité professionnelle. En 1892, le même chiffre de 2 millions d'affaires a été réalisé. Les frais d'administration sont malheureusement élevés : ils ont dépassé 12 pour 100 en 1891. Il faut l'imputer au grand nombre des succursales créées pendant les premières années, aux stocks de marchandises qui y ont été réunis et aux charges résultant des emprunts faits en compte courant pour le service du fonds de roulement. Mais des économies vont être réalisées et le taux des frais généraux sera ainsi ramené à un niveau plus normal (1).

En tout cas, le quantum dont ces frais peuvent grever les marchandises vendues ne saurait se comparer aux majorations souvent scandaleuses qui résultent des prélèvements des intermédiaires et des bénéfices du petit commerce. Dans le commerce de détail, par exemple, les quincailliers gagnent couramment 200 à 300 pour 100. Que dire des merciers, des parfumeurs, etc. ?

Les prix de vente sont établis de façon à laisser une certaine marge entre eux et ceux du commerce local, qui a dû abaisser les siens pour soutenir la concurrence. Leur infériorité est actuellement d'environ 15 pour 100, en moyenne ; mais elle varie beaucoup selon les articles de vente : ainsi elle est de 5 pour 100 sur les denrées d'épicerie, de 20 pour 100 sur la mercerie, de 25 pour 100 sur la quincaillerie, etc.

Malgré la charge de frais généraux trop onéreux, les bénéfices de la Société coopérative ont été de 55.000 fr. en 1891 ; elle a distribué régulièrement, depuis sa création, à ses actionnaires un revenu annuel de 10 pour 100 qui se décompose ainsi : 1° 6 pour 100 d'intérêt sur le capi-

---

(1) Dans les grandes Coopératives de Londres, les frais généraux, amortissements et intérêts absorbent environ 8 p. 100 des bénéfices bruts.

tal versé ; 2° 4 pour 100 à titre de dividende afférent à chaque action.

M. Rostand, qui était le directeur général et l'âme de la Société coopérative, avait organisé avec un ordre admirable les magasins et les bureaux de l'entrepôt central à la Rochelle, ainsi que ceux de toutes les succursales du département ; il centralisait et contrôlait tous les détails de cette vaste administration.

M. Emile Duport, président de l'Union Beaujolaise, qui, gagné à la cause de la coopération agricole par l'exemple de M. Rostand, s'est fait son continuateur et vient de fonder à Lyon la Coopérative régionale de l'Union du Sud-Est, a publié dans les bulletins des syndicats du Beaujolais un pittoresque et enthousiaste récit de sa visite à l'entrepôt de la Coopérative de la Rochelle. Cet entrepôt contient les bureaux de la direction générale, de l'inspection, de la correspondance, de la comptabilité, de la réception et de l'expédition des marchandises, un laboratoire et des magasins où sont groupés tous les articles vendus par la Société. Il sert surtout de centre de réapprovisionnement et de transit pour les marchandises reçues par voie de mer. Les diverses branches du commerce y ont leurs rayons spéciaux comme dans les grands magasins du *Louvre* et du *Bon-Marché*, comme dans les coopératives anglaises ; on y trouve le rayon de l'épicerie, le rayon de la mercerie, le rayon du vêtement, le rayon de la quincaillerie, le rayon des vins, le rayon des engrais, le rayon des machines agricoles, etc.

Voici comment M. Duport décrit le rayon de l'épicerie :

Impossible de rien voir de plus curieux.

Supposez une épicerie monstre, ou mieux une dizaine d'épiceries à côté les unes des autres, dans chacune desquelles

on ne vendrait que certaines spécialités, chacune de ces épiceries ayant une infinité de cases et casiers où sont réunis des
produits de toutes les provenances et de toutes les marques.

Devant chaque case, et j'estime qu'il y en a peut-être plus
de deux mille, il y a un carton qui contient les entrées et les
sorties de la case, c'est-à-dire l'inventaire de ce qu'elle contient, soit le contrôle possible à toutes les minutes.

C'est étonnant. Je ne puis vous dire quel ordre règne dans
tout cet étage consacré à l'approvisionnement le plus complet
possible de tous les articles d'épicerie ; n'ai-je pas compté
jusqu'à 22 marques différentes de pots de moutarde, par
exemple, et le reste à l'avenant. — Il y a actuellement 5.800
articles de vente différents dans les magasins de la Coopérative, chiffre officiel le 23 mai dernier. Pour de la variété,
c'est de la variété, et je doute que le magasin le mieux approvisionné puisse présenter un semblable choix.

Le chef de rayon a sous ses ordres deux employés et deux
garçons de magasin ; il est responsable de tout et, en cas d'ir-
régularité, c'est lui qui paie l'amende. Il a la clé dans sa
poche, rien n'entre ni ne sort sans sa permission. Devant la
porte, le monte-charge reçoit ou livre toutes les marchandises
du rayon sans la moindre manipulation inutile.

Nous y avons vu en cafés, depuis le plus authentique
moka, jusqu'au brésil le meilleur marché, des conserves de
luxe et de simple alimentation, des pâtes alimentaires, des
riz, des légumes secs, le tout à des prix que nous n'aurions
jamais cru possibles.

La description du rayon de la mercerie mérite également d'être reproduite :

Plus de 1.500 articles différents sont rassemblés dans le
rayon de la mercerie avec le même ordre, le même système
de cases et de contrôle que nous venons d'admirer. Il faut
voir toutes ces bobines de couleurs vives, de grosseurs variées,
ces cotons, ces laines, ces fils, ces lacets, ces cordonnets, sans
oublier les dés à coudre ; ces dés, il y en a de mignons pour les
fillettes, de coquets pour les épousées, d'autres plus solides
pour les ravaudages du ménage ; et les ciseaux, les aiguilles,
les crochets, c'est étourdissant : mais ce qui surprend le plus,

c'est le prix de tous ces objets. Ah ! je comprends maintenant pourquoi les femmes, plus encore que les hommes, sont les clientes dévouées de cette Coopérative. Economie sur l'épicerie, économie sur la mercerie, elles font des économies partout, et surtout dans le rayon voisin, qui est celui du vêtement.

Voyez ces piles d'étoffes : il y a de quoi habiller de neuf plusieurs villages ; ces blouses de formes différentes sont à des prix si bas que c'est à n'y pas croire ; il y a des tabliers, des sabots, des souliers, des bottines, des chapeaux pour tous, même de la parfumerie, et, n'allez pas sourire, j'y ai même remarqué dans une case vitrée, bien à l'abri des détériorations, une trentaine de bouquets de fleurs d'oranger pour mariées. Vous le voyez, rien n'y manque.

La Société coopérative possède actuellement, dans les principaux centres du département de la Charente-Inférieure, 33 succursales ou magasins de vente qui mettent ses marchandises à la portée de tous les cultivateurs. Ces succursales sont la répétition en petit de l'entrepôt général ; il y règne le même ordre et on y trouve le même approvisionnement. Les chefs de succursales transmettent à la direction centrale des feuilles journalières, établies sur modèles imprimés uniformes, donnant la situation des marchandises et celle de l'argent en caisse. Le groupement de ces totaux permet au directeur de suivre jour par jour le mouvement des affaires de la Société. Mais un contrôle est indispensable ; il est exercé par deux inspecteurs qui, continuellement en tournée, ont pour mission de vérifier la sincérité de ces situations, à la place du directeur qui est naturellement dans l'impossibilité matérielle de le faire. Voici le procédé employé :

Le directeur, au reçu des feuilles de situation, en choisit une ou plusieurs et, prenant les totaux qui y sont portés pour les marchandises en magasin et pour l'argent en caisse, télégraphie ces chiffres aux inspecteurs qui arrivent ainsi inopinément les vérifier dans une succursale qui ne les attendait pas et qu'ils ne savaient pas eux-mêmes devoir inspecter, quelques heures auparavant.

Toute erreur constatée dans la situation entraîne un avertissement pour la première fois, pour la seconde une amende et pour la troisième le renvoi.

Outre ses 33 succursales, la Société coopérative a créé 6 ou 7 dépôts spéciaux pour les engrais. Les agents chargés de gérer ces dépôts, de même que les chefs de succursales, ont mission de donner aux acheteurs qui les réclament des conseils pratiques sur le bon emploi des engrais commerciaux : ils doivent donc posséder les connaissances nécessaires et peuvent les puiser auprès du professeur d'agriculture du Syndicat.

Les directeurs de succursales sont rétribués de deux façons différentes, selon qu'ils ont ou n'ont pas à leur charge tous les frais d'administration. Dans le premier cas, il leur est alloué une commission de 3 pour 100 sur le chiffre des ventes qu'ils réalisent et, ce qui est d'une grande habileté pratique, cette commission est portée à 4 pour 100 sur toutes les affaires faites en augmentation du chiffre de l'année précédente. Pour la plus grande partie de leurs marchandises, les succursales sont alimentées directement par les centres de production, de sorte que tous les frais de transport et de réexpédition inutiles sont évités.

Le nombre total des employés de la Société coopérative, tant au siège social que dans les succursales, est de 170, dont 35 au siège social, et la valeur de toutes les marchandises en magasin atteint 1 300 000 à 1 400 000 fr., dont 500 000 fr. à l'entrepôt de la Rochelle.

Afin de désarmer l'hostilité du petit commerce local dont elle venait par sa concurrence diminuer les affaires et surtout réduire les bénéfices, la Coopérative a cherché très politiquement à intéresser à ses opérations un certain nombre de négociants patentés qui lui servent de représentants ou de correspondants dans les communes : ils s'engagent à s'approvisionner entièrement dans les magasins de la Société ; mais il leur est fait une bonification sur le chiffre de leurs ventes, et cette bonification est croissante comme celle des chefs de succursales. Le nombre de ces représentants, qui sont surtout des épiciers de village, est actuellement de 80.

Les ventes de la Société coopérative se font naturellement au comptant, surtout quand il s'agit d'acheteurs accidentels ; quant aux adhérents bien connus, ils obtiennent parfois des délais de payement, mais toujours fort courts.

La mort de M. Rostand n'a pas, fort heureusement, ébranlé la prospérité de la Société coopérative qu'il avait fondée : car il l'avait organisée sur des bases solides, de telle sorte qu'elle pût vivre et se développer indépendamment de la valeur personnelle de son fondateur. Il avait, d'ailleurs, eu le temps de former à son image une école de coopérateurs habiles et dévoués qui se trouvaient aptes à recueillir cette lourde succession.

La Société n'a pas périclité bien que, pendant six mois, elle ait été dirigée de Paris par M. Rostand malade qui ne laissait aucune initiative aux employés de la Rochelle. Après la mort de M. Rostand, survenue au mois d'avril 1892, il devint nécessaire de procéder à une nouvelle organisation et de séparer des attributions qui jusqu'alors s'étaient trouvées confondues. La Société coopérative est aujourd'hui administrée par un conseil d'administration dont le président est M. Maurice Marchand, conseiller général de la Charente-Inférieure, né gociant à Montendre ; elle a pour directeur commercial M. Châteauvieux. Le chiffre des affaires, qui était demeuré stationnaire en 1892, tend à s'accroître notablement.

Il nous reste à examiner quelles ont été les conséquences de l'intervention de la Société coopérative pour le Syndicat agricole, d'abord, et, à un point de vue plus général, pour l'agriculture du département ?

Le Syndicat agricole, avait dû, malgré son zèle, reconnaître son impuissance à rendre à ses adhérents tous les services qu'ils attendaient de lui. Son organisation première n'y suffisait pas et il se sentait entraîné dans la voie d'opérations d'une légalité contestable.

Il a trouvé dans la combinaison nouvelle la satisfaction des besoins de ses membres mieux et plus largement assurée ; il s'est vu dégagé de toute spéculation et opération mal définies, de toute responsabilité dans les engagements commerciaux de la Coopérative, pourvu d'une administration et d'une caisse distinctes, libre de consacrer toute son activité au progrès de l'agriculture, à l'amélioration du sort des cultivateurs. Le concours financier de la Société coopérative lui est, d'ailleurs, acquis dans toutes ses entreprises, et il y puise le moyen de les développer.

La fondation de la Société coopérative n'a donc nullement diminué l'importance du Syndicat dont la prospérité est liée à la sienne propre. A l'assemblée générale de la Société coopérative, tenue le 24 avril 1892, M. le marquis de Dampierre l'a constaté en rendant hommage aux talents et au grand cœur de M. Rostand : « il avait voulu, a-t-il dit, enlever au Syndicat un caractère commercial en opposition avec la loi et qui ne pouvait que le compromettre. »

Voici les principales œuvres que l'alliance des deux associations a produites, et dont ont bénéficié les agriculteurs syndiqués :

Depuis l'origine du Syndicat, il a été distribué par lui, en primes, dans des concours agricoles organisés sur divers points du département, une somme de 45 000 fr. Un professeur d'agriculture a été attaché au Syndicat; il donne des conférences dans les localités où il est demandé, répond à toutes les demandes de renseignements et de conseils pratiques qui lui sont adressées par les adhérents, fait les analyses d'engrais, de terres, etc., dirige les champs d'expériences qui, chaque année, sont organisés au nombre de 30 ou 40, chez les cultivateurs eux-mêmes, et dans les meilleures conditions de propagande et d'enseignement mutuel. Les engrais chimiques étaient à peine connus, il y a quelques années, dans la Charente-Inférieure, et la détresse des cultivateurs, les enfermant dans un cercle vicieux, semblait leur interdire le moyen d'accroître, par leur emploi, les rendements et les bénéfices de la culture. La Société coopérative en a fourni 10 millions de kilogrammes en 1891.

L'outillage agricole était arriéré et insuffisant. Le Syndicat a pensé, à très juste titre, qu'une excellente manière de faire apprécier les services rendus à l'agriculture par les machines perfectionnées, que les cultivateurs admirent dans les concours sans oser les acheter, serait de les mettre en location et de se faire lui-même entrepreneur des principaux travaux des champs. Aussi la Société coopérative, non contente de vendre à très bas prix les meilleures machines agricoles, en possède un stock, d'une valeur actuelle de 20.000 francs, uniquement affecté à la location.

Pendant la moisson, 7 moissonneuses-lieuses, travaillant à la journée, font la récolte des céréales au prix de 25 francs par jour, plus le coût de la ficelle, ce qui revient à environ 15 francs l'hectare, tous frais compris, pour un travail qui coûte ordinairement plus du double.

Le Syndicat vient de reprendre entièrement à sa charge les frais des champs d'expériences, du laboratoire et d'entretien du professeur d'agriculture, afin de mieux affirmer les services qui lui incombent.

La Coopérative facilite à ses membres l'assurance contre l'incendie, ainsi que nous l'exposerons plus loin. Elle ne perd pas de vue qu'elle est société coopérative de production et de vente, en même temps que société de consommation, et elle s'emploie activement à chercher les moyens d'améliorer l'écoulement des produits agricoles. Elle rencontre sur ce point l'hostilité du commerce local qui s'empresse de relever ses prix quand elle fait des offres à ses adhérents, afin de lui disputer les affaires. C'est ainsi qu'en 1891, s'étant portée acheteur pour les orges de l'île de Ré, son intervention a fait monter, au bénéfice des producteurs, le prix de l'orge de 2 fr. par hectolitre pendant la campagne de vente, soit d'environ 25 pour 100. Ce fait démontre bien son aptitude à faciliter la vente des produits agricoles non seulement par ses achats directs, mais encore indirectement par la hausse que sa seule concurrence détermine sur le marché.

De concert avec le Syndicat, elle vient de créer à Saintes une Bourse de Commerce pour les céréales et spécialement pour les blés. Les cours et mercuriales sont affichés à Saintes et publiés par le bulletin du Syndicat.

Bien d'autres projets sont à l'étude concernant l'organisation du crédit agricole, les avances sur récoltes, la fondation d'un orphelinat agricole, etc.

On voit que M. Rostand n'émettait pas une préténtion exagérée quand il disait, dans un de ses rapports, au nom de la chambre syndicale :

Nous avons pensé que le domaine des promesses vaines ou illusoires était vraiment trop exploité, nous avons voulu faire, uniquement et avant tout, une œuvre d'intérêt social et de régénération morale et matérielle.

La Société coopérative de la Charente-Inférieure aurait pu se constituer sous la forme civile si elle avait voulu limiter ses services à ses associés et adhérents ; mais elle a préféré être ouverte au public, ce qui l'a obligée à prendre la forme commerciale. Elle y a trouvé deux principaux avantages : 1º la société vendant au public, qui ne profite que de la modicité des prix sans avoir aucun droit aux bénéfices, ceux-ci augmentent naturellement par l'extension des opérations traitées, et la part à répartir entre les associés et adhérents s'améliore en même temps ; 2º poursuivant une œuvre d'intérêt agricole et social, elle a voulu offrir tous les bienfaits de la coopération non seulement à un groupement restreint, mais à l'ensemble de la population agricole.

Elle a voulu non seulement vendre à bon marché d'excellentes marchandises, mais obliger le commerce local à baisser ses prix.

Si elle n'avait eu pour but que la satisfaction d'une collection d'intérêts particuliers, elle aurait procédé comme le font généralement les sociétés coopératives de consommation ouvrières qui vendent au prix marchand. Ainsi elles n'inquiètent pas le commerce local, ne l'obligent pas à réduire ses prix pour soutenir la concurrence et peuvent vivre en bonne intelligence avec lui. La vente au prix marchand a d'ailleurs, il ne faut pas le dissimuler, un avantage considérable pour les coopérateurs : c'est qu'elle favorise la constitution de l'épargne automatique dans la mutualité. A la fin de l'exercice, les bénéfices nets ou bonis, qui peuvent être importants, se répartissent intégralement entre les acheteurs, tous adhérents de la société, proportionnellement à leurs achats : ceux-ci se trouvent ainsi avoir épargné en dépensant, par la seule puissance de la coopération, ce qui est un résultat moral fort remarquable.

Mais, dans la pratique de ce système, le bienfait de la coopération se restreint à un petit nombre de coopérateurs et les prix demeurent les mêmes pour le public. C'est ce que n'ont pas voulu les fondateurs de la Société coopérative de la Charente-Inférieure : ils pouvaient vivre en paix avec le petit commerce en vendant à ses prix et en se bornant à vendre des marchandises de qualité meilleure. Ils auraient ainsi fondé une boutique de plus pour une clientèle spéciale qui en aurait retiré certains avantages : mais ils n'auraient pas affranchi les cultivateurs de l'exploitation des intermédiaires.

Le département de la Charente-Inférieure tout entier a ressenti l'heureux effet de l'organisation imaginée par M. Rostand : car les bas prix de la Société coopérative ont obligé tous les commerçants à réduire ceux des objets de toute nature dans une proportion de 20 à 25 pour 100 en moyenne, afin de pouvoir lutter, et les ennemis du syndicat ont eux-mêmes profité de cet avantage : les 450.000 habitants de la Charente-Inférieure ont ainsi réalisé une économie notable sur l'ensemble de leurs achats en objets usuels de consommation. Dépensant moins pour leur consommation personnelle, produisant plus grâce à de meilleures pratiques de culture, les agriculteurs ont vu peu à peu leur situation s'améliorer et se sont trouvés en état de triompher de la crise agricole plus intense dans ce département que partout ailleurs. Bref, les fondateurs du Syndicat agricole de la Charente-Inférieure peuvent se rendre le témoignage qu'en aidant la masse des consommateurs à se soustraire aux ruineuses majorations du commerce, ils ont atteint leur but, qui était de secourir la petite propriété et de travailler au relèvement matériel et moral des cultivateurs.

II

L'exemple fourni par la Société coopérative de la Charente-Inférieure ne pouvait être perdu pour les syndicats agricoles empressés à rendre des services croissants à l'agriculture. Après une expérience de deux années, quelques syndicats se décidèrent, eux aussi, à entrer dans la voie de la coopération. L'Union des Syndicats des Agriculteurs de France se préoccupait de la question et M. le Trésor de la Rocque adressait une circulaire aux présidents des syndicats pour les encourager à mettre à exécution l'idée qui germait dans de nombreux esprits.

L'Union des Syndicats, disait M. le Trésor de la Rocque, ne peut demeurer étrangère au mouvement qui se manifeste. Nous engageons tous nos amis des syndicats à étudier sérieusement la question des sociétés coopératives; nous les invitons à en constituer partout où ce genre de société aura la chance d'être accueilli favorablement et pourra fonctionner avec succès ; nous les assisterons, s'ils le désirent, de nos conseils et de notre expérience.

Il va sans dire que le syndicat devra être maintenu à côté de la société nouvelle ; il devra naturellement en conserver la direction et l'imprégner de son esprit. Mais les deux institutions ne font pas double emploi, et ce n'est pas trop de leurs efforts combinés pour améliorer la situation des agriculteurs.

Le problème posé par l'organisation de la coopération agricole est bien plus vaste qu'il n'apparaît au premier abord. Pour que le sort du cultivateur soit prospère, il ne suffit pas qu'il puisse acheter, aux meilleures conditions possibles, toutes les marchandises et objets de consommation dont il a besoin : avant d'être consommateur, il est producteur, et, à ce titre, il faut qu'il puisse obtenir un prix raisonnable de ses céréales, de ses vins, de son bétail, de tous les produits directs et indirects qu'il tire de son industrie, l'exploitation du sol. Défenseurs nés des intérêts de leurs membres, les syndicats agricoles doivent chercher à organiser la vente en leur faveur, de même qu'ils ont organisé l'achat.

Absorbé par les travaux des champs et le soin de la production, mal renseigné sur les cours, ignorant des causes économiques et autres qui peuvent les influencer de longue date, l'agriculteur se trouve pour l'écoulement de ses produits dans une situation d'infériorité, en quelque sorte constitutionnelle ; elle le condamne à végéter péniblement sur le sol qu'il exploite et à n'enrichir par son labeur que les intermédiaires qui toujours s'interposent entre le consommateur et lui. Il ne connaît généralement pas d'autres débouchés que son marché du bourg voisin et les marchands de bestiaux, de grains, de laines, etc., qui viennent le visiter à son domicile, profitant trop souvent de ce qu'il n'est pas au courant des variations de cours ou de ce qu'il a besoin d'argent, pour faire de bonnes affaires à ses dépens.

La vente des produits du sol est encore à l'état d'enfance et, malgré les abus constatés, rien n'a été tenté pour l'organiser : entre la production rurale et la consommation urbaine, toujours se dresse, fatal et avide, le commerce intermédiaire qui pressure l'un et exploite l'autre, prélevant, en un mot, le plus clair des profits qui devraient légitimement appartenir à la production.

Comme le disait spirituellement le secrétaire d'un syndicat agricole, « producteurs et consommateurs courent « l'un après l'autre, mais ne se rencontrent pas ».

Cependant, un fait est certain : c'est que l'agriculture française produit, en quantités énormes, des denrées alimentaires excellentes qu'elle est généralement contrainte de vendre à vil prix, tandis que le consommateur des villes, le rentier, le petit négociant, l'ouvrier, les paie très cher et ne les obtient souvent même que frelatées. Dans la seule ville de Paris, la suppression des intermédiaires inutiles, du parasitisme spéculateur, dégrèverait tous les objets d'alimentation d'une majoration arbitrairement imposée et dont le chiffre confondrait l'imagination, tant il est exorbitant.

Tout le monde comprend qu'il y a là à résoudre un problème social de la plus haute importance pour nos campagnes comme pour nos villes, c'est-à-dire pour la masse de la population. D'une organisation meilleure, plus intelligente, donnée à l'approvisionnement des centres populeux, d'un rapprochement normal créé entre l'offre sérieuse et la demande réelle, il peut sortir une révolution économique se résumant ainsi :

Le parasitisme rongeur écarté ;

La spéculation qui fausse les cours déjouée ;

Un bénéfice honnête pour le producteur ;

La vie à bon marché pour le consommateur.

Si l'association professionnelle parvient à créer l'instrument de vente, producteurs et consommateurs cesseront d'être la proie de l'intermédiaire. Le consommateur saura où il peut s'approvisionner, mieux et à meilleur compte, en remontant à la source de la production, et le producteur vendra néanmoins à des prix plus avantageux pour lui.

De toutes parts, on constate des aspirations vers un régime nouveau qui, mettant en contact le producteur et le consommateur, les affranchirait l'un et l'autre de l'onéreux tribut que prélèvent sur eux des intermédiaires inutiles. Le régime qui seul peut opérer une transformation économique si profonde, si générale, dans les conditions matérielles de l'existence, c'est la Coopération.

Dans la circulaire que nous venons de mentionner, M. le Trésor de la Rocque signalait en ces termes l'urgence d'une réforme dans laquelle les syndicats agricoles sont appelés à jouer le premier rôle :

Entre le producteur et le consommateur se place une série d'intermédiaires qui vivent à nos dépens. L'œuf vendu par le producteur au prix de 7 centimes est payé 15 centimes par le consommateur. La différence, soit 8 centimes, ne profite pas à l'un plus qu'à l'autre. En cherchant bien, vous trouveriez des écarts du même genre à peu près sur tous les produits qui ne sont pas consommés par celui qui les a récoltés. Des milliards prélevés annuellement par un commerce parasite, tant sur les producteurs que sur les consommateurs, sont arrachés ainsi à l'épargne nationale. Tout le monde aujourd'hui parle de réformes sociales. La réforme qui devrait primer toutes les autres serait de réduire le total de ce tribut, dont chacun de nous paye sa part, et d'arriver à diminuer le nombre des intermédiaires commerciaux qui de 1 717 000, en 1876, s'est élevé à 3 170 000 en 1881, à 4 700 000 en 1886, et qui dépasse aujourd'hui 5 000 000 !

Les syndicats agricoles nous affranchissent en partie de ce joug des intermédiaires ; des sociétés coopératives, créées à côté des syndicats agricoles, nous en affranchissent mieux encore.

C'est, en effet, dans cette voie qu'on peut espérer trouver la solution du problème de la *vie à bon marché,* sans que ce bon marché soit pourtant la ruine du producteur.

Comment s'établira le contact direct entre le producteur et le consommateur? Tout le monde reconnaît que le consommateur ne peut, sauf en des cas exceptionnels, s'adresser au producteur; il faut donc que ce soit le producteur qui vienne à lui et lui offre sa marchandise. S'il existait, dans chacun des quartiers de Paris, par exemple, un magasin de vente ou dépôt approvisionné par les syndicats agricoles, où le consommateur pourrait presque sans rien changer à ses habitudes, acheter la plupart des denrées d'alimentation courante, croit-on qu'il s'obstinerait à s'adresser au revendeur, troisième ou quatrième intermédiaire, qui doit vivre sur les profits de la revente au détail de marchandises achetées aux Halles centrales ?

Une semblable organisation n'est pas un rêve ; car, impossible au temps où les campagnes étaient livrées à l'individualisme, elle est devenue réalisable depuis que l'association les a transformées et leur a donné de puissants moyens d'action. Le développement parallèle des institutions syndicales et coopératives tend à assurer partout le rapprochement du producteur et du consommateur, c'est-à-dire la vie à bon marché, plus désirable que jamais quand la mise en vigueur de nouveaux tarifs douaniers a pu être considérée comme déterminant un certain renchérissement des conditions de l'existence.

Nous avons apprécié les résultats qu'a produits, dans le département de la Charente-Inférieure, l'annexion d'une société coopérative à un syndicat agricole habilement organisé. On peut les généraliser et leur donner par là même plus d'ampleur et de portée encore. L'instrument de production, le syndicat agricole, existe presque partout ; il s'agit de créer l'instrument de vente, en multipliant, à côté des syndicats, les sociétés coopératives qui, prospérant comme celle de la Rochelle, pourront se concerter pour écouler les récoltes de leurs adhérents respectifs, au moyen d'un vaste ensemble d'agences et de magasins de vente organisés dans tous les grands centres de consommation, comme aussi pour rechercher les débouchés au dehors, par l'exportation d'un grand nombre de produits agricoles.

Si le grave problème économique, affectant de si près la question sociale, qui consiste à offrir directement aux consommateurs des villes les produits obtenus par les cultivateurs des campagnes et qui sont actuellement grevés par le commerce de tant de majorations successives, trouve jamais une solution favorable, on peut affirmer que c'est l'association syndicale et coopérative qui l'apportera.

Chercher à affranchir les producteurs et les consommateurs du joug de cette féodalité moderne des intermédiaires qui, vivant à la fois sur les uns et sur les autres, les rançonne, les exploite et est bien réellement la cause déterminante de la cherté de la vie, c'était une entreprise qui devait tenter le génie de M. Rostand, lorsque le succès de la Société coopérative de la Rochelle fut bien assuré. M. Rostand conçut, en effet, le plan d'organiser une grande société coopérative, la *Coopérative de France*, fonctionnant pour toute la France au bénéfice des syndicats agricoles, livrant les marchandises à leurs adhérents et se chargeant de la vente de leurs produits. Cette société, qui pouvait compter sur de puissants patronages aurait exonéré les syndicats adhérents des risques, responsabilités et frais généraux qui leur incombent par suite des achats fermes qu'ils sont obligés de traiter pour l'approvisionnement de leurs dépôts; car elle aurait fait des consignations de marchandises dans leurs magasins, en échange d'une petite subvention annuelle proportionnée au nombre de leurs membres. Elle devait être l'intermédiaire naturel entre le syndicat producteur et le consommateur acheteur ; elle se proposait de créer dans les villes des dépôts ou magasins de vente alimentés par les syndicats et où le consommateur aurait pu, presque sans rien modifier de ses habitudes, s'approvisionner, aux plus bas prix possibles, de la plupart des denrées d'alimentation. La Coopérative se trouvait donc, dans la pensée de M. Rostand, avoir les syndicats agricoles tour à tour pour clients et pour fournisseurs : comme ils appartiennent à des régions de productions diverses, il devenait facile à la direction de cette vaste entreprise de répartir les produits offerts en vente de façon à satisfaire tous les besoins de la consommation.

Voici comment, dans les statuts qu'il avait préparés, M. Rostand définissait le but de cette association coopérative des producteurs et des consommateurs :

Cette Société a pour objet de favoriser la production agrile, d'une part, et l'abaissement du prix de revient des objets nécessaires à la vie, de l'autre ; de mettre directement en présence le producteur et le consommateur, et, par suite, d'acquérir, autant que faire se pourra, des sociétés affiliées ou de leurs adhérents, et de revendre en gros, demi-gros, et détail toutes espèces de denrées et de marchandises.

La Coopérative de France devait acheter les produits agricoles aux prix des cours et les revendre au mieux, répartissant ensuite une partie de ses bénéfices nets entre les syndicats producteurs, qui les auraient distribués à leurs adhérents.

Le projet de M. Rostand, soumis par l'Union des Syndicats des Agriculteurs de France à l'examen des syndicats affiliés, discuté minutieusement, au mois d'avril 1891, dans une nombreuse réunion spéciale de délégués des principaux syndicats agricoles tenue à la Rochelle, défendu par son auteur, en novembre 1891, devant l'assemblée générale de l'Union du Sud-Est qui émit un vote de principe favorable à sa réalisation, semblait en voie d'aboutir quand la mort prématurée de M. Rostand vint tout arrêter : parmi ses amis et collaborateurs, il ne se trouva personne pour assumer la charge de mener à bien la colossale organisation qu'il avait rêvée. Peut-être ne faut-il pas le regretter pour les syndicats agricoles : car la mise en mouvement de rouages si compliqués exigeait un génie commercial exceptionnel et il était à redouter qu'avant d'avoir pu se suffire à elle-même, l'œuvre succombât, dès le début, sous les attaques du commerce et par suite de l'énormité de ses frais généraux.

Il est beaucoup plus aisé de la tenter dans un centre régional comme le font, à Lyon, M. Émile Duport, en mettant une société coopérative au service des 65 syndicats affiliés à l'Union du Sud-Est, et, à Dijon, M. René Jacob pour les 25 syndicats de l'Union de Bourgogne et de Franche-Comté. Si cette expérience réussit, comme il y a tout lieu de le présumer, et que des coopératives régionales se fondent ensuite au siège de chaque union de syndicats, il sera très facile un jour de créer une institution centrale qui pourra être alimentée par les coopératives régionales, qui les alimentera à son tour, et qui accroîtra la puissance de leurs moyens d'action. La *Coopérative de France* germerait alors de la semence jetée par M. Rostand : mais, au lieu de dispenser les syndicats agricoles de se faire eux-mêmes coopérateurs, elle serait la résultante du développement de la coopération dans les syndicats des départements.

M. Rostand considérait que la coopération, bien mieux que la protection douanière, apporte à l'agriculture une aide efficace et normale : en lui fournissant à moindre prix toutes les marchandises nécessaires à ses besoins professionnels et à ses besoins de ménage, elle lui permet de se développer, d'élever ses rendements, de produire en plus grande quantité, et à plus bas prix de revient, des denrées qu'elle écoule plus avantageusement. D'autre part, mettre le consommateur en rapports directs avec le producteur par la suppression des intermédiaires onéreux et inutiles, faire en sorte que l'un achète meilleur marché tandis que l'autre vendra cependant plus cher, c'est neutraliser tout à fait les inconvénients que le régime protecteur, laissé à ses effets naturels, peut avoir pour le consommateur en favorisant plus ou moins directement le renchérissement des subsistances et de beaucoup de marchandises de première nécessité : ce double but d'une si grande importance économique, la coopération tend à le réaliser.

III

A la suite du succès bien constaté de la société fondée par M. Rostand, à la Rochelle, quelques sociétés coopératives ont été organisées par des syndicats agricoles.

Le Syndicat des Agriculteurs du Puy-de-Dôme, présidé par M. Victor Chaboissier et comptant environ 1750 membres, s'est vu amené par le développement du chiffre de ses affaires à se pourvoir d'un rouage commercial coopératif. La Société coopérative de production et de consommation des agriculteurs du Puy-de-Dôme s'est constituée à Clermont-Ferrand, le 20 juillet 1891, au capital de 40.000 fr., divisé en 800 actions de 50 fr. chacune qui ont été fort aisément souscrites par des adhérents du Syndicat : comme celle de la Rochelle, elle a adopté la forme de société à capital variable, la seule, d'ailleurs, qui soit légale, tant que la nouvelle loi sur les sociétés coopératives n'aura pas été définitivement adoptée par les Chambres. Comme elle aussi, elle a pour objet « l'acquisition en gros et la revente en détail de toutes espèces de denrées et marchandises : 1° à tous ses membres ; 2° à toutes les personnes qui consentiraient à s'y intéresser comme adhérents participant dans les bénéfices moyennant une cotisation annuelle ; 3° et à toutes personnes même étrangères à la Société, et qui par suite ne participeront pas aux bénéfices ».

Tous les membres du Syndicat sont sociétaires participants sans avoir de cotisation individuelle à payer, la caisse syndicale versant en leur nom une cotisation collective ou abonnement annuel de 500 fr. Toutes les fonctions préalablement remplies par l'office du Syndicat ont été transférées à la Société coopérative pourvue d'un fonds de roulement qui lui permet de pratiquer des achats fermes et d'avoir toujours en entrepôt un stock de marchandises suffisant pour faire face aux commandes urgentes qui sont surtout celles des petits cultivateurs. Fille du Syndicat, la Société coopérative poursuit le même but que lui et, mieux armée, elle a plus de chance de l'atteindre. Elle ne possède pas de succursale dans le département, mais pour y suppléer et rendre ses services accessibles sur tous les points, voici l'organisation qu'elle poursuit. Le Syndicat cherche à multiplier partout des groupes locaux administrés par un bureau formé d'un président et d'un secrétaire ; à chaque groupe est adjoint un correspondant dépositaire de la Société coopérative, négociant patenté autant que possible, qui centralise les commandes pour les marchandises à expédier de l'entrepôt de la Société et signale au directeur général les stocks de produits agricoles à vendre chez les adhérents du groupe : de cette façon, les transports peuvent toujours se faire à tarifs réduits et la Coopérative, tenue au courant des denrées disponibles chez les cultivateurs, en recherche avec succès le placement. Ces dépositaires sont actuellement au nombre de 16. Déjà la Société a su se créer des relations commerciales au dehors et a pu expédier, en 1892, des centaines de wagons de foin, pommes de terre, paille, avoine, etc. ; ses ventes de produits agricoles ont dépassé le chiffre de 31.500 fr.

Outre les diverses marchandises nécessaires à l'agriculture, la Société coopérative vend un très grand nombre de denrées ménagères et alimentaires. Comme dans la Charente-Inférieure, son intervention a profité à l'ensemble des consommateurs et on a pu constater que, dans les magasins de détail, les prix de vente ont baissé de 15, 20 et même 30 pour 100. Le public, après quelques hésitations, est venu s'approvisionner à la Coopérative dont le bulletin le constate en ces termes :

· Aujourd'hui, les consommateurs citadins le comprennent enfin, ils ont autant d'intérêt que ceux de la campagne à soutenir la Société coopérative qui est la vraie régulatrice du marché ; si ce contrepoids n'existait pas, nous serions encore condamnés à subir les conditions que l'entente des commerçants voudrait bien nous imposer.

Cela est si vrai que, dans toutes les villes où notre Société n'a pas encore de représentants, les prix sont supérieurs, pour toutes les denrées, à ceux pratiqués dans les localités pourvues d'un de nos dépôts.

Un service de location des instruments agricoles les plus usuels, brabants et charrues diverses, scarificateurs, tarares, trieurs, semoirs, pulvérisateurs, etc., a été organisé à prix très réduits. ·

La Société coopérative de production et de consommation des agriculteurs du Puy-de-Dôme a son siège à Clermont-Ferrand, 23, avenue Croix-Morel ; le président de son conseil d'administration est M. Georges Fleury. Sa situation est bonne et le chiffre de ses affaires est en progression constante : il a été d'environ 276.000 fr. pour l'exercice 1892. Aussi est-il devenu nécessaire de doubler le capital social, ce que la dernière assemblée générale a décidé de faire par l'émission de 800 nouvelles actions de 50 francs. Les frais généraux de la Société sont très élevés : ils ont dépassé 34.000 fr. en 1892 : toutefois, on estime qu'ils suffiraient à un chiffre d'affaires triple, sans autre charge nouvelle que la rémunération du capital complémentaire. On a pu cependant distribuer, pour les deux premiers exercices, 5 p. 100 d'intérêt aux actionnaires.

La Société coopérative a mis à l'étude plusieurs projets importants : création d'une boulangerie et d'une boucherie coopératives, instamment réclamées pour mettre un frein aux exigences des boulangers et des bouchers, ouverture d'un magasin de détail au centre de Clermont, organisation meilleure de la vente des vins d'Auvergne, etc. Ses fondateurs, comme le proclamait M. G. Fleury, dans l'assemblée générale du 29 mars 1893, n'ont pas voulu créer dans le département du Puy-de-Dôme « une nouvelle maison de commerce destinée à servir des intérêts plus ou moins élevés à ses actionnaires ». Le but qu'ils poursuivent est essentiellement philanthropique et social ; le président de la Coopérative le définit ainsi :

Nous vivons, Messieurs, dans un temps de démocratie et le mouvement dans ce sens, ne nous faisons pas d'illusions, tend chaque jour à s'accentuer.

Quel doit être le rôle de la Société ? Doit-elle marcher à la remorque de ce mouvement ? Non, Messieurs : elle doit s'efforcer de le diriger ; mais pour arriver à ce résultat, pour ramener à nous les populations rurales, les classes ouvrières égarées par les mauvais journaux et la propagation de tristes doctrines, les paroles ne suffisent pas, il faut des actes, il faut leur prouver que la Société consacre son temps et son intelligence à leur procurer du bien-être, à réduire au minimum les frais de leur vie matérielle. Peut-être alors les verrons-nous revenir à nous, dans un temps plus ou moins éloigné, et nous aurons contribué à fonder une œuvre utile.

Le Syndicat horticole et agricole d'Hyères (Var), fondé en 1889 par l'initiative de MM. Th. Villard, Grandeau et le Dr Vidal, et qui compte environ 500 membres, a vu se créer sous son patronage, au mois d'avril 1891, la « Société coopérative de consommation de la région d'Hyères ». Cette société, constituée comme les précédentes en la forme commerciale, a aussi pour but d'écouler les produits du sol, notamment les vins, huiles d'olive, vinaigres, eaux-de-vie, conserves, œufs, bouchons, etc., fournis par les adhérents du Syndicat. Elle tient à leur disposition toutes les marchandises usuelles et, afin de leur procurer le maximum d'utilité possible, elle a pour principe de les leur livrer au prix de revient, s'interdisant de réaliser le moindre bénéfice sur ces ventes.

Comme il n'est pas pratique d'avoir deux prix de vente, l'un pour le public, l'autre pour les actionnaires et adhérents de la Coopérative, le prix est le même pour tous les acheteurs : il est fixé de façon à couvrir les frais et à laisser un certain bénéfice net. En fin d'exercice, la part de ce bénéfice provenant des affaires traitées par les actionnaires et membres du Syndicat leur est remboursée tout entière, sur le vu d'un carnet destiné à l'inscription régulière de leurs achats et à l'établissement de leur compte. Quant à la part de bénéfices provenant des affaires traitées avec le public, elle doit être statutairement affectée soit au remboursement des actions qui seraient transformées en actions de jouissance, soit à une œuvre agricole d'intérêt régional. Pour le dernier exercice, elle a été versée au Syndicat en vue d'aider la ville d'Hyères dans la création d'une école d'agriculture projetée. La Société coopérative est donc commerciale par rapport au public et philanthropique par rapport au Syndicat. Elle est administrée gratuitement et ses actionnaires ne prélèvent qu'un intérêt de 5 p. 100 au maximum.

Les opérations ont commencé avec un capital de 10 000 fr., qui a été bientôt porté à 30 000. Comme il était encore insuffisant, une avance de 15 000 fr., faite en compte courant, a permis de développer les affaires sociales qui ont dépassé, pour l'année 1892, le chiffre de 153.000 fr. Les frais généraux s'élèvent à environ 10 pour 100 ; mais la plupart sont fixes et s'atténueraient par suite de l'accroissement des affaires traitées. La dernière répartition faite aux actionnaires et membres du Syndicat a été de 3 p. 100 sur le montant de leurs achats : elle constitue une bonification supplémentaire sur des prix de vente déjà très bas qu'elle ramène au prix de revient, quelquefois même au-dessous pour les articles agricoles, ce qui est un résultat bien remarquable dû aux achats du public. C'est la vente au public qui seule permet à la Société de solder ses comptes en bénéfice : elle se pratique avec succès, ainsi que l'a constaté, l'année dernière, le rapport présenté par le conseil d'administration à l'assemblée générale dans les termes qui suivent :

L'existence de notre Société a eu pour conséquence heureuse un abaissement notable des prix à Hyères ; l'ensemble des consommateurs en a profité de même que d'un meilleur choix et d'une qualité supérieure de marchandises. Il y a eu certainement un déplacement de clientèle en notre faveur, mais il s'est produit plutôt au détriment du commerce de Toulon qu'à celui du commerce local. En effet, ce sont surtout les acheteurs prévoyants et économes qui viennent à nous et ceux-là avaient coutume de faire économiquement leurs provisions à Toulon. D'ailleurs la seule préoccupation que nous devons avoir est de défendre, dans la mesure de nos moyens, l'intérêt de nos actionnaires et des membres du Syndicat ; les consommateurs dans leur ensemble ne peuvent que nous en savoir gré, car ils profitent indirectement de nos efforts.

Pourtant la société a été en butte à beaucoup d'attaques et de calomnies que lui ont valu ses bas prix de vente, la scrupuleuse probité de ses livraisons, la suppression du sou par franc donné aux domestiques et d'autres pratiques plus ou moins avouables du commerce local. Elle se réserve d'ouvrir ultérieurement des agences au dehors pour la vente des vins et huiles d'olive pures récoltés par ses adhérents : déjà elle fournit d'huile d'olive un certain nombre de syndicats agricoles et de particuliers.

Le fondateur et l'âme de la Société coopérative d'Hyères, M. Paul Ballande (1), président honoraire du Syndicat,

____

(1) Le nom de M. Van Gaver, vice-président, est inséparable de

dont il a assuré l'existence matérielle en prenant cette initiative, s'est proposé de créer ainsi une institution économique dont la portée dépasse beaucoup les services qu'elle rend déjà actuellement. Le bénéfice des actionnaires de la Coopérative étant limité strictement à l'intérêt de leurs capitaux, celle-ci est susceptible de prendre le même développement que les grandes sociétés coopératives françaises et étrangères. Les actions pourront être remboursées, un jour ou l'autre, comme le prévoient les statuts, sur les bénéfices de la vente au public et converties en actions de jouissance : alors les membres de l'association se trouveraient posséder un « instrument de distribution » fonctionnant gratuitement pour eux, ce qui serait un résultat considérable réalisé par la coopération agricole.

Le Syndicat régional agricole et viticole de Tonnerre, qui compte un millier de membres sous la présidence de M. Charles Martenot, s'est donné comme annexe, en 1890, la « Société coopérative de production et de consommation du Tonnerrois ». Contrairement aux précédentes, cette Coopérative n'est pas commerciale, mais civile. Elle ne traite qu'avec ses actionnaires et ses adhérents, qui paient un droit d'entrée de deux francs et une cotisation annuelle de trois francs. Elle ne vend pas au public. Il en résulte qu'elle est affranchie de l'impôt des patentes et de la taxe de 4 p. 100 sur les bénéfices. Elle a dû se créer pour dégager le Syndicat agricole qui avait cru pouvoir fournir à ses membres des objets divers de consommation et que l'administration invitait à rentrer dans la légalité en s'abstenant de ces opérations.

celui de M. Ballande dans le mérite d'avoir organisé et de diriger la Société coopérative d'Hyères.

Pour les syndicats qui sont entrés dans cette voie des achats de consommation, la création d'une société coopérative s'impose; mais quand on y réfléchit, elle n'est pas moins utile aux syndicats qui ont pris soin de se restreindre aux opérations purement professionnelles. Car s'ils veulent rendre à leurs adhérents les services qu'on attend d'eux, ils sont amenés par le développement de leurs affaires à pratiquer des achats fermes et se trouvent alors dans cette situation singulière et dangereuse que la loi leur interdit de réaliser le moindre bénéfice sur ces achats, qui les exposent à des pertes contre lesquelles il leur est impossible de se couvrir : ils ont donc toutes les mauvaises chances à subir sans aucun intérêt en compensation.

La Société coopérative de Tonnerre s'est formée avec un capital très minime, 4.000 fr., représenté par les réserves du Syndicat et fourni en marchandises dont celui-ci était propriétaire. Il a été réparti en 40 actions de 100 fr. chacune attribuées à 40 membres de l'association, au choix du bureau. Elles n'ont, par conséquent, rien coûté à leurs détenteurs qui se sont engagés à n'en jamais réclamer le montant et elles ne produisent ni intérêt ni dividende. Les administrateurs exercent gratuitement leurs fonctions. Le capital étant insuffisant, la Société a pris le parti de déposer une caution représentée par les signatures des membres de son bureau chez un banquier de Tonnerre qui lui a ouvert un crédit variable, selon que l'exigeait le service de ses traites. Toutefois, ce mode de crédit revenant trop cher, on a cherché à réduire l'intervention du banquier pour arriver à la supprimer. Dans ce but, la Société a fait un premier emprunt de 3.000 fr. 1 à 4 p. 100 et songe à en contracter un second : ces fonds affectés au paiement des traites seraient déposés à la Caisse d'épargne.

Avec ces ressources si restreintes, la Société coopérative a pu réaliser, en 1892, un chiffre d'affaires de 165.000 fr. : l'inventaire clos fin janvier 1893 portait à 24.567 francs la valeur des marchandises en magasin. Les frais d'administration sont de 7.500 à 8.000 fr. par an. Le bureau les trouve trop lourds et cherche à les réduire : ils n'atteignent pourtant pas tout à fait, d'après les chiffres précédents, la proportion de 5 p. 100, ce qui est assurément très modéré et très satisfaisant.

Les prix de vente des marchandises sont déterminés par une commission d'achat qui fonctionne chaque semaine, assistée du gérant : ils sont majorés de 1, 2, 3, 4 pour 100, et même plus, selon les circonstances, sur le prix coûtant des marchandises, afin de couvrir les frais. Au début des opérations de la Coopérative, ses prix étaient notablement inférieurs à ceux du commerce de détail : mais les marchands ont baissé les leurs par suite de la concurrence ; ils font tous les sacrifices possibles pour atteindre ce nouveau fournisseur et conserver leur clientèle, de sorte qu'ils sont arrivés à vendre presque aux prix de la Société. Si celle-ci venait à disparaître, le public verrait les prix du commerce se relever de 10, 15 et 25 pour 100.

La Coopérative ne distribue pas ses bénéfices qui sont très faibles ; elle les affecte à la constitution d'une réserve qui, avec le temps, pourra l'affranchir du compte courant chez le banquier, lui permettre de rembourser ses emprunts et d'acquérir un immeuble pour y installer son siège social et ses magasins. Par une disposition très pratique usitée dans beaucoup de sociétés coopératives, elle ne se charge pas de vendre tous les articles possibles et, pour ceux qu'elle ne fournit pas elle-même, elle les fait livrer par des producteurs ou commerçants de la ville qui ont consenti des avantages particuliers en faveur de la collectivité de ses membres.

Une clause des statuts dispose que toutes les contestations qui pourraient s'élever entre la Société et l'un des sociétaires seront réglées par un arbitrage, leur article final porte que « la Société, pour se mettre en har- « monie avec la marche du progrès, pourra contribuer «pécuniairement et moralement à tout ce qui a trait à « l'amélioration et à l'émancipation du sort des travail- « leurs ».

Quelques syndicats agricoles du département de l'Aube, à Celles-sur-Ource, Estissac, Avirey-Lingey, les Riceys, Buxeuil, Villemorien, Pargue, etc., ont fondé de petites sociétés coopératives de consommation dans lesquelles plusieurs d'entre eux se sont même absorbés, cessant d'être syndicats professionnels pour n'être plus que sociétés de consommation, comme nous avons déjà signalé le fait à Montpellier. Il en a été ainsi notamment à Avirey-Lingey et aux Riceys, où les syndicats avaient cru pouvoir se livrer, dès l'origine, à des achats de denrées de consommation, être en même temps syndicats professionnels et sociétés coopératives. A Celles-sur-Ource et à Villemorien, le capital social, peu important d'ailleurs, est représenté par des obligations de 25 ou 30 francs que souscrivent les sociétaires. Ces obligations portent intérêts à 4 p. 100 et sont remboursables par voie de tirages annuels. Les commandes subissent un prélèvement de 8 p. 100 jugé nécessaire pour couvrir les frais.

A Pargue, le Syndicat a fondé une société coopérative au capital de 5.000 fr., dont le dixième seulement a été versé et prélevé sur les cotisations des syndiqués. Le capital n'est pas représenté par des actions, mais bien par des parts ou bons de 5 fr. chacun. Tous les membres du Syndicat sont en même temps membres de la Coopérative qui ne vend pas au public. Le trésorier-gérant de l'association fournit gratuitement le local nécessaire comme magasin et il lui est abandonné 4 p. 100 sur le montant des ventes réalisées. Les achats de marchandises se traitent à l'aide d'avances de fonds que la Société obtient facilement de quelques-uns de ses membres qui sont au nombre d'environ 3oo, habitant la commune de Pargue et les communes voisines. Ce type d'association coopérative est assez répandu dans le midi de la France.

Le département de Lot-et-Garonne possède deux sociétés coopératives de production et de consommation fondées par des syndicats agricoles, à Villeneuve-sur-Lot, et à Agen. Le Syndicat du Comice agricole de Villeneuve-sur Lot, qui compte environ 2.5oo membres, réalisait depuis longtemps un important chiffre d'affaires, environ 200.000 fr. par an. Dans ses achats figuraient beaucoup d'objets de consommation. Il se chargeait aussi d'organiser l'expédition et la vente, aux Halles de Paris, des petits pois de primeur qui constituent dans la région de Villeneuve-sur-Lot une production agricole spéciale ; il en a ainsi expédié, en 1892, plus de 112.000 k. qui ont donné un produit net de 23.700 fr. à la société coopérative des producteurs. Dès l'année 1889, la création d'une société coopérative avait été décidée en vue de mettre à couvert la responsabilité des administrateurs du Syndicat. Des difficultés et des retards se produisirent ; mais enfin, le 4 septembre 1892, avait lieu l'assemblée constitutive de la Société coopérative de production et de consommation fondée par le Comice et le

Syndicat agricole, qui a ouvert, le 12 octobre, un grand magasin d'épicerie à Villeneuve-sur-Lot.

Cette société est civile et formée au capital de 25.000 francs divisé en 500 actions de 50 fr. chacune. Elle a pour objet : le groupement et la vente des produits divers de ses actionnaires ou participants ; l'acquisition en gros et la distribution en détail de toutes espèces de denrées et marchandises : 1° à tous ses membres ; 2° à toutes les personnes qui consentiraient à s'y intéresser comme associés participant dans les bénéfices, moyennant une cotisation annuelle.

Elle doit continuer les opérations du Syndicat agricole sur les mêmes bases et dans les mêmes conditions, bénéficiant de son fonds de réserve et de son matériel, mais prenant à son compte ses marchés en cours. Le directeur et les agents généraux et particuliers de la Société sont rémunérés par un tant pour cent sur toutes les affaires de vente ou d'achat, variable selon le mode de groupement ou distribution des marchandises vendues ou achetées. Les simples adhérents versent une cotisation d'un franc par an et réaliseront sur leurs dépenses une économie que le directeur général, M. A. Fabre, évalue en général à 30 pour 100.

La Société coopérative a pris statutairement l'engagement de ne pas porter les majorations sur le prix de revient au-dessus de 2 p. 100 pour les marchandises expédiées directement, de 3 p. 100 pour celles distribuées par colis d'origine, sans retour d'emballage, de 4 p. 100 pour celles distribuées en détail, et de ne pas prélever sur le net des ventes un taux supérieur à 2 1/2 p. 100 ; toutefois, lorsque les majorations seront abaissées sur quelques articles, la Société sera autorisée à les élever sur un ou plusieurs autres, selon les variations du cours et jusqu'à équivalence.

Ici encore, nous le constatons à regret, la Société coopérative apparaît comme une transformation du Syndicat qui lui-même n'était qu'une émanation du Comice agricole.

A Agen, le Syndicat agricole d'Agen et le Syndicat des producteurs agricoles de Lot-et-Garonne réunis ont organisé sur des bases analogues la Société coopérative de production et de consommation des agriculteurs de Lot-et-Garonne, sous forme de société civile anonyme à capital variable, afin de remplacer leurs offices d'achat de marchandises et d'expédition de denrées, fruits et légumes de primeur récoltés par les syndiqués. Les sociétaires et adhérents de la Coopérative participent à ses bénéfices proportionnellement à leurs achats. La Société s'est constituée, au mois de février 1892, au capital de 20 000 fr. qui vient d'être doublé. M. de l'Ecluse, professeur départemental d'agriculture de Lot-et-Garonne, avait proposé de fondre tous les syndicats agricoles du département, qui comptent environ 10 000 membres, en une grande société coopérative départementale. Mais la création de sociétés parallèles a été préférée.

Nous déplorons d'avoir rencontré, chez quelques syndicats de l'Aube, de Lot-et-Garonne et de l'Hérault, cette tendance à se transformer purement et simplement en sociétés coopératives ; les associations professionnelles qui cherchent à mettre à la disposition de leurs membres les services de la coopération et ses puissants moyens d'action n'ont pas à se dissoudre pour faire place à cet organisme nouveau ; il ne doit être qu'un utile instrument mis entre les mains du syndicat, défenseur né de tous les intérêts des cultivateurs, rendu ainsi plus indépendant et plus fort pour l'accomplissement de sa haute mission sociale.

IV

Plusieurs autres sociétés coopératives sont en formation ou viennent de commencer à fonctionner sous les auspices des syndicats et de leurs unions régionales.

Une Société coopérative agricole de la région du Nord est sur le point de se fonder à Amiens; elle est destinée à étendre ses opérations aux six départements de la région, Nord, Pas-de-Calais, Aisne, Oise, Seine-Inférieure et Somme, dont chacun possédera une succursale. La commission d'études qui a rédigé les statuts et poursuit la constitution légale de la Société se compose de MM. Danzel d'Aumont, président du Syndicat des Agriculteurs de la Somme, Debailly, le marquis de Pissy, Georges Raquet, directeur du journal *le Progrès Agricole*, etc.

La Société sera créée sous la forme anonyme au capital de 200.000 fr. divisé en 4000 parts de fondateur de 50 fr. chacune. Ces parts donneront droit à l'intérêt annuel de 6 p. 100 et à un dividende sur les bénéfices nets fixé à 10 p. 100. Outre ses actionnaires, la Société admet des membres associés participant dans les bénéfices moyennant une cotisation annuelle de 8 fr. : ils ont droit, comme les actionnaires, à profiter pour leurs commandes des marchés de la Société et se partagent avec eux les 40 pour 100 sur les bénéfices nets réservés par les statuts aux associés acheteurs, au marc le franc de leurs achats.

Il est interdit aux membres de la Société de céder à des tiers les marchandises qui leur sont vendues, avec une seule exception en faveur des actionnaires propriétaires d'immeubles ruraux, qui sont autorisés, sous leur responsabilité solidaire, à faire des commandes pour leurs fermiers.

La Société réserve 20 p. 100 de ses bénéfices nets pour être distribués dans les concours sous forme de médailles, primes et encouragement à des œuvres agricoles d'intérêt général. Ses statuts résultent de la combinaison de ceux de la Société coopérative de la Charente-Inférieure avec ceux de la Coopérative de Landen (Belgique), qui est en même temps un syndicat agricole, la législation belge permettant aux syndicats agricoles de pratiquer eux-mêmes la coopération de la façon la plus large.

Voici comment le but de l'association y est défini :

Cette Société a pour objet :

1° D'acheter et de vendre pour les cultivateurs, aux meilleures conditions possibles, tous les aliments de l'homme et des animaux, les engrais, les outils, les machines agricoles, les semences, les animaux, les harnais, et, en résumé, tout ce qui est nécessaire à l'exploitation rationnelle du sol, à la consommation des habitants de la ferme, à la nourriture et à l'entretien des animaux ;

2° De soumissionner ou de se rendre adjudicataire à toutes adjudications publiques ;

3° De faciliter, entre les membres de la Société, les échanges directs des produits de la ferme ;

4° De faciliter, par tous les moyens, les rapports directs entre les producteurs et les consommateurs, afin de faire bénéficier les uns et les autres des commissions onéreuses que prélèvent les intermédiaires ;

5° De resserrer les liens que la communauté des intérêts crée entre les cultivateurs de la région du Nord.

A Lyon, M. Emile Duport, reprenant en partie le projet de M. Rostand, a fondé une société coopérative régionale de production et de consommation destinée à approvisionner les 65 syndicats affiliés à l'Union du Sud-Est et aussi à écouler leurs produits. Elle les dégagera des risques qu'entraînent pour eux leurs opérations actuelles, rendra à leurs membres tous les services matériels qu'ils attendent de l'association professionnelle et établira un nouveau lien d'une grande puissance entre les agriculteurs de la région. Elle permettra à tous les syndicats d'ouvrir des entrepôts, ce qui est le seul moyen de rendre des services efficaces à la petite culture, et, comme ces entrepôts seront approvisionnés par la Coopérative de marchandises en consignation, ils ne leur coûteront rien. Elle achètera les produits agricoles récoltés par les syndiqués et trouvera facilement à les vendre ; car elle disposera à cet effet de relations commerciales qui manquent aux syndicats et pourra prendre vis-à-vis des tiers acheteurs les responsabilités nécessaires.

La Société, dont les statuts ont été définitivement arrêtés le 17 janvier dernier, est aujourd'hui constituée et fonctionne depuis plusieurs mois ; son capital fixé d'abord à 5o.ooo fr., puis élevé à 75.ooo fr. par suite de demandes de parts nouvelles, a été fourni en partie par les syndicats eux-mêmes, en partie par des membres des syndicats, souscripteurs à titre individuel. On a voulu avoir un capital purement agricole afin d'échapper à la spéculation. Il y avait quelque difficulté à appeler tous les membres des syndicats au bénéfice de la coopération, à les rendre coopérateurs de manière à conserver à la Société son caractère civil. On s'en est tiré en escomptant les dispositions de la loi nouvelle sur les sociétés coopératives qui ne peut tarder à être définitivement adoptée par les deux Chambres.

Cette loi, dont on s'est déjà servi pour rédiger les statuts de l' « Association amicale coopérative des officiers de terre et de mer », constituée le 31 octobre 1890 (1),

---

(1) Cette société coopérative militaire a son siège à Paris, 27, rue Joubert.

permet aux sociétés coopératives de consommation
d'avoir des adhérents admis à la distribution des objets
achetés en gros, moyennant le payement d'un droit
d'entrée fixé aux statuts et qui ne peut être inférieur à
2 francs. Ces adhérents jouissent des mêmes avantages
que les associés et participent, comme eux, à la répartition annuelle des excédents ; mais ils ne prennent pas
part aux délibérations des assemblées générales.

Tous les syndicats souscripteurs de parts n'auront
qu'à verser 2 francs, une fois payés, au nom de chacun
de leurs membres pour les faire en bloc adhérents de la
Coopérative, c'est-à-dire coopérateurs. Ce versement
n'est qu'un simple dépôt, il n'est pas acquis à la Coopérative qui le restituerait si le syndicat voulait plus tard
se retirer.

La Coopérative agricole du Sud-Est n'a pas de directeur ; le courtier patenté de l'Union du Sud-Est en
tient lieu pour traiter les affaires sous l'autorité d'un
comité de direction. Son conseil d'administration, dont
le concours est gratuit, est présidé par M. A. Pontbichet,
président du Syndicat agricole de Villefranche et Anse.
Les coopérateurs, porteurs de parts ou adhérents participants, toucheront, au prorata du montant de leurs
opérations, 80 p. 100 des bénéfices nets à réaliser par
la Société.

A Dijon, il se fonde aussi, sous les auspices de l'Union
des Syndicats agricoles et viticoles de Bourgogne et de
Franche-Comté, une société coopérative régionale qui ne
sera qu'une maison de gros approvisionnant les syndicats de l'Union ou les sociétés coopératives locales qu'ils
auront créées. Une seconde coopérative, purement départementale, fonctionnerait à Dijon pour vendre au détail et s'occuper des articles de consommation. Dans le

projet élaboré par MM. René Jacob, L. Milcent, etc., la société régionale conserve la forme civile, tandis que les coopératives locales seraient sans doute commerciales, c'est-à-dire ouvertes au public : elles souscriraient des parts dans le capital de la coopérative régionale destinée à les alimenter.

Cette organisation se rapprocherait beaucoup de celle de la coopération en Angleterre. Les sociétés de consommation anglaises (*Distributive Societies*), qui ont acquis une prospérité si connue et qui se recrutent presque exclusivement dans la classe ouvrière (1), sont alimentées par deux grandes sociétés d'achats en gros et d'ateliers de production (*Wholesale Societies*), créées à Manchester pour l'Angleterre et à Glasgow pour l'Ecosse. Ces sociétés ont pour actionnaires les *Distributive Societies* elles-mêmes, auxquelles elles fournissent à bon marché des produits de premier ordre. Les *Wholesales* achètent partout, même à l'étranger, possèdent des immeubles, des succursales, des fabriques où ils exercent une foule d'industries, des moulins à farine, des steamers, etc.

La Coopérative agricole de Bourgogne et de Franche-Comté, devant conserver le caractère d'une œuvre de progrès social, ne correspondra qu'avec les syndicats ou sociétés, sans pouvoir traiter avec les individus. Les syndicats qui ne voudront pas créer une coopérative locale pourront faire bénéficier leurs membres des avantages de la Coopérative régionale en les inscrivant comme

---

(1) En 1891, les sociétés de consommation anglaises officiellement enregistrées à la Fédération étaient au nombre de 1.624, comptant près de 1.200.000 membres. Elles possédaient un capital supérieur à 331 millions de francs et, sur un chiffre de ventes annuelles de 1.214 millions, leur bénéfice dépassait 119 millions.

adhérents moyennant le versement d'un droit d'entrée de 2 fr.

Pour répondre aux besoins de leurs membres, les sociétés coopératives agricoles doivent être non seulement sociétés de consommation, mais aussi sociétés de production et de vente. C'est dans ces conditions que nous les voyons généralement se former. Toutefois, la société coopérative mixte, de production et de consommation tout à la fois, présente un type nouveau qui n'a pas été, on doit le reconnaître, prévu ni réglementé par la loi en préparation sur les sociétés coopératives, et on pourra, dans la pratique, rencontrer quelque difficulté pour se conformer aux prescriptions de cette loi qui régit chaque espèce de société, société de consommation, société de crédit, société de production, etc., sous des titres différents.

Doit-on, en principe, donner la préférence à la forme civile ou à la forme commerciale pour organiser la coopération agricole ? Ce point est assez controversé. Les fondateurs de la Coopérative du Sud-Est ont tenu à conserver à leur œuvre le caractère civil et rigoureusement professionnel, parce qu'ils veulent aider les syndicats agricoles, fortifier leur influence, et non pas les remplacer. Si la coopérative agricole était ouverte à tous les cultivateurs, même à ceux qui ne font pas partie des syndicats, ceux-ci y perdraient l'importance acquise par la nouvelle association dont la portée économique ne saurait se comparer à l'action sociale du syndicat. Le rôle du syndicat en serait diminué et son recrutement entravé. Si, au contraire, la coopérative demeure un simple rouage de l'association professionnelle, s'il faut être syndiqué pour participer aux avantages de la coopération, le développement que celle-ci pourra prendre profitera nécessairement aux syndicats rendus ainsi plus aptes à organiser efficacement, et sous toutes ses formes, l'assistance dans les campagnes. L'exemple de ce qui a eu lieu dans l'Hérault, le Lot-et-Garonne, etc., où les sociétés coopératives ont absorbé les syndicats qui les avaient fondées, démontre bien, dit-on, que les syndicats agricoles seraient mal avisés de laisser la coopération libre s'établir à côté d'eux. La forme civile sauvegarde mieux la coexistence du syndicat professionnel, agent supérieur de progrès moral et de défense sociale.

Sans s'arrêter à cette objection, qui a sa valeur, d'autres personnes estiment qu'une société coopérative agricole, pour se trouver en mesure d'effectuer les opérations très complexes et très étendues qu'exige l'intérêt des cultivateurs, ne doit pas hésiter à se constituer sous la forme commerciale : elle y trouvera, dit-on, des avantages qui compenseront largement les quelques immunités et économies réservées à la forme civile. Pour se livrer à des opérations quasi commerciales, il est préférable d'avoir la liberté d'action entière qui appartient au commerce. Enfin, si l'on veut que la coopération remplisse pleinement sa fonction sociale, qui consiste à faciliter à la classe ouvrière l'économie et l'épargne, il faut qu'elle reste ouverte à tous, c'est-à-dire qu'elle vende au public et ne restreigne pas ses services à un groupement professionnel, si respectable qu'il soit : c'est ce qu'avait posé en principe le fondateur de la première coopérative agricole, celle de la Rochelle.

La coopération agricole est née d'hier ; il est tout naturel que ses procédés ne soient pas fixés et qu'elle cherche encore sa voie.

Comment s'adaptera-t-elle, d'autre part, à l'organisation des syndicats?

M. Rostand avait rêvé une seule société, la Coopérative de France, qui aurait traité les affaires de tous les syndicats agricoles. On a proposé, à l'inverse, de doubler partout, ou presque partout, le syndicat d'une petite coopérative et on en a donné pour raison que les petites sociétés pourront être gérées économiquement, tandis que celles à rayon étendu auront à supporter de lourds frais généraux, surtout si elles veulent multiplier leurs succursales.

Il est facile de répondre qu'on aura peine à trouver dans les syndicats locaux le personnel dévoué et compétent qu'exigerait l'organisation de ces coopératives : là où il se rencontrera, il est à craindre que les services matériels de la coopérative, et ce sont ceux que le paysan apprécie le plus, diminuent le rôle du syndicat, amoindrissent son influence, dont il a besoin pour s'occuper du progrès technique et des œuvres de prévoyance, de crédit, d'assistance, etc.; or, il ne faut pas que l'enfant dévore le père.

Il semble, au contraire, logique d'instituer des coopératives régionales, comme on le fait actuellement à Lyon, Dijon, Amiens, etc., dans la sphère des unions de syndicats qui ont déjà constitué de véritables centres agricoles de décentralisation provinciale. Elles s'y trouveront placées dans les conditions les plus favorables à leur développement, ayant au siège de l'union la direction et les relations déjà créées, ayant en chacun des syndicats unis un agent tout trouvé pour faciliter leur fonctionnement. L'office du syndicat recevra les marchandises en consignation dans ses dépôts et groupera les produits agricoles pour la vente. En évitant de multiplier les sociétés coopératives, on affranchira aussi les syndicats agricoles d'un embarras qui n'est pas à dédaigner, l'hostilité du petit commerce local avec lequel bien des considérations commandent de ne pas entrer trop directement en lutte.

Toutefois, de même que les syndicats agricoles se sont organisés dans une sphère plus ou moins large, subissant l'influence des milieux, on ne saurait songer à appliquer des règles uniformes au développement de la coopération qui doit émaner d'eux et se pratiquer pour eux. La coopération agricole s'organisera comme elle le pourra, selon les circonstances, et dans la plénitude de la liberté des associations : l'essentiel est qu'elle s'organise. Sa forme et ses procédés se régulariseront plus tard quand l'expérience aura prononcé.

V

Il est encore certaines institutions coopératives plus spéciales qui peuvent être annexées aux syndicats agricoles et dont l'importance économique est très grande. Ce sont les sociétés spéciales de production et de vente.

La plus connue et la première en date a été fondée à Lyon, en 1889, sous le patronage de l'Union du Sud-Est. Une société dénommée « l'Union des producteurs et consommateurs », créée par MM. Emile Duport, Antonin Guinand, Anatole de Fontgalland, etc., au capital de 25.000 fr., a établi à Lyon quatre boucheries coopératives dans lesquelles le bétail fourni, en partie du moins, par les producteurs de la région, est livré à la consommation urbaine. Les animaux envoyés aux boucheries sont estimés par une commission, d'après les cours du marché, et d'accord avec l'éleveur. Celui-ci trouve dans la suppression de tout intermédiaire le bénéfice d'une plus-value que M. Magnin, président du Syndicat des éleveurs et em-boucheurs du Charolais, a évaluée à 30 fr. par tête de bœuf. Le consommateur peut s'approvisionner d'une viande de premier choix, servie consciencieusement et vendue légèrement au-dessous des prix du commerce. Les bénéfices nets sont répartis, intégralement et également, entre les producteurs et les consommateurs qui se trouvent ainsi intéressés, au même titre, au bon fonctionnement de l'entreprise. Il s'agit là, on le voit, d'une véritable associa-tion entre producteurs et consommateurs. Elle a pleine-ment réussi, malgré de très grandes difficultés pratiques rencontrées au début. Comme elle est alimentée d'une manière insuffisante par les producteurs, elle fait acheter sur le marché de Lyon le surplus des bêtes qui lui sont nécessaires pour les besoins de sa clientèle.

Cette expérience peut aisément se renouveler ailleurs : car elle a fixé des points très importants sur les condi-tions dans lesquelles s'exerce le commerce de la bouche-rie. M. Emile Duport les a fait ressortir dans les rapports très instructifs qu'il a présentés à l'Union du Sud-Est(1).

La boucherie coopérative de Nîmes a fait l'objet d'une communication fort intéressante adressée à la Société des Agriculteurs de France, pendant sa dernière session, par M. Hérisson, qui préside son conseil d'administra-tion et qui l'a fondée en collaboration avec M. de Boyve, le coopérateur bien connu. Elle a été créée en 1888, au capital de 50.000 francs, à raison de 1.000 actions de 50 fr., répartis entre 640 actionnaires. La moitié seule-ment du capital a été appelée. Elle a eu à lutter contre l'hostilité du commerce de la boucherie locale qui a corrompu ses garçons et a fait perdre ainsi 12 000 fr.

____

(1) *La Vente des produits agricoles. — La Viande*, par Emile Duport. Lyon, typ. J. Gallet, 1890.

pendant les 20 premiers jours de son fonctionnement ; avec des employés plus fidèles, elle a pu relever ses affaires, et assurer actuellement un bénéfice de plus de 10.000 fr. pour l'exercice 1892-93, sur un total de ventes qui atteint environ 200.000 fr. ; il y a tout lieu de croire que cette prospérité se maintiendra.

La boucherie de Nîmes vend au public comme à ses actionnaires : mais ces derniers ont seul droit à une répartition dans les bénéfices ; cette répartition est de 70 p. 100, distribuée au prorata des achats. M. Hérisson estime qu'elle leur donnera, pour l'exercice 1892-93, 6 à 7 pour 100 de leurs achats. La situation de la boucherie coopérative est désormais acquise. Les consommateurs de Nîmes y ont gagné une grande amélioration de la viande et un abaissement des prix de vente qui a été d'environ o fr. 20 par livre. En outre, la boucherie coopérative de Nîmes a amélioré pour le producteur le prix de vente des agneaux du pays en rompant les coalitions habituelles des bouchers acheteurs qui s'entendaient pour faire leurs achats sur les marchés par l'entremise d'un seul d'entre eux.

Le Syndicat agricole de la vallée du Gers a fondé, à Astaffort (Lot-et-Garonne), une petite boucherie coopérative qui semble avoir assez bien réussi. D'autres syndicats, à Langres, Rodez, etc., ont étudié des projets d'organisation qui jusqu'à ce jour n'ont pas abouti.

Il existe encore des boucheries coopératives à la Capelle (Aisne), Caen, la Rochelle, Cambrai, Turenne (Corrèze), Charleval (Eure), Nogent-le-Rotrou, Gensac (Gironde), Abbeville, Château-Renault (Indre-et-Loire), Tours, Mont-de-Marsan, Toul, Roubaix, Le Mans, Bayonne, Cours (Rhône), le Creusot, Montceau-les-Mines, Poitiers, etc.

Bien d'autres petites sociétés coopératives de production agricole sont susceptibles de se développer dans le ressort des syndicats et sous leur impulsion. Parmi les plus connues, les plus faciles à former, figurent les laiteries coopératives pourvues de l'outillage perfectionné du système danois ; elles permettent de tirer le plus avantageux parti possible du lait que les cultivateurs associés réunissent pour l'exploiter en commun. Les 2.000 laiteries coopératives que possède le Danemark ont donné à ce petit pays une grande aisance et ont rendu universelle la réputation de son beurre. Les laiteries coopératives sont nombreuses aussi en Belgique, en Irlande, en Hollande, etc. Elles tendent à s'implanter en France, dans nos régions herbagères : le département de l'Aisne en compte actuellement 12, la Charente-Inférieure 17 ; les Deux-Sèvres, le Nord, la Bretagne, etc., en possèdent un certain nombre. Partout où elles se sont établies, elles ont constitué un grand progrès dans le traitement du lait et il ne faut pas oublier que ce produit secondaire de l'exploitation rurale représente une valeur annuelle d'environ 1.600 millions de francs, d'après la statistique officielle.

Le régime coopératif est reconnu le plus propre à sauvegarder les intérêts des petits producteurs de lait : les beurreries industrielles sont faciles à gérer et n'exigent qu'un capital peu considérable (1). L'agriculture ne saurait hésiter à s'approprier le bénéfice des procédés qui ont si bien réussi à l'industrie. Dans les régions de grande production laitière, les syndicats agricoles rempliraient excellemment leur mission en provoquant

(1) On peut consulter sur les beurreries coopératives un excellent travail de M. Jules Le Conte, publié par le *Bulletin de la Société des Agriculteurs de France* du 1er décembre 1892.

dans leur sphère l'organisation de laiteries ou beurreries coopératives.

En Allemagne, on compte environ 900 laiteries coopératives. La Belgique a suivi cet exemple : on y a reconnu que la forme coopérative est la seule qui permette de tirer un parti satisfaisant des produits de la laiterie. M. le baron Peers, le créateur de la petite laiterie coopérative d'Oostcamp, qui a rencontré tant d'imitateurs en Belgique, disait récemment à la Société centrale d'agriculture de ce pays :

« Pour la réussite de la laiterie, la coopération est la
« première des conditions. Si vous êtes dans un pays
« où vous repoussez absolument la coopération, n'essayez
« pas de faire progresser la question beurrière. A notre
« avis, la base de la fabrication du beurre est la coopé-
« ration.»

Les cultivateurs qui traitent leur lait isolément, par des procédés défectueux et sans les soins nécessaires n'en tirent qu'une valeur de neuf à dix centimes le litre, tandis que l'association permet d'en obtenir plus du double.

A combien de phases de l'exploitation agricole , à combien de transformations des produits du sol la coopération n'est-elle pas applicable ? Ces denrées qu'il récolte, l'agriculteur aurait souvent le plus grand intérêt, lorsqu'elles doivent être l'objet d'une transformation industrielle, à opérer lui-même cette transformation afin d'en tirer meilleur parti et de se réserver le bénéfice que prélèverait l'industrie appelée à leur donner la forme sous laquelle elles sont vendables au commerce ou à la consommation. Ainsi il pourrait convertir ses betteraves, ses grains, ses topinambours, etc , en alcool dans des distilleries coopératives, surtout si, comme on l'a souvent réclamé, la législation fiscale favorisait l'établissement des petites distilleries agricoles (dont le rôle est si important en Allemagne où elles sont au nombre de 4.000 environ et fabriquent des flegmes qu'elles livrent ensuite aux rectificateurs) ; il pourrait extraire la fécule des pommes de terre dans des féculeries coopératives, obtenir de ses pommes à cidre une boisson d'une valeur marchande supérieure dans des cidreries coopératives, convertir son blé en farine dans des moulins coopératifs, etc., etc. On a même proposé d'organiser en commun la fabrication des vins de production courante, comme cela se fait en Italie et sur les bords du Rhin, afin de créer des types d'une qualité constante auxquels le consommateur s'attache et que le commerce achète sans hésitation parce qu'il en a le placement assuré et qu'il ne craint pas les mécomptes auxquels l'exposent les livraisons irrégulières.

Tout cela les syndicats agricoles peuvent l'entreprendre : car ils apporteront ainsi de sérieux progrès dans l'exercice de l'industrie agricole appelée, pour suivre l'évolution économique des temps où nous vivons, à perfectionner ses procédés de même que toutes les autres industries. La coopération en sera le moyen, et elle est douée d'une souplesse qui lui permettra de s'approprier aux besoins si divers de l'agriculture dans toutes nos régions.

Les travaux des champs eux-mêmes se prêtent, dans certains cas, à une exécution coopérative, notamment le battage des grains, les défoncements nécessaires pour la reconstitution des vignobles, peut-être même la moisson des céréales.

Ainsi, le Syndicat professionnel agricole du Gard a décidé l'achat d'un treuil de défoncement, qui coûte 15.000 à 20.000 fr., pour le mettre à la disposition de ses membres. Les sociétés coopératives de battage se multiplient beaucoup et pourraient souvent se substituer aux entrepreneurs de battage, intermédiaires inutiles, qui abondent dans certaines régions. Il est facile aux syndicats agricoles d'organiser un groupement local en vue d'acquérir, entretenir et exploiter un matériel de battage à vapeur destiné à battre les récoltes des associés. Tout en maintenant les prix, par hectolitre battu, très inférieurs à ceux que demandent les entrepreneurs, la société peut rembourser successivement ses actions à l'aide d'un prélèment sur ses bénéfices annuels, de sorte qu'au bout de quelques années les associés seront devenus propriétaires d'un matériel qui ne leur coûtera rien et qu'ils pourront encore réduire le tarif du battage. Après avoir servi à battre les récoltes des petits cultivateurs associés, le matériel de battage peut être loué, pour le reste de la campagne, à de gros fermiers, étrangers à la société coopérative, qui battent pendant tout l'hiver : la locomobile peut aussi être louée à part pour un usage industriel.

Une excellente idée, qui se recommande également à l'attention de tous les syndicats agricoles, est celle émise par le Syndicat des agriculteurs du Loiret et par le Syndicat agricole de Poligny, qui ont proposé d'organiser par voie coopérative, non seulement le battage, mais la mouture des céréales.

On trouve de petites associations coopératives de battage pour les céréales dans l'Oise, la Côte-d'Or, l'Indre-et-Loire, le Loir-et-Cher, le Maine-et-Loire, l'Indre, etc. Celles de Montreuil-sur-Brèche et Haudivillers (Oise), Breil (Maine-et-Loire) (1), Saint-Claude (Loir-et-

---

(1) La Société coopérative de battage de Breil, fondée par le comte de la Bouillerie, il y a trois ans, a acquis un matériel du prix de 7.600 fr., payé comptant à l'aide d'une souscription à 76 actions de

Cher), Valençay (Indre), Jallanges (Côte-d'Or), etc., peuvent être citées comme modèles. Le Syndicat agricole du département de Constantine s'efforce de former dans chaque canton une association de propriétaires et fermiers qui souscriraient solidairement l'acquisition d'une batteuse et de sa locomobile.

Les Syndicats d'Anglure (Marne), Saint-Florentin (Yonne), etc., ont fondé des associations locales pour l'achat et l'usage en commun des machines agricoles dont l'emploi se prolonge pendant une certaine période des travaux des champs.

A la suite de la production coopérative se place naturellement la vente coopérative et, dans tous les efforts que les syndicats agricoles ont tentés pour faciliter l'écoulement des denrées et produits récoltés par leurs membres, ils ont fait de la coopération de vente de même qu'ils pratiquaient la coopération de consommation dans l'achat des engrais (1). Nous n'avons pas à revenir ici sur les détails que nous avons déjà donnés au sujet de la vente des produits agricoles par les syndicats.

VI

Il est aujourd'hui généralement admis que le progrès des syndicats agricoles les entraîne à une certaine orga-

---

100 fr. portant intérêt à 5 p. 100 et remboursables par voie de tirages annuels sur les bénéfices nets. Déjà 22 actions, soit 2.200 fr., ont pu être ainsi amorties, et cependant le battage ne coûte aux sociétaires que 30 centimes l'hectolitre, prix très sensiblement inférieur à celui qu'exigent les entrepreneurs de battage qui parcourent le pays.

(1) Les cultivateurs maraîchers d'Angers viennent de former, sous le patronage du Syndicat agricole d'Anjou, dont ils ont constitué le bureau arbitre de leurs différends, une société coopérative au capital de 50.000 fr. pour la vente de leurs produits.

nisation coopérative de la production et que cette seconde phase de leur développement ne sera pas moins féconde que la première en conséquences heureuses pour la prospérité des classes rurales. Elle mettra les syndicats en situation de rendre pour la vente les mêmes services qu'ils rendent pour l'achat ; car c'est ainsi seulement qu'ils pourront, au lieu d'être de simples agences de renseignements, comme ils le sont aujourd'hui, entreprendre des fournitures à faire sous leur responsabilité. Ayant à vendre des disponibilités assurées, pouvant garantir la qualité constante et la régularité des livraisons, conformément aux usages du commerce, ils n'auront nulle peine à se créer une excellente clientèle qui recherchera la pureté de leurs produits exempts de toute sophistication commerciale.

La coopération, venant en aide aux cultivateurs, leur offrant des facilités et avantages qu'ils ne peuvent avoir individuellement, leur fournit le moyen de s'affranchir du joug de l'intermédiaire parasite (nous ne disons pas de tout intermédiaire, car il en existe d'utiles), de l'intermédiaire qui ne produit rien, ne transforme rien, mais qui a eu l'habileté de s'interposer comme rouage nécessaire entre le producteur et le consommateur, par suite de l'isolement dans lequel végétait le producteur agricole, de l'ignorance et des habitudes d'inertie dans lesquelles se complaît trop souvent le consommateur.

En organisant la production coopérative, les syndicats agricoles offriront au public la possibilité de s'approvisionner sans être obligé de recourir au commerce, ce qui, on en conviendra, constitue un fait économique de la plus haute portée. Sans doute, il faudra du temps pour que l'association professionnelle ait établi avec sûreté les rouages nécessaires à une pareille évolution et pour que

le public ait appris à s'en servir; mais les circonstances
favorisent l'expérience de ces procédés. Depuis quelques
années déjà, non seulement dans les milieux ouvriers,
mais même dans quelques milieux bourgeois tels que parmi les petits employés des administrations publiques, des
compagnies de chemins de fer, etc., et même dans l'armée, des sociétés de consommation se sont créées. C'est
une excellente clientèle toute trouvée pour les débuts de
la coopération de production. La coopération de consommation qui s'organise un peu partout, puisqu'elle a déjà
donné naissance à un millier de sociétés en France (1),
doit tendre la main à la coopération de production représentée par nos syndicats agricoles.

Dans l'approvisionnement de ces sociétés de consommation, dont quelques-unes sont de très gros consommateurs, il y a un large marché ouvert à la vente
directe, soustrait aux exigences du commerce. La société
parisienne *la Moissonneuse*, qui compte environ 15.000
membres, a fait acheter, l'année dernière, par ses délégués, 40.000 hectolitres de vin dans l'Hérault et dans les
départements voisins; on estime qu'elle alimente 60.000
à 70.000 bouches avec des denrées achetées autant que
possible chez le producteur. Dans toutes les grandes
villes de France, dans tous les centres miniers et industriels, il existe des sociétés coopératives ou économats
qui fonctionnent dans des conditions analogues et dont
les syndicats agricoles devraient être les fournisseurs
nés pour une infinité de denrées telles que beurres, fromages, vins, cidres, raisins frais de vendange, huiles

(1) La liste des sociétés coopératives de consommation qui existent actuellement en France a été publiée, pour la première fois,
par l'*Almanach de la Coopération française* pour 1893 (Paris,
Imprimerie Nouvelle, 11, rue Cadet).

d'olive, légumes, fruits, blé, viande, etc. C'est un courant à créer ; il dépend d'eux de l'établir en organisant coopérativement la vente des produits de leurs membres et en se rendant responsables des fournitures.

Ce serait le premier pas fait vers la suppression des intermédiaires parasites, l'amorce d'une entente générale entre le consommateur et le producteur, afin de les aboucher directement de manière à rendre pour le premier la vie moins onéreuse, pour le second la vente plus rémunératrice ; ce serait en même temps la plus sûre façon d'empêcher les tromperies et falsifications du commerce qui nuisent à l'acheteur et ont pour le producteur cette conséquence si grave de ruiner la réputation de ses produits.

Ainsi l'association professionnelle agricole est apte à défendre les cultivateurs contre l'exploitation et les spéculations dont le commerce les rend trop souvent victimes. Elle tend, lorsqu'elle pourra produire tous ses effets, à restituer aux marchandises agricoles leur véritable valeur actuellement faussée par les abus du trafic intermédiaire, elle porte en elle-même la solution du grand problème de la vie à bon marché dont le bienfait s'étendra à l'ensemble des citoyens.

VII

Nous avons traité de la coopération agricole avec quelques détails, en raison de sa grande importance comme principe et comme avenir, sinon comme résultats déjà obtenus. Le syndicat professionnel doit normalement enfanter la coopération qui est et sera de plus en plus la condition du travail prospère dans la société moderne.

Pourquoi le principe coopératif appliqué à l'agriculture ne réaliserait-il pas dans ce milieu si favorable les merveilleux effets qu'il a produits à l'étranger et notamment en Angleterre, en Allemagne, en Belgique, en Italie, etc.?

Dans leur propre intérêt comme dans l'intérêt général de la société, les syndicats agricoles doivent donc se servir sans hésitation de ce puissant instrument de progrès matériel et moral, la coopération, que le socialisme a pratiquée, mais qu'il réprouve aujourd'hui en France, sous prétexte qu'elle tend à constituer une nouvelle aristocratie, l'aristocratie ouvrière, en réalité parce qu'elle répand parmi les travailleurs les idées d'ordre, d'épargne, de tempérance, de vie de famille, qui sont contraires à sa propagande. La coopération s'est montrée efficace pour l'amélioration du sort des classes pauvres dont elle a ainsi rendu les revendications moins ardentes, les besoins moins pressants. Le socialisme, qui poursuit un idéal si différent et qui y tend par l'exaspération des souffrances populaires, devait considérer la coopération comme une entrave à son développement. Il l'a donc doctrinalement condamnée dans ses congrès : c'est pour les syndicats agricoles une raison de plus de la pratiquer largement, assurés qu'ils sont de défendre l'ordre social en prenant le contrepied de l'action socialiste.

L'évolution du parti socialiste en ce qui concerne la coopération est digne de remarque : car elle démontre bien que ce parti est incapable de s'arrêter en chemin, qu'il est condamné, même lorsqu'il semble suivre une politique opportuniste, à appliquer ses doctrines jusque dans leurs conséquences extrêmes.

L'ancien socialisme français, le socialisme de Proudhon, qui avait du bon si on le compare au socialisme actuel, au collectivisme international qui nous vient d'Allemagne, n'était pas hostile à la coopération, de même qu'il ne déclarait pas la guerre à la bourgeoisie dont, au contraire, il réclamait le concours pour assurer l'émancipation ouvrière et le triomphe de la vraie démocratie. En 1876, le congrès ouvrier de Paris avait adopté la déclaration suivante : « La question de l'affranchissement du travailleur trouvera sa solution dans le principe de l'association coopérative. » Mais le vent a tourné et la coopération a été répudiée par les chefs socialistes, dès le 1er congrès de Marseille, en 1879, comme suspecte de retarder leur triomphe par les services mêmes qu'elle rend aux classes laborieuses.

Le congrès de la Fédération du Centre, qui réunissait à Paris, au mois d'août 1892, 116 délégués des chambres syndicales et groupes corporatifs représentant 134.000 travailleurs, a entendu le rapport d'une de ses commissions sur la coopération ouvrière. Après discussion, le congrès a conclu au rejet du principe de la coopération, quelle qu'elle soit, de production ou de consommation ; le motif invoqué a été que la coopération s'exerce toujours au bénéfice de quelques-uns et au préjudice de la masse des travailleurs. Ultérieurement, la défense des sociétés de consommation a été reprise par le délégué du Syndicat des chemins de fer ; il a démontré l'utilité de ces sociétés qui constitueraient des magasins de réserves en cas de grève générale. A cette observation, le citoyen Larcher, délégué de la Bourse du Travail, a répondu en adjurant les membres du congrès, au nom de la Bourse du Travail, de repousser d'une façon absolue le principe de toute coopération.

Au congrès socialiste de Berlin, la coopération a été également réprouvée, sauf dans les cas où elle peut servir à faciliter l'agitation et les luttes politiques.

Dans les autres circonstances, aux termes de la déclaration adoptée, les compagnons auront à s'opposer à l'organisation des sociétés coopératives et notamment à combattre l'idée que la coopération est à même d'influencer les conditions de la production capitaliste, d'améliorer la situation des ouvriers en tant que classe, de supprimer ou seulement d'atténuer la lutte économique dans laquelle les travailleurs sont engagés.

La tactique très claire du socialisme moderne est donc de sacrifier tous les progrès réels et certains à l'espoir de réaliser son plan de reconstitution de la société.

Coopération, mutualité, épargne, maisons ouvrières, observe *la Réforme Sociale*, tout cela est condamné par les congrès, comme autant d'erreurs, autant d'os à ronger jetés à la masse pour lui faire oublier ses souffrances. Les chefs n'en veulent pas, parce que ce sont des palliatifs qui, suivant eux, occupent et endorment les ouvriers et les détournent du grand et seul remède : la Révolution. Que tout cela disparaisse, que l'ouvrier sente toute sa misère ! et alors il se redressera et marchera, sans hésiter, sous le drapeau révolutionnaire.

Et cependant ces conseils n'ont pas été suivis partout : car dans un grand nombre de sociétés françaises de consommation l'influence socialiste domine ; quelques-unes mêmes, telles que la célèbre boulangerie coopérative de Roubaix et bien d'autres sociétés de Paris et de sa banlieue ou des centres industriels, peuvent être considérées comme des forteresses du parti socialiste.

Il n'y a pas là un motif suffisant pour détourner nos syndicats agricoles de la coopération : c'est une arme qu'ils doivent disputer aux socialistes afin de la retourner contre eux. En Belgique, où le socialisme s'est beaucoup servi de l'association coopérative comme moyen d'organisation et de propagande, ses adversaires l'ont combattu sur le même terrain en créant, à son exemple, des boulangeries coopératives concurrentes dans les centres ouvriers. C'est ainsi qu'au fameux *Vooruit*, de Gand, institution vouée au socialisme le plus militant, a été opposée une œuvre philanthropique de même nature, mais animée d'un esprit opposé, le *Volksbelang*, boulangerie coopérative non moins habilement dirigée, qui a obtenu un succès colossal et fait gagner au consommateur 10 centimes environ par kilogramme de pain.

La campagne anti-socialiste est d'ailleurs très bien menée en Belgique où les propriétaires ruraux, pour combattre la propagande révolutionnaire qui s'exerce aussi dans les campagnes, ont organisé une « Ligue des paysans » ; cette ligue met en œuvre des moyens multiples pour améliorer la situation des cultivateurs : enseignement agricole, achat collectif des engrais, création d'institutions locales de crédit, assurance mutuelle du bétail, laiteries coopératives, organisation de l'arbitrage, action législative en ce qui concerne les intérêts agricoles, etc.

C'est à peu près, comme on le voit, le programme de nos syndicats agricoles, celui que nous développons comme contre-partie du programme agricole socialiste adopté par le congrès de Marseille.

CHAPITRE VII

LE CRÉDIT MUTUEL

La nécessité du crédit agricole et la difficulté de l'organiser. —
Projet de loi de M. Méline donnant les syndicats professionnels
pour base au crédit agricole et populaire. — Application du principe de la mutualité pratiqué en Allemagne et en Italie. — Le
Crédit mutuel du Syndicat agricole de Poligny. — Le rôle d'une
Banque centrale de crédit agricole. — L'épargne des campagnes
retenue dans les campagnes. — Le progrès des mœurs rurales
relativement à l'observation des échéances. — Essais d'organisation de crédit agricole à Besançon, Genlis, Tours, Niort, Segré,
Senlis, Compiègne, Delle, etc. — Nouveau système du Syndicat
agricole de Lunéville. — La Banque agricole coopérative de Saint-
Florent-sur-Cher. — Les avances sur récoltes. — Le dépôt des
produits agricoles, contre remise de certificats négociables, dans
des docks ou comptoirs. — Un projet de MM. Cathelineau et Robert Surcouf. — Comment les syndicats agricoles peuvent warranter collectivement les blés dans les magasins généraux publics.

I

La coopération n'est pas le seul moyen d'améliorer la
situation des cultivateurs. C'est une banalité de rappeler
que l'agriculture a besoin de recourir au crédit, de même
que le commerce et l'industrie. Elle est la première de
nos industries nationales; le capital foncier qu'elle met
en œuvre est énorme et son capital d'exploitation en
bétail, semences, engrais, machines, etc., objet d'incessantes transformations, est d'au moins 9 milliards de

francs. Il est d'ailleurs généralement insuffisant pour permettre au cultivateur de tirer le meilleur parti de sa terre, de modifier ses procédés et ses moyens d'action, de réaliser les opérations avantageuses dont le progrès lui a enseigné la convenance et que la concurrence lui impose. Pour se mouvoir à l'aise dans l'exercice de sa profession, l'agriculteur doit s'appuyer sur le ressort du crédit et pratiquement il ne peut le faire dans les conditions si favorables que la Banque de France offre au commerce et à l'industrie, parce que ses opérations exigent pour se liquider un délai supérieur à trois mois. Les avances faites aux céréales en semences, engrais, main-d'œuvre, celles faites à la culture des plantes industrielles, la réalisation du produit des fourrages, soit en nature, soit par l'engraissement du bétail, les frais d'entretien et de défense du vignoble, etc., ne se remboursent que dans un délai variable généralement de six à douze mois. L'amortissement de l'outillage n'a lieu même qu'à plus longue échéance. Il s'agit là des spéculations courantes et essentielles de la culture, comportant aussi peu de risques que possible, et dont le bénéfice prévu varie de 6 à 10 pour cent au moins.

L'agriculteur devrait donc trouver facilement de l'argent pour entreprendre ces opérations : il n'en est rien ou, s'il en trouve, ce n'est qu'à des conditions trop onéreuses. La source du crédit lui fait défaut parce qu'il ne peut utiliser les services de la Banque de France, ce réservoir du crédit national.

Depuis longues années, on se préoccupe des moyens de remédier à cette infériorité constitutionnelle de l'agriculture. Les difficultés semblaient insurmontables : l'intervention des syndicats agricoles va permettre de les vaincre. M. Méline a eu l'idée féconde d'organiser le

Crédit agricole et populaire en prenant les syndicats agricoles, ou plutôt des petites caisses de crédit mutuel dérivées d'eux, comme dispensateurs du crédit dans les campagnes.

Le projet primitivement déposé a été modifié, amendé, conformément aux vœux des associations agricoles qui l'acceptent aujourd'hui comme une loi large, libérale, offrant aux syndicats agricoles les facilités les plus grandes pour développer leur initiative et mettre le bienfait du crédit à la portée de leurs adhérents. Cette loi procède des mêmes principes que celle du 21 mars 1884 sur les syndicats professionnels; elle s'inspire des idées les plus contraires aux doctrines du socialisme d'État : c'est pour les syndicats agricoles un motif sérieux de l'accueillir avec faveur et de s'en servir. Aussi la Société des Agriculteurs de France a-t-elle émis, dans sa dernière session, le vœu que la loi sur l'organisation du crédit agricole et populaire au moyen des syndicats professionnels et la loi complémentaire relative à la création d'une Banque centrale destinée à escompter le papier agricole soient votées dans le plus bref délai possible.

On doit donc considérer l'accord comme aujourd'hui établi entre les associations agricoles et le Parlement quant aux conditions pratiques de l'accession des cultivateurs au crédit qui peut leur être nécessaire.

Il est admis que le crédit agricole ne sera pas demandé à un grand établissement central, créé par les financiers et les capitalistes dont le concours est toujours fort onéreux, mais aux petites caisses locales basées sur la mutualité et organisées par les syndicats qui ont déjà tant développé dans nos campagnes la solidarité professionnelle entre tous les hommes vivant de l'exploitation du sol. Ce système, qui tend à organiser le crédit agricole par *en bas*, dans une circonscription peu étendue où tous les cultivateurs se connaissent, afin de lui donner ainsi une assiette plus solide, se rapproche, autant que le permet la différence des milieux et du caractère national, des banques populaires d'Allemagne et d'Italie, dont le chiffre d'affaires dépasse 3 et 4 milliards de francs.

Les banques mutuelles allemandes du système Raiffeisen ont été principalement fondées pour mettre le crédit à la portée des petits cultivateurs ; elles ont rendu les plus grands services à l'agriculture. Il existe aujourd'hui en Allemagne 1.500 à 2.000 de ces petites banques en quelque sorte familiales, basées sur le principe de la solidarité entre gens qui se connaissent bien ; depuis quinze ans, il a été créé en Alsace 105 caisses Raiffeisen. Les banques Wallemborg ont rendu les mêmes services à l'Italie. Telle est l'institution, éprouvée par ses résultats à l'étranger, que le projet de M. Méline a pour but d'acclimater en France, en limitant toutefois, afin de faciliter l'expérience de la mutualité, la responsabilité des membres des syndicats agricoles, autant qu'il convient à nos mœurs et habitudes nationales.

Ce principe fécond de la mutualité, qui institue entre les associés une garantie réciproque et fait bénéficier les emprunteurs du crédit assuré aux riches cultivateurs qui n'ont pas besoin de recourir à l'emprunt, est une application très naturelle de l'idée qui a présidé à la formation des syndicats professionnels. C'est la solidarité du riche et du pauvre, c'est la fraternité pratiquée sans bruit, sans déclamation, par des hommes qui se préoccupent bien plus que les socialistes de faire honneur à la devise inscrite sur nos monuments publics.

Ainsi compris, le Crédit agricole et populaire sera, comme l'a dit M. Méline, « l'instrument le plus puis- « sant de pacification sociale, peut-être le seul moyen « d'opérer la réconciliation si désirable du capital et du « travail ».

La Chambre a été de cet avis, puisqu'elle a voté, à une grande majorité, le projet de loi auquel le Gouvernement, par la bouche du ministre de l'agriculture, avait donné sa « pleine et entière adhésion ». Le ministre, qui était alors M. Develle, s'est déclaré convaincu que « les sociétés de crédit mutuel *seules* pourront per- « mettre de résoudre une question dont le monde agricole « attend avec la plus grande impatience la solution ».

On peut croire que l'idée d'appliquer à l'organisation du crédit agricole le principe de la mutualité et l'intervention des syndicats professionnels a été inspirée à M. Méline par le succès d'une tentative due à l'initiative privée, qui se poursuit depuis plusieurs années dans un de nos départements de l'Est.

II

En 1884, un syndicat agricole se fondait dans l'arrondissement de Poligny (Jura), avec un programme ainsi conçu :

Le Syndicat s'efforcera de faire aimer la profession par excellence qui, depuis des siècles, constitue la principale richesse de la patrie, d'attacher les populations rurales à leur foyer et au sol qu'elles cultivent en employant tous les moyens en son pouvoir pour remettre en honneur le travail de la terre et pour le rendre plus lucratif.

Ce syndicat, présidé par M. Alfred Bouvet, marchand

de bois à Salins, conseiller général du Jura, créa en 1885 entre ses membres, et dans le but de venir en aide aux cultivateurs honnêtes et laborieux, une association de crédit mutuel sous la forme d'une société anonyme à capital variable. Le capital social fut fixé à 20.000 francs et représenté par 40 actions de 500 fr., dites actions de fondateur, qui furent rapidement souscrites par des membres du Syndicat, parmi lesquels figuraient MM. le prince d'Arenberg, député, Henry d'Aligny, Alfred Bouvet, André Monnier, conseillers généraux, Burin du Buisson, ancien préfet, Parandier, inspecteur général des ponts et chaussées, Louis Milcent, ancien auditeur au Conseil d'État, etc. La moitié de ce capital seulement a été versée, soit 10.000 fr.

C'est donc avec une somme de 10.000 fr. seulement que le Crédit agricole de Poligny a commencé ses opérations.

Or voici les prêts qu'il a effectués depuis sa fondation :

En 1885	5.000 fr.
1886	31.000
1887	39.000
1888	56.000
1889	75.000
1890	127.000
1891	159.000
1892, environ	212.000
Soit un total de	704.000 fr. en 8 ans.

Les emprunteurs doivent être naturellement membres du Syndicat agricole ; de plus, ils doivent être sociétaires du Crédit mutuel et avoir, à ce titre, souscrit, préalablement ou au moment de la réalisation de l'emprunt, une coupure d'action de 50 fr. sur laquelle le versement exigé était du quart au début et est de moitié maintenant.

Au 31 décembre 1892, le capital social s'élevait à 44.200 francs, se décomposant en actions de fondateur de 500 fr. et coupures d'action de 50 francs. Sur ce capital il avait été versé, en espèces et intérêts, un total de 27.869 fr.

Le Crédit mutuel fonctionne aussi comme caisse d'épargne des cultivateurs ; il reçoit les dépôts à trois mois, pour lesquels il sert aux déposants un intérêt de 3 p. 100. Le montant des dépôts s'élevait, au 31 décembre 1892, à 35.855 fr.

Comment, se demandera-t-on, avec un capital réalisé si minime, le Crédit agricole de Poligny a-t-il pu faire des prêts pour une somme de plus de 700.000 fr. ? C'est parce que, fournissant toutes les garanties d'une société commerciale ordinaire, il a obtenu sans difficulté de faire escompter ses effets à recevoir par la succursale de la Banque de France à Lons-le-Saulnier. Il a été ainsi admis à se procurer des fonds au taux ordinaire de la Banque de France, qui est généralement de 3 p. 100, et qui est descendu actuellement à 2 1/2.

Examinons le mécanisme des opérations :

La demande d'emprunt doit indiquer l'objet auquel il est destiné. La Société ne prête que pour acheter des bestiaux, des semences, des engrais ou des instruments agricoles, c'est-à-dire pour favoriser des acquisitions de nature à produire un bénéfice promptement réalisable. Le maximum des prêts est fixé à 600 fr. afin de limiter les risques. Chaque demande est soumise à l'avis du président de la section cantonale correspondante du Syndicat, qui fournit des renseignements sur la solvabilité de l'emprunteur. Si ces renseignements sont favorables, la demande est agréée, mais l'emprunteur doit, de plus, fournir une caution. Afin que les billets puissent être escomptés par la Banque de France, les prêts se font pour trois mois seulement ; toutefois, cette durée peut être prolongée jusqu'à un an, au maximum, à l'aide de deux ou trois renouvellements successifs soumis à un droit fixe de 1 fr. par effet. Les billets portant les trois signatures de l'emprunteur, de sa caution et de la Société du Crédit mutuel, réunissent ainsi les conditions nécessaires pour être escomptés par la Banque de France.

Le Crédit agricole de Poligny prêtait d'abord au taux de 4 p. 100 ; depuis plus d'un an, par suite de l'abaissement du taux de l'escompte de la Banque de France, il prête à 3 1/2 p. 100.

Les opérations se font avec la régularité la plus parfaite, et, ce qu'il importe surtout de noter pour l'édification des gens de très bonne foi qui mettent en doute la possibilité d'acclimater le crédit mutuel en France, la Caisse de crédit agricole de Poligny, qui a prêté plus de 700.000 fr. depuis huit ans par prêts de moins de 600 fr., *n'a jamais eu d'effet impayé et n'a subi aucune perte :* cela fait le plus grand honneur à la sagesse de son administration.

Le Crédit mutuel de Poligny paie à ses actionnaires un intérêt annuel de 3 p. 100 sur leurs versements et à ses participants un intérêt de 4 p. 100 ; il est administré gratuitement par un conseil d'administration de douze membres dont le président est M. Alfred Bouvet.

Afin de se réserver le bénéfice de la loi sur les sociétés coopératives, il a récemment modifié ses statuts et s'est transformé en Société coopérative de production, de consommation et de crédit mutuel, ayant comme double but :

« 1° D'acheter et vendre toutes espèces de denrées, « marchandises et bétail aux membres de la Société et « aux associés payant une cotisation annuelle ;

« 2° De venir en aide spécialement aux cultivateurs
« honnêtes et laborieux au moyen de prêts et d'escompte,
« et de leur faciliter l'épargne. »

La Société consent aux fruitières des prêts qui peuvent
même s'élever au-dessus de 600 fr., afin de leur permettre
de faire des avances à leurs associés en attendant la vente
des fromages.

La loi en préparation sur le crédit agricole et populaire favorisera la création de nombreuses institutions de
ce genre qui rendront les plus grands services à la petite
culture ; elle simplifie pour elles les formalités administratives, compliquées et coûteuses, qu'impose la législation actuelle. Ces petites banques mutuelles locales, fondées par les syndicats agricoles d'après le type nouveau,
réussiront comme a réussi celle de Poligny, cela n'est pas
douteux. Elles rempliront un rôle analogue à celui des
caisses Raiffeisen dans les provinces rhénanes.

Les syndicats agricoles ne seront pas obligés de se
constituer eux-mêmes en société de crédit, ce qui aurait
pour effet de dénaturer leur caractère et d'engager leur
responsabilité ; la loi autorise des groupes détachés, formés parmi les membres du syndicat, à organiser les
caisses mutuelles qui seront professionnelles et autonomes. Dans les syndicats à vaste circonscription il sera
bon qu'il y en ait plusieurs : car leur rayon ne doit pas
être étendu pour que tous les sociétaires se connaissent
et que la valeur personnelle de chaque emprunteur puisse
être aisément appréciée (1).

(1) Selon M. Levasseur, membre de l'Institut, le syndicat agricole
sera la *molécule germinative* des caisses de crédit agricole et des
banques populaires. Pour M. Luzzatti, le grand économiste italien,
la banque populaire est le complément du syndicat agricole et leur
marche doit être parallèle : « Le syndicat éveille, dit-il, chez le cul-

Une complication assez gênante pour les opérations de la Caisse de Poligny résulte de ce que, faisant escompter son papier par la Banque de France, elle est obligée de faire signer par l'emprunteur un billet à échéance de trois mois. Comme ce terme est insuffisant puisqu'il faut généralement neuf ou douze mois pour réaliser le bénéfice d'une opération agricole, l'emprunteur doit renouveler son billet deux ou trois fois, ainsi que cela est convenu d'avance. Avec la nouvelle législation, cette difficulté disparaîtra. La Banque de France ne peut recevoir que du papier à court terme : l'incessant renouvellement de son portefeuille est la garantie des immenses services qu'elle rend, la condition vitale de son fonctionnement régulier. Les caisses de crédit mutuel ne peuvent, d'autre part, conserver des effets à longue échéance sans immobiliser leurs faibles ressources, ce qui réduirait leurs opérations à des proportions infimes. C'est ici qu'intervient la banque centrale ou régionale qui aura pour mission de recueillir le papier agricole avalisé par les caisses mutuelles, de l'escompter immédiatement, quel que soit le délai de l'échéance, dans les mêmes conditions faites à l'industrie et au commerce par la Banque de France, et de le garder ensuite en portefeuille jusqu'au moment où il pourra être versé à la Banque de France.

tivateur le désir d'améliorer, d'intensifier et de varier ses cultures, cherchant à tirer du moindre coin de terre le plus grand revenu possible : après avoir éveillé ce désir, il le fortifie, l'éclaire et donne la meilleure direction technique à suivre pour qu'il devienne un acte. La banque populaire fournit les moyens d'agir aux conditions les plus favorables, tant pour le taux de l'intérêt que pour le mode de remboursement. Dans les centres agraires, les deux associations devraient avoir le même siège, puisqu'elles vivent des mêmes inspirations. La banque populaire consacrerait une partie de ses bénéfices à faciliter les expériences faites par le syndicat. Le syndicat, bien dirigé, jouerait le rôle du crible, qui sépare les bonnes opérations de crédit des mauvaises. »

Les syndicats agricoles n'avaient pas parfaitement compris tout d'abord la nécessité de cet organisme intermédiaire qui avait suscité quelque méfiance. Il ne s'agit pas de fonder une banque d'État, mais de faciliter les opérations des caisses de crédit mutuel en accordant un encouragement, sous forme d'une garantie d'intérêt, à la société de crédit agricole qui se constituera dans le but d'escompter le papier des caisses mutuelles. Le sacrifice à consentir par l'État se justifie aisément à raison de l'importance du but poursuivi, puisqu'il intéresse l'accroissement de la production du sol.

C'est à l'aide d'un établissement central de ce genre que les caisses Raiffeisen fonctionnent en Allemagne. Les besoins agricoles se manifestent partout, à peu près en même temps, et les récoltes se réalisent aussi à des époques régulières : il en résulte que tantôt l'argent manque aux caisses locales et que tantôt il y abonde et y reste improductif. Elles ont intérêt à apporter à la caisse centrale les fonds dont elles n'ont pas un besoin immédiat : sinon, ces fonds ne produisant rien pendant une partie de l'année, elles ne pourraient prêter aux agriculteurs à un faible intérêt. Par contre, elles y viennent puiser quand les besoins se font pressants. La caisse centrale remplit alternativement le double rôle d'utiliser leurs excédents et d'alimenter leurs ressources.

L'établissement central sera donc un régulateur indispensable aux opérations des caisses de crédit mutuel. On a proposé de charger de son organisation le Crédit Foncier qui pourrait créer un sous-comptoir agricole comme il a créé jadis le Sous-Comptoir des Entrepreneurs. Ce sous-comptoir ne devrait pas être doté d'un trop gros capital : car si ce capital demeurait inactif, au début, avant que les opérations des caisses mutuelles aient pris le développement nécessaire pour l'employer, il serait tenté de chercher sa rémunération dans des affaires étrangères à l'agriculture et dans des spéculations dangereuses. De plus, il est à désirer que le conseil d'administration de cet établissement soit recruté dans le milieu des syndicats agricoles intéressés à en surveiller les opérations (1).

Un autre avantage considérable des caisses mutuelles de crédit annexées aux syndicats agricoles est que ces caisses devront, par la suite, devenir des caisses d'épargne rurales. Comme cela se pratique déjà à Poligny et comme le projet de loi les y autorise, elles recevront les économies que la confiance des adhérents ne tardera pas à leur apporter. Toutefois, il ne faut pas se dissimuler qu'elles rencontreront la concurrence écrasante des caisses d'épargne. Aujourd'hui, toute l'épargne des cultivateurs s'engouffre dans les caisses de l'Etat pour lequel leur accumulation constitue un grave péril. Leur emploi improductif en achats de titres de rente ne sert qu'à fausser le cours de la rente française et à détourner les capitaux des placements industriels, les seuls vraiment féconds pour la fortune publique. Lorsque les caisses de crédit mutuel fonctionneront un peu partout sous le patronage des syndicats agricoles et de leurs unions, l'épargne des campagnes devrait demeurer dans les campagnes où elle pourrait être utilisée pour les améliorations agricoles, fertilisant à nouveau le travail qui l'aura créée.

En attendant, et pour faciliter les opérations des caisses mutuelles de crédit, pour les encourager à se constituer,

(1) A la banque centrale on pourrait avantageusement peut-être substituer des banques régionales établies au siège des unions de syndicats agricoles pour escompter les effets avalisés par les caisses de crédit mutuel que fonderaient les syndicats de chaque union.

on a demandé que les caisses d'épargne puissent employer
une partie de leur fortune privée et de leurs bonis en
prêts aux caisses de crédit agricole. Cela serait utile
dans l'intérêt même des caisses d'épargne, qui ont besoin
d'être autorisées à se mouvoir dans des voies plus larges
que celles où elles sont aujourd'hui enfermées. En Allemagne, les caisses Raiffeisen sont alimentées par les
fonds de l'épargne.

Les caisses de crédit mutuel agricole, constituées par
les syndicats et à côté d'eux, mais distinctes et autonomes,
emprunteront la force acquise par l'association professionnelle, s'appuieront sur son personnel et bénéficieront
de sa clientèle. Ainsi comprise, l'organisation du crédit
agricole réalisera un progrès considérable : elle ouvre le
champ le plus vaste aux initiatives locales qui, avec un
dévouement si admirable, ont déjà su faire sortir tant
de progrès et d'utiles réformes de l'application de la loi
de 1884.

L'Etat, sollicité de donner enfin à l'agriculture le crédit qu'on lui promet depuis de longues années, se dé-
charge de ce soin sur les syndicats professionnels : c'est
pour eux un grand honneur d'être jugés aptes à remplir
cette mission qu'ils ne peuvent déserter et qui fera ressortir mieux encore leur utilité sociale.

Les syndicats agricoles trouveront dans les facilités de
crédit qu'ils vont pouvoir offrir à leurs adhérents le point
de départ d'un essor nouveau. Il n'est pas téméraire de
penser, comme l'ont affirmé plusieurs présidents de ces
associations, qu'ils arriveront ainsi à doubler, tripler
même, le nombre de leurs adhérents et le chiffre annuel
de leurs affaires, ce qui profitera surtout à la petite culture ainsi relevée de ses conditions natives d'infériorité
dans l'exploitation du sol. Les syndicats agricoles, s'ils

comptaient 1.200.000 à 1.800.000 membres, s'ils traitaient par an 200 à 300 millions de francs d'achats, ne représenteraien t-ils pas une puissance bien plus considérable encore ?

La sélection des emprunteurs, la discussion des garanties qu'ils peuvent offrir, si importantes pour permettre d'étayer sans danger le crédit personnel des associés sur le crédit collectif de l'association, qui saura mieux y procéder que le bureau de la caisse mutuelle, administrée comme une petite banque de famille dans une circonscription restreinte où tout le monde se connaît ?

On peut donc compter que seuls seront admis à jouir du crédit demandé les agriculteurs qui en seraient dignes et qui sauraient faire honneur à leurs engagements. Déjà le fonctionnement des syndicats agricoles, même lorsqu'ils se contentent, comme c'est le cas le plus fréquent, de mettre en rapport le vendeur et l'acheteur en jouant simplement le rôle d'intermédiaire irresponsable, a eu pour salutaire effet d'inculquer aux cultivateurs le respect de l'échéance, qu'ils pratiquaient si peu autrefois. Les traites lancées par les fournisseurs sont, en général, nous l'avons déjà constaté, payées régulièrement et les mauvais payeurs sont très rares parmi les petits cultivateurs qui font partie des syndicats. Ce fait seul est une preuve bien évidente du progrès accompli dans les mœurs rurales et qui, par le développement de l'esprit syndical, a amené à maturité la solution du problème de l'organisation du crédit agricole.

III

L'exemple donné par le Syndicat agricole de Poligny n'est pas demeuré isolé et d'autres associations se sont efforcées de procurer à leurs membres, dans une certaine mesure et par divers moyens, les bienfaits du crédit.

Le Syndicat des agriculteurs du Doubs, qui compte 800 membres sous la présidence de M. Caron, a fondé, en 1891, à Besançon, une caisse de crédit mutuel sur le modèle de celle de Poligny. Elle a fait 25.000 fr. de prêts en 1892. Sa comptabilité est tenue par un banquier de Besançon. Elle procède exactement de la même façon que la caisse de Poligny.

Le Syndicat des agriculteurs du canton de Genlis (Côte-d'Or), présidé par M. Georges Cantenot, et qui compte près de 500 membres, a fondé en 1891 une institution de crédit agricole qui rend des services analogues aux deux précédentes : elle a pu se constituer sans capital et obtenir cependant le bénéfice de l'escompte de la Banque de France.

Voici comment on a procédé :

Pour faciliter les opérations projetées, un membre du Syndicat a accepté d'être sa caution en faisant à la Banque de France, à Dijon, un dépôt de titres en garantie pour une valeur de 12.000 fr. A cette condition, la Banque de France a ouvert ses guichets, depuis le 12 mai 1891, au papier agricole qui lui est présenté par le Syndicat des agriculteurs du canton de Genlis.

Tout membre du Syndicat admis, conformément aux statuts, à emprunter au Crédit agricole remet son billet au président, qui le signe; ce billet est envoyé à la Banque de France, à Dijon, et les fonds sont retournés par le courrier au trésorier, qui les remet à l'emprunteur. Le billet ne porte que deux signatures, celle de l'emprunteur et celle du président du Syndicat, le dépôt de titres tenant lieu de la troisième signature réglementaire.

L'institution est administrée par un comité de direction composé de trois membres, assisté d'un conseil de surveillance composé de trois membres également. Ils sont nommés par la chambre syndicale et demeurent soumis à son autorité. Le trésorier du Syndicat est en même temps trésorier du Crédit agricole. Les prêts ont lieu, soit en argent, soit en nature; ils ne peuvent être consentis qu'aux membres du Syndicat et pour un emploi agricole. La demande doit être adressée au président, au moins huit jours d'avance et par écrit; elle doit indiquer une caution bonne et solvable. Les prêts se font pour trois mois au maximum; mais on peut obtenir deux renouvellements, pour ceux qui ne dépassent pas 500 fr., et un seul renouvellement pour ceux de 501 à 1.000 fr. Le taux de l'intérêt est celui de la Banque de France, majoré de 1 p. 100 afin de couvrir le Crédit agricole de ses frais de correspondance et des non-valeurs : il ressort donc actuellement à 3 1/2 p. 100. En outre, il est perçu, à titre de frais accessoires, timbres de traite, envoi d'argent, etc., 1/2 p. 100 pour chaque prêt et 1/4 p. 100 pour chaque renouvellement.

Le Crédit agricole de Genlis fait aussi des prêts en nature, semences, engrais, machines ou bétail. La caution n'est pas exigée de l'emprunteur pour les prêts de semences; car, dans ce cas, le Syndicat fournisseur est légalement couvert. En est également dispensé le fermier emprunteur dont le propriétaire consent à abandonner son privilège en faveur du Crédit agricole jusqu'à concurrence de la somme empruntée, ce qui est, en somme, une autre forme de cautionnement.

Partout où il sera possible à un syndicat d'obtenir de quelques-uns des adhérents qu'ils fassent à son profit un dépôt de titres en garantie, soit à la Banque de France, soit dans un autre établissement de crédit, et quand ce syndicat possédera lui-même un actif de quelque importance, on pourra trouver la base d'une institution de crédit agricole analogue à celle de Genlis. La solvabilité des emprunteurs est très facilement appréciée par le bureau du Syndicat qui peut avoir sur la situation de chacun de ses adhérents les renseignements les plus sûrs. L'argent prêté doit servir à une opération agricole nettement définie et destinée à produire un bénéfice promptement réalisable, comme l'achat d'instruments agricoles, engrais, semences, bétail, etc. Dans une circonscription restreinte telle que celle d'un canton, un dépôt de titres, d'une valeur de 10.000 à 15.000 fr., permet, grâce aux facilités de l'escompte, de rendre bien des services aux petits cultivateurs honnêtes et laborieux, soit en les exonérant de la nécessité de vendre en temps inopportun, soit en leur permettant des achats destinés à accroître les bénéfices de l'exploitation du sol.

Quant au tiers désintéressé qui consent, pour rendre ces opérations possibles, à constituer un dépôt de titres, les risques qu'il peut courir ne sont pas considérables. A Genlis, une partie de l'actif du Syndicat, 2.000 fr., lui a été donnée en contre-garantie sans être immobilisée cependant, car elle peut servir à des opérations temporaires, de plus, il a le droit de vérifier constamment les opérations du Crédit agricole.

Voici comment le propriétaire des titres déposés, M. le

comte Lejéas (pourquoi ne pas le nommer ?), a exposé la sécurité de cette opération :

Le capitaliste est couvert par l'avoir du Syndicat, et si les pertes subies ont amené la disparition d'une partie de cet avoir, spécifiée à l'avance, le compte avec la Banque est liquidé et la garantie est retirée.

Les titres déposés en garantie à la Banque de France jouissent de cet avantage d'être gardés avec la plus grande sécurité qu'on puisse trouver dans notre pays, de ne pas payer de droit de garde et de voir leurs coupons soldés, à chaque échéance, au propriétaire sans commission.

A cet avantage on pourrait ajouter celui d'une location : sur la commission que le Syndicat peut demander à l'emprunteur pour se former un fonds propre de garantie, on peut prélever une somme destinée à être remise au capitaliste pour la location de ses titres, en augmentation de leur revenu.

Le capitaliste ne court aucun risque, à condition d'être tenu régulièrement au courant de la situation de l'avoir du Syndicat ; ce dernier peut obtenir un crédit triple ou quadruple de son avoir, tout en en conservant la disposition, et le syndiqué peut emprunter à un taux aussi favorable que le meilleur commerçant.

Ainsi, le capital a prêté son appui au travail, sans crainte s'il est timide, sans rémunération s'il est généreux, en tout cas sans perte.

Ce système de crédit agricole n'est donc pas purement philanthropique, il n'est pas davantage une application ordinaire de la mutualité : c'est une institution mixte qui, dans les circonstances, assez faciles à rencontrer d'ailleurs, où elle pourrait s'organiser, réaliserait des avantages identiques à ceux du véritable crédit mutuel.

Dans les 18 mois écoulés jusqu'au 31 décembre 1892, le comité de direction du Crédit agricole a admis 62 demandes de prêt ou renouvellement pour une somme de 30.282 francs, sur laquelle 20.550 francs ont été escomptés à la Banque de France et le surplus fourni par la caisse du Syndicat qui a prélevé l'intérêt au même taux que la Banque. Tous les prêts ont été remboursés sans la moindre difficulté. La Caisse de crédit agricole se contente d'une commission inférieure à un demi pour cent comme rémunération de ses services. Elle a facilité beaucoup au Syndicat des agriculteurs du canton de Genlis une excellente opération qu'il a faite en 1892, un achat important de raisins frais du Midi, auquel elle a concouru par une avance de près de 8.000 francs.

Le Syndicat départemental des agriculteurs d'Indre-et-Loire a voté, dans son assemblée générale du 28 janvier 1893, l'organisation d'un système de crédit agricole dont voici l'économie :

Le crédit ne s'applique qu'aux fournitures d'engrais ou de machines agricoles. Tout syndiqué désirant un crédit de 3 mois pour payer sa commande souscrit au Syndicat un billet que celui-ci se charge de négocier à la Banque de France. Le syndiqué, pour ce premier crédit, n'a rien à payer, mais il ne touche pas les 2 p. 100 d'escompte accordés par le fournisseur pour payement comptant. Ces 2 p. 100, encaissés par le Syndicat, constitueront un fonds spécial de réserve.

Les trois mois expirés, le syndiqué peut demander un second, puis un troisième crédit de 3 mois, ce qui porte à 9 mois le crédit total ; mais pour chacune de ces nouvelles prolongations de 3 mois, il paie 1 fr. 50 p. 100, soit, pour six mois, 3 fr., ce qui équivaut à 6 p. 100 l'an, taux ordinaire du crédit commercial.

Le président d'un grand syndicat départemental, le Syndicat professionnel agricole des Deux-Sèvres, M. Poinsignon, s'est ingénié à offrir certaines facilités de crédit à ceux de ses adhérents qui en éprouvent le besoin : il l'a fait en engageant sa propre responsabilité vis-à-vis des fournisseurs et en administrant le Syndicat aussi économiquement que possible, de manière à lui constituer une caisse dont les ressources sont consacrées à des ouvertures de crédit.

Le Syndicat ne prélève aucune majoration sur le montant des commandes : tous les fournisseurs sont payés par un chèque à vue, à trente jours de la date d'expédition des marchandises, ou, à leur choix, par une traite à trente jours acceptée par le président. Les relations entre eux et les membres du Syndicat sont ainsi supprimées.

En 1891, M. Poinsignon autorisa les chefs de dépôts à livrer des engrais à crédit pour une somme de 40.000 fr. Cette expérience ayant parfaitement réussi, voici comment ont été réglementées les ouvertures de crédit depuis le 1er janvier 1892 :

Chaque syndiqué (ils sont au nombre de 3.135) peut prendre à crédit dans les dépôts, sur son honneur, sans papier à une ou à trois signatures, des marchandises jusqu'à concurrence de 50 fr. ; pour une somme supérieure, il doit en faire la demande par écrit au président. Il fait inscrire sur les registres la date du payement, qui est à 3 ou 6 mois, et les marchandises sont majorées de 50 c. p. 100 par mois, soit 6 p. 100 l'an, somme égale à celle versée au banquier du Syndicat pour ses avances en compte courant. Le syndiqué déclare, en outre, s'il entend payer directement ou par traite. Les traites sont recouvrées à domicile sans frais pour lui.

Le Syndicat a ouvert, depuis le 1er janvier jusqu'à fin juin 1892, des crédits à 450 syndiqués pour une somme s'élevant à environ 65.000 fr. Les échéances se sont faites régulièrement, et le tonnage des marchandises livrées s'est chiffré dans ce semestre par 2.400 tonnes.

Le Syndicat agricole des Deux-Sèvres possède aujourd'hui, grâce à l'habile administration de son président, un capital de 40.000 fr. Il a chez son banquier un compte courant illimité basé sur cet avoir et sur la garantie personnelle de M. Poinsignon, qui s'est rendu responsable de toutes les opérations. Pour les seuls mois de février et mars 1893, le chiffre des affaires a dépassé 126.000 fr. Les dépôts sont au nombre de 17. C'est surtout à la petite culture que le Syndicat rend des services et les facilités de crédit créées par M. Poinsignon sont fort appréciées dans le département.

Un autre système de crédit vient d'être mis en pratique par le Syndicat agricole de l'arrondissement de Lunéville, qui compte actuellement 2.100 membres et a traité environ 500.000 fr. d'affaires en 1892. Beaucoup de cultivateurs demandaient à ne payer qu'à échéance de trois ou six mois les marchandises qui leur sont fournies par le Syndicat. M. Paul Genay, président-syndic, s'est résolu à leur donner satisfaction. Le Syndicat de Lunéville se trouve à cet égard dans une situation particulièrement favorable. Il est propriétaire de son siège social, immeuble d'une valeur de 25.000 fr.; il possède, en outre, 20.500 fr. de réserve et le Comice agricole y a ajouté une subvention de 2.500 fr. pour faciliter l'organisation du crédit agricole. Il a mobilisé ce capital mort et s'en est servi comme base de crédit. Une banque de Nancy a consenti à lui faire des avances gagées sur l'immeuble jusqu'à concurrence de 25.000 fr., le Syndicat ayant abandonné cet immeuble à ses administrateurs qui ont donné leur signature au banquier.

Ce crédit ouvert à 3 p. 100, sans autre frais, le Syndicat

n'en use qu'au fur et à mesure de ses besoins, sans avoir jamais d'argent improductif. C'est avec ses réserves et, pour le surplus, au moyen de ce crédit qu'il paie les fournisseurs au comptant, aux lieu et place de ceux de ses adhérents auxquels il croit devoir accorder des délais. Il ne prête pas d'argent, il avance simplement des marchandises qui, au lieu d'être payées comptant à la caisse du Syndicat, comme cela est la règle, seront payées en trois, six ou neuf mois. Le bénéficiaire doit signer un billet et fournir caution. L'intérêt demandé aux emprunteurs est de 4 p. 100 par an, soit 1 franc par 100 francs et par trois mois, sans autres frais que celui du timbre du billet qui est de 5 centimes par 100 francs, timbre et intérêts payables en souscrivant. Au bout des trois mois, si le crédit dépasse ce terme, le billet est renouvelé sur le même effet et avec le même timbre. Afin de ne pas initier le public à la connaissance des affaires des emprunteurs, ces effets ne sont pas mis en circulation : ils restent dans la caisse du Syndicat où ils sont payables sans frais d'encaissement. Les membres du Syndicat agricole de Lunéville sont tous solidaires les uns des autres pour l'ensemble des opérations de l'association.

A Saint-Florent-sur-Cher (Cher), une Banque populaire agricole (société anonyme coopérative à capital variable) a été fondée par un groupe de membres de la Société d'agriculture et du Syndicat des agriculteurs du Cher : c'est une banque coopérative se rapprochant assez des banques allemandes et italiennes. Aucun privilège n'est réservé au capital : les actions sont de 50 francs et dans les assemblées générales chaque actionnaire n'a droit qu'à une voix, quel que soit le nombre de ses actions. On n'a pas voulu constituer un capital de garantie ou de fondation afin de ne pas paraître faire œuvre de bienfaisance et afin d'intéresser davantage les sociétaires à l'administration de la Banque.

Pour se conformer aux principes de la mutualité, la Banque ne fait pas d'opérations avec les tiers ; toutefois elle reçoit les dépôts et opère des recouvrements d'effets de commerce pour le compte de ses correspondants. Primitivement elle devait limiter ses opérations au seul canton de Charost : mais pour diminuer les frais généraux et faire connaître au dehors les avantages du crédit coopératif, on a admis que la Banque ferait des affaires partout où elle possède des associés. C'est pourquoi les fondateurs cherchent à organiser dans les cantons voisins des conseils d'escompte, chargés de recruter et surveiller les sociétaires et d'examiner les demandes d'emprunt ; ces conseils pourront être l'embryon d'autres banques coopératives cantonales.

La Banque agricole de Saint-Florent s'est constituée le 15 septembre 1891. A la fin de 1892, son capital-actions était de 9.100 fr. sur lesquels 5.025 fr. seulement ont été versés. Le nombre des sociétaires était de 67 possédant 182 actions. Elle a été admise à l'escompte par la Banque de France jusqu'à concurrence de 20.000 fr., avec promesse d'élever ce chiffre à 50.000 fr., quand le développement des affaires le justifierait. Par suite de la nécessité d'employer en escompte de papier commercial les capitaux disponibles qui ne seraient pas absorbés par les prêts agricoles et de la difficulté de faire un classement professionnel dans le milieu où elle opère, la Banque prête aux commerçants comme aux agriculteurs, mais à des conditions différentes, suivant que le prêt a pour but l'acquisition de bétail, semences, engrais ou instruments agricoles, ou est fait pour toute autre cause.

Dans le premier cas, le maximum est fixé à 500 francs, et le taux d'intérêt est de 1 p. 100 seulement au-dessus du taux d'escompte de la Banque de France. Pour les prêts qui dépassent 500 francs, et pour ceux faits pour affaires industrielles et commerciales sous forme d'escompte ou autrement, l'intérêt est fixé à 5 p. 100 et peut être modifié suivant les conditions du marché.

En recevant des dépôts, comme le Crédit mutuel et populaire de Bourges, grâce à la confiance qu'inspirera la prudence de son administration, la Banque agricole de Saint-Florent se propose de combattre, pour sa part, la centralisation de l'épargne et de la faire contribuer à la prospérité de la région qui l'a produite.

Dans une communication adressée à la Société d'agriculture du Cher, l'un des fondateurs de la Banque agricole de Saint-Florent, M. Chénon de Léché, a fait valoir l'utilité d'une banque coopérative pouvant accorder un crédit, proportionné à leurs besoins, à tant de petits cultivateurs qui possèdent en terre, en cheptel ou en récoltes des valeurs bien supérieures à l'emprunt qu'ils veulent contracter.

Ils ne peuvent pas, dit-il, s'adresser à une banque ordinaire ; leur signature n'est pas connue et le banquier ne peut s'attarder à faire une enquête sur d'aussi petits clients. Le plus souvent, ils ne connaissent pas le mécanisme des opérations de crédit, ils ignorent les services qu'elles peuvent leur rendre, et la défiance les arrête. Ils auraient besoin d'une éducation économique qui leur manque, et qui ne peut être faite que par une banque coopérative, où chaque emprunteur est en même temps banquier et s'initie peu à peu aux procédés de comptabilité. Tous les sociétaires se connaissent, et se surveillent les uns les autres, puisque tous ont intérêt à la conservation du capital dont ils sont co-propriétaires ; mais tous aussi sont prêts à venir en aide à leur voisin, lorsqu'ils savent que son intelligence, sa régularité et l'emploi judicieux qu'il veut faire du capital emprunté en garantissent le remboursement.

En dehors de la coopération, c'est à l'usure seule que pourra recourir cette classe de petits emprunteurs : c'est l'usure que la banque coopérative doit combattre.

Souvent, observe encore M. Chénon de Léché, l'insuffisance du capital d'exploitation occasionnera des pertes considérables ; faute d'avances, le cultivateur ne pourra pas faire les acquisitions d'animaux, engrais ou semences qui auraient peut-être augmenté de 25 ou 30 p. 100 le revenu de son domaine. D'autres fois, il se verra forcé de vendre sa récolte au cours le plus bas, parce qu'il ne pourra attendre quelques mois, et il perdra de ce chef 10 à 15 p. 100. Dans ces différents cas, le crédit lui sera avantageux, même au taux commercial.

Le mouvement général des affaires de la Banque populaire agricole de Saint-Florent a été d'environ 658.000 fr. pendant l'année 1892. Il a été consenti 86 prêts directs pour une somme de 69.740 fr. et escompté 667 effets de commerce d'une valeur de 181.250 fr. Les prêts directs ont lieu sur billets signés par l'emprunteur et par un donneur d'aval, ou sur première hypothèque. L'emploi des prêts agricoles faits au taux de faveur de 1 p. 100 au dessus du taux d'escompte de la Banque de France doit être justifié dans le délai d'un mois. L'emprunteur doit toujours être propriétaire d'un nombre d'actions de la Banque représentant en capital souscrit le dixième au moins de la somme empruntée. Les effets de commerce escomptés par la Banque sont généralement des lettres de change acceptées par les tirés. Les dépôts se sont élevés, en 1892, à environ 34.000 fr.

La Banque populaire agricole de Saint-Florent est

administrée gratuitement ; ses bénéfices bruts ont été d'environ 2.200 fr. en 1892. Bien que les statuts prévoient la répartition de dividendes aux actionnaires, les fondateurs de la Banque ont l'intention de consacrer les bénéfices réalisés à abaisser les tarifs, de manière à en faire profiter les sociétaires-clients plutôt que ceux qui ne font pas d'opérations : on se rapprocherait ainsi le plus possible de la coopération absolue.

Le Syndicat agricole d'Anjou s'occupe d'organiser une caisse de crédit mutuel sous forme de prêts en nature, fourniture d'engrais, machines agricoles, bétail, semences, etc. Il a été devancé par une de ses sections cantonales, celle de Segré, où un groupe de membres a fondé une petite société de crédit mutuel agricole dont les opérations s'étendent à tout l'arrondissement.

Son capital est de 5.000 francs divisé en dix actions de 500 francs. Chaque action peut être subdivisée en parts de 50 francs. La caisse ne prête qu'en nature pour six ou neuf mois. Ses opérations se résument à payer comptant les engrais et machines achetés par les syndiqués qui ont recours à elle ; ceux-ci reçoivent une facture majorée de l'intérêt à courir pendant les six ou neuf mois. Elle reçoit des dépôts productifs d'intérêt. Les emprunteurs ne signent pas de billet : il n'y a donc pas de papier à escompter, pas de garantie, pas de bénéfice possible. C'est, en somme, une institution de bienfaisance plutôt qu'une institution de crédit.

A Senlis, M. Léon Martin, ancien député, a fondé, en 1885, entre un certain nombre de cultivateurs de l'arrondissement, une société agricole pour l'achat des engrais, qui fonctionne comme caisse de crédit mutuel. Elle est constituée au capital de 140.000 fr., dont le quart seulement est versé. Les billets souscrits par l'emprunteur et sa caution, avalisés par la Société, sont admis à l'escompte de la Banque de France. La Société agricole de Senlis fait un chiffre annuel d'affaires d'environ 200.000 fr. Elle compte 40 à 50 membres.

Le Syndicat agricole de Compiègne ne possède pas de capital et ne se reconnaît pas responsable de la solvabilité de ses membres. Néanmoins, il parvient à procurer à ceux qui en ont besoin certaines facilités de crédit. Par suite d'un accord intervenu avec le gérant du Syndicat, une banque de Compiègne acquitte les traites tirées par les fournisseurs en paiement des marchandises achetées au comptant et reçoit en règlement des mandats signés par le gérant et acceptés par les acheteurs. L'intérêt est de 50 centimes par 100 fr. et par mois. Dans ces conditions, le mandat est payable à la banque, un jour de marché. Le gérant devient ainsi caution vis-à-vis de la banque qui escompte.

Le Syndicat agricole du canton de Delle (Haut-Rhin), présidé par M. Léon Viellard, conseiller général, a aussi institué une petite caisse de crédit agricole dont la fondation remonte au mois d'août 1891. L'objet des prêts est limité à l'achat du bétail. L'emprunteur doit fournir la caution solidaire de deux autres membres du Syndicat : ils signent un billet à l'ordre du Syndicat. Les prêts se font pour un an au maximum et ne doivent pas excéder 500 fr. Le taux d'intérêt est de 4 p. 100. L'emprunteur est tenu d'assurer son bétail à la société de secours contre la mortalité du bétail créée par le Syndicat. La caisse est alimentée par des dépôts et par les cotisations que le Syndicat perçoit de ses membres : elle n'est qu'une annexe du Syndicat, de sorte que celui-ci prend à sa charge ses pertes et frais généraux, de même qu'il profite de ses bénéfices.

Le Syndicat agricole du canton de Sablé (Sarthe), présidé par M. le comte de Charnacé, se sert d'un boni de 9.000 à 10.000 fr. qu'il a pu réaliser pour consentir des avances, au taux de 4 p. 100, à ses adhérents, peu nombreux, qui, par suite d'une cause reconnue valable, ne peuvent payer comptant leurs engrais.

Ainsi procède le Syndicat de la Société des agriculteurs de la Somme, à l'aide d'un fonds de garantie formé par quelques-uns de ses membres.

Ces diverses expériences démontrent combien les syndicats agricoles se préoccupent de remédier au besoin de crédit dont souffre la petite culture par suite de l'insuffisance de son capital d'exploitation : ils savent que, prudemment limité dans son importance, surveillé dans son emploi, le crédit agricole est efficace et ne saurait être dangereux.

En fait, dit avec raison le bulletin du Syndicat agricole d'Anjou, le capital agricole rapporte zéro ou même moins, lorsqu'il est insuffisant, mais il rapporte 5, 6 et jusqu'à 15 p. 100 lorsqu'il est suffisant ; c'est l'engrais, c'est le travail du sol, c'est le capital qui vivifiera l'agriculture et qui la sauvera en augmentant les rendements. Cela est acquis aujourd'hui, parce que cela est l'évidence.

IV

Non moins nécessaire est, pour l'agriculteur, l'organisation d'une autre forme de crédit, celle qui lui permettrait d'obtenir des avances sur des produits vendables, qui l'affranchirait de l'obligation de réaliser ses récoltes en temps inopportun et à des prix trop bas, quand le besoin d'argent l'y contraint. Le commerçant trouve du crédit sur ses marchandises en les warrantant dans les magasins généraux publics ; pourquoi la même facilité ne serait-elle pas ouverte au cultivateur qui n'a qu'à porter ses denrées au marché pour les vendre au cours du jour ? L'isolement l'en avait privé, l'association doit la lui offrir : c'est encore et surtout aux petits, aux faibles, à ceux dont le syndicat prend en main les intérêts, qu'elle profitera.

Divers systèmes ont été proposés pour organiser les avances sur récolte.

M. Martinon, député, est l'auteur d'un projet de loi relatif à l'organisation de docks-greniers qui permettraient au cultivateur de faire argent de sa récolte sans la vendre, les grains emmagasinés devant être représentés par des certificats de dépôt négociables. Il s'agirait d'implanter en France les *élévateurs de grains*, ou magasins généraux américains, dont M. Ronna a si bien décrit le fonctionnement dans son livre *le Blé aux Etats-Unis* (1).

On a aussi proposé que les syndicats agricoles établissent des comptoirs cantonaux ou communaux, vastes magasins où seraient entreposés tout à la fois les produits récoltés par leurs membres et ceux, remis en consignation par des syndicats de régions éloignées, que la contrée ne fournit pas. Sans avoir besoin de réaliser immédiatement ses denrées, le producteur pourrait s'y procurer par voie d'échange les objets qui lui manquent et qu'il aurait besoin d'acheter pour sa consommation. Pour cela, après l'avoir crédité de ses propres apports dans les magasins du comptoir, on n'aurait qu'à le débiter de la valeur des marchandises qu'il a choisies : c'est ce qu'on a appelé le « crédit agricole par virement ». Il n'y aurait aucun risque à avancer ainsi au déposant, en mar-

(1) Librairie Berger-Levrault, un vol. in-8, Paris, 1880.

chandises de son choix, jusqu'à concurrence de la moitié de la valeur expertisée de son dépôt. Lorsque ses produits se vendront, on lui retiendra le montant des avances en nature dont il aura été débité. Les transactions se multipliant entre les syndicats agricoles, d'un bout de la France à l'autre, il y aurait peut-être lieu d'attendre certains services de cette forme de crédit en nature qui n'est qu'une avance de produits, sur nantissement, avec compensation ou remboursement en numéraire lors de la vente du gage. Ce serait un crédit à très bon marché, et surtout ce serait un moyen pratique d'empêcher les cultivateurs d'encombrer les marchés, comme ils le font pendant les mois qui suivent la récolte, d'une masse de denrées disproportionnée aux besoins de la consommation, ce qui a pour conséquence l'avilissement des cours, au grand détriment du producteur. N'étant plus forcés de vendre pour faire face à leurs dépenses urgentes, ils attendraient le moment favorable et réaliseraient leurs récoltes dans de meilleures conditions.

Si le producteur agricole a besoin d'argent, il doit pouvoir déposer ses denrées dans un magasin général et y trouver à emprunter une somme proportionnée à leur valeur, tout en conservant leur pleine propriété. L'Union des Syndicats agricoles de Normandie, l'Union des Syndicats agricoles de Provence et de nombreux syndicats ont mis cette question à l'étude. Elle a fait l'objet d'un rapport très étendu de MM. Cathelineau et Robert Surcouf (1) concluant à la création de sept magasins généraux, un par arrondissement, pour le département d'Ille-et-Vilaine : ces magasins généraux locaux fonctionneraient au bénéfice des cultivateurs, avec le concours des

____

(1) L'Exposé de MM. Cathelineau et Robert Surcouf a été publié par le journal *la Démocratie rurale*, dans son n° du 5 février 1893.

5o associations agricoles du département. Etablis pour les besoins de la culture dans les centres où les produits agricoles abondent, ils emmagasineront les produits sur lesquels ils délivreront, jusqu'à concurrence de 6o à 8o p. 100 de leur valeur, des warrants négociables que le producteur pourra escompter dans une banque ou dans une caisse de crédit agricole : car l'organisation des magasins généraux sera le complément naturel de celle du crédit agricole. En apportant ses denrées dans ces magasins, le producteur agricole trouvera en même temps à y acheter, aux meilleures conditions possibles, les engrais, les machines, les semences, etc., dont il a besoin et qui y auront été déposés par des industriels ou par d'autres producteurs.

Les syndicats agricoles, qui éprouvent actuellement tant de difficultés pour s'occuper avec succès de la vente des produits agricoles, auraient, dans l'organisation des magasins généraux créés sous leur contrôle, la base d'une action très efficace. Voici comment MM. Cathelineau et Robert Surcouf comprennent cette opération :

Avec les magasins généraux, les syndicats agricoles deviennent les courtiers naturels, concurremment avec les courtiers assermentés, entre les déposants et le commerce ou les consommateurs. Ce sont les syndicats qui seront les premiers clients des magasins généraux parce qu'ils ont déjà profité des bénéfices de l'association et qu'ils seront plus aptes que tous les autres à comprendre l'immense intérèt qui résultera pour eux de cette création. Ils ne tarderont pas à faire la boule de neige, et les cultivateurs viendront de tous les côtés apporter les récoltes, sur lesquelles ils toucheront de suite une *très forte avance.*

Là, les marchandises apportées subiront, selon le vœu exprimé par le déposant, les manutentions nécessaires pour donner à ses produits une valeur plus marchande et plus élevée. Les blés seront séparés au moyen de classeurs par catégories de grosseur ; ce classement devient de plus en plus indispensable par suite de l'adoption générale des moulins hongrois à cylindres broyeurs, et leur qualité marchande augmentera sensiblement ; ils seront tararés, criblés, nettoyés, etc. Toutes ces manutentions peuvent, il est vrai, se faire dans les fermes ; mais, alors, elles reviennent à un prix beaucoup plus élevé, et elles seraient certainement moins bien faites que dans les magasins généraux, où l'on aura un outillage très perfectionné et toujours en mouvement.

Les gros marchands, les usiniers, sachant qu'ils trouveront des grains propres, nets, ou tous autres produits en bon état, se présenteront et traiteront avec les syndicats ou autres courtiers. Ceux-là, beaucoup mieux renseignés que les laboureurs sur la valeur véritable et marchande des cours, vendront à des conditions plus avantageuses que n'aurait pu le faire le déposant ayant à lutter tout seul contre les intermédiaires qui courent les campagnes et absorbent, à leur profit, une partie des bénéfices. Les syndicats agricoles se contentant d'une infime rétribution, le cultivateur vendant touchera le maximum du prix de vente, et il aura eu cet avantage appréciable d'avoir déjà perçu, *à titre d'avance*, la valeur de son *warrant*. Après la vente, l'acquéreur remboursera le warrant à la Banque de crédit agricole ou à toute autre banque, après avoir donné, soit au déposant, soit à ses ayants droit, l'excédent du prix d'achat sur le montant du warrant.

Les sociétés coopératives de consommation trouveront à s'approvisionner de produits de choix dans les magasins généraux locaux : ceux-ci rendront au producteur et à l'acheteur le double service d'ouvrir une nouvelle forme de crédit et de supprimer les majorations de prix dues à des intermédiaires inutiles.

Mais, sans qu'il soit besoin d'attendre l'organisation de magasins généraux conçus spécialement en vue de l'agriculture, n'est-il pas possible aux syndicats agricoles de se servir des magasins publics existants pour y faire des dépôts collectifs de récoltes au compte de leurs adhérents, les warranter à moindres frais et vendre ensuite plus facilement les lots warrantés? Ainsi a pensé le Syndicat agricole d'Anjou qui marche toujours l'un des premiers dans la voie des progrès de l'association syndicale. Non content de vendre à la meunerie sur échantillon les blés récoltés par ses adhérents, moyennant une commission de 10 centimes par quintal, ce qui permet de profiter des circonstances les plus avantageuses, de vendre en hausse quand le commerce a des besoins à satisfaire, tandis que le cultivateur vend généralement au plus bas cours, le Syndicat a organisé le warrantage des blés pour ceux de ses membres qui ne peuvent attendre. Ils sont autorisés à déposer leurs blés dans un magasin public, les Docks de l'Anjou, à Angers, après en avoir donné avis au bureau du Syndicat qui leur avance provisoirement, à 5 p. 100 d'intérêt, les 4/5 de la valeur des marchandises déposées. Les frais de magasinage pour trois mois ne sont pas supérieurs à 0 fr. 75 par quintal et seraient réductibles de près de moitié si la pratique de warranter les blés se répandait parmi les syndiqués. Le Syndicat, pour encourager l'opération, prend à sa charge les frais d'assurance et le coût du warrant. Le blé est emmagasiné au nom du Syndicat qui est chargé par le propriétaire de le vendre soit au mieux, soit à un prix fixé d'avance. Le délai de trois mois suffit généralement pour trouver à vendre dans de bonnes conditions.

Le warrantage des blés, qui permet au cultivateur de se procurer des fonds sans être obligé de vendre immédiatement sa marchandise, est une opération difficile et coûteuse à faire pour un cultivateur agissant isolément. Les tarifs sont onéreux pour de petites quantités et, quand le propriétaire du blé warranté veut le vendre afin de liquider sa situation, il a beaucoup de peine à trouver, même au-dessous du cours, un acheteur qui se charge des formalités de la sortie. Si c'est un syndicat qui opère, tout change de face : représentant une importante collectivité, il obtient des tarifs de magasinage réduits, fait réunir les marchandises pour les expédier par wagons complets, warrante en bloc et escompte son warrant à la Banque de France au taux d'intérêt de 2 1/2 pour 100 l'an. Les frais sont réduits au minimum. Pour la vente, au lieu d'être en état d'infériorité, il se trouve admirablement placé ; il possède une réserve disponible qui, aux époques de rareté de la marchandise, sera fort appréciée de la meunerie et achetée avec prime, il est toujours là pour suivre les cours, il détient un gros lot dont la livraison est certaine à date fixe, il peut vendre à terme : il vend au-dessus du cours parce qu'il est le maître de la situation. On voit combien l'opération devient pratique, grâce à la vertu de l'association qui transforme en force les faiblesses individuelles par leur simple groupement. Il n'est pas douteux que, dans un syndicat comme celui d'Anjou, dont les 6.000 adhérents peuvent récolter au moins 20.000 quintaux de blé, et même dans des syndicats beaucoup moins importants, la vente directe à la meunerie et le warrantage des blés entrepris par le syndicat soient des opérations très favorables aux cultivateurs.

Soustraire les petits cultivateurs à l'usure qui les ronge, les admettre au crédit quand ce crédit doit rendre leur situation plus prospère, leur faciliter des spéculations professionnelles dont le bénéfice peut être prévu presque à coup sûr, c'est encore là, pour les syndicats agricoles, un excellent moyen de faire échec au développement du socialisme agraire.

CHAPITRE VIII

LA PRÉVOYANCE OU ASSURANCE

Nécessité de la prévoyance au sujet des risques qu'encourt l'agriculteur. — Le socialisme d'État dans l'assurance. — Comment peut s'exercer favorablement l'intervention des syndicats ? — L'assurance contre la grêle. — Les syndicats ne doivent s'en occuper qu'à titre d'intermédiaires. — Mortalité du bétail. — Sociétés mutuelles d'assurance ou de secours organisées par les syndicats. — Plusieurs types recommandables. — Les caisses de secours constituées à petit rayon et sans cotisation préalable doivent être préférées. — La réassurance des risques couverts par les caisses locales. — L'assurance contre les accidents du travail agricole. — La « Solidarité orléanaise » créée par le Syndicat des agriculteurs du Loiret. — L'assurance contre l'incendie. — Le parasitisme dans l'assurance. — Les compagnies d'actionnaires et les sociétés mutuelles. — Est-il possible aux syndicats de se faire eux-mêmes assureurs ? — La Mutuelle communale de Viriat (Ain). — La réassurance ou contre-assurance n'est pas d'une application pratique. — Services que peuvent rendre les syndicats agricoles en se contentant du rôle d'intermédiaires. — Les syndicats agents généraux des Mutuelles. — Avantages de cette combinaison pour les syndicats et pour les Mutuelles. — Les caisses syndicales de secours mutuels contre l'incendie. — Insuffisance des garanties qu'elles donneraient. — Deux projets grandioses.

I

Il appartient incontestablement à l'association professionnelle de répandre parmi ses membres les idées de prévoyance, dont la portée morale est si haute, et d'en faciliter l'application à l'aide des inépuisables ressources de la mutualité. Le cultivateur est exposé à des risques nombreux dans l'exercice de sa profession : risque d'incendie de ses bâtiments d'exploitation, de ses étables, de ses récoltes engrangées ou mises en meule, risque de grêle, risque de mortalité du bétail, risque d'accident survenu dans les travaux des champs. Ces risques principaux, l'assurance permet de s'en préserver : il en est assez d'autres, tels que les gelées, inondations, ouragans, maladies parasitaires, etc., contre lesquels la prévoyance est impuissante parce qu'aucun moyen pratique de les couvrir n'a été trouvé et ne semble susceptible d'être proposé.

Les syndicats agricoles doivent pousser leurs adhérents à s'assurer et leur rendre à cet effet l'assurance moins onéreuse, plus parfaite, plus facile. C'est le complément indispensable des efforts qu'ils font pour accroître les bénéfices du cultivateur en lui enseignant le moyen de perfectionner sa culture, en l'y aidant par leur intervention. Le progrès se traduit toujours par l'augmentation des dépenses engagées dans l'exploitation rurale. Il faut chercher à en garantir le profit aux cultivateurs qui les font ; car s'il survenait un sinistre, ils en éprouveraient un préjudice plus sensible. En outre, l'assurance des récoltes et du bétail forme, on doit le reconnaître, l'auxiliaire, la condition préalable même, d'une organisation prudente du crédit agricole puisqu'elle permet de remédier à la précarité du gage (1).

Pour décider les cultivateurs, les petits surtout, à contracter des assurances, il faut placer l'assurance à leur portée, leur en mettre les bienfaits sous les yeux, la leur présenter comme facile, efficace, peu coûteuse,

______

(1) « La recherche du capital nécessaire à l'agriculture, a dit M. Tisserand, est étroitement liée à la question des assurances. »

comme un des fruits naturels de la solidarité professionnelle dont le syndicat s'est fait l'apôtre.

Dans les diverses opérations auxquelles se livre l'agriculteur, le syndicat tend à supprimer, à son grand bénéfice, tous les intermédiaires inutiles ; dans la pratique
de l'assurance, il existe aussi bien des intermédiaires inutiles et le syndicat peut intervenir pour les supprimer
également. Il rendra de nouveaux services aux paysans
en travaillant à une bonne, économique et complète organisation de l'assurance dans les campagnes.

On a proposé de confier à l'État le soin d'organiser
les assurances agricoles, c'est-à-dire l'assurance des récoltes contre la grêle et l'assurance contre la mortalité du
bétail : on voudrait surtout rendre obligatoire l'assurance
des récoltes. Plusieurs projets de loi concernant cet objet
sont actuellement soumis à la Chambre des députés, notamment ceux de MM. Quintaa et Rivet, qui tendent à
faire garantir par l'État à chaque cultivateur l'intégra-
lité du montant de ses récoltes moyennant une imposition
de centimes additionnels au principal des quatre contri-
butions directes sur tous les immeubles ruraux, et celui
de M. Chollet, qui propose la création d'une caisse mutuelle nationale des assurances, gérée et subventionnée
par l'État, applicable à tous les risques. L'assurance serait facultative pour les risques d'incendie, d'épizootie
et d'accident, obligatoire pour ceux de grêle, de gelée et
d'inondation, qu'on ne peut ni prévoir ni conjurer.

Il va sans dire que les syndicats agricoles combattent
énergiquement cette application nouvelle des principes
du socialisme d'État qui est en contradiction directe avec
leur but, le développement progressif de l'initiative individuelle et de ses œuvres par l'association libre.

Pour apprécier la charge énorme que l'assurance d'État

ferait peser sur l'État, c'est-à-dire en définitive sur les contribuables, et sans parler des abus de toute nature, favoritisme, fraudes, vexations, etc., qu'elle autoriserait, il suffit de considérer que la moyenne des pertes annuelles subies par l'agriculture française pendant une période de 15 années, de 1871 à 1885, est évaluée à plus de 214 millions de francs se décomposant ainsi :

Gelée	78	millions
Grêle	80 1/2	—
Inondations	23	—
Mortalité du bétail	32 1/2	—

En ce qui concerne la grêle seule, les dommages se sont élevés jusqu'à 363 millions en 1874 et 313 millions en 1873.

L'intervention de l'Etat dans les assurances doit donc être écartée : il est d'ailleurs à remarquer que, dans les pays où elle a été mise en pratique, en Belgique, en Allemagne, etc., elle a fourni généralement de mauvais résultats et qu'on y donne la préférence aux mutualités locales ou régionales.

Comment peut s'exercer l'intervention des syndicats agricoles pour améliorer l'assurance des risques agricoles, pour accroître la sécurité de l'exploitant rural sans pourtant l'habituer, ce qui est l'un des graves inconvénients de l'assurance d'Etat, à compter sur une protection anonyme qui lui garantirait les produits de son industrie sans qu'il eût à prendre tous les soins nécessaires pour les soustraire aux dangers contre lesquels la lutte est humainement possible ?

Deux moyens se présentent à eux : 1° constituer eux-mêmes des mutualités syndicales afin de chercher à atténuer le plus possible les pertes en les répartissant sur l'ensemble d'une collectivité d'hommes exposés à des risques semblables et possédant les mêmes intérêts ; 2° se faire intermédiaires pour l'assurance, comme ils se font intermédiaires pour l'achat des engrais, machines agricoles, etc., et traiter avec des compagnies ou sociétés existantes afin d'obtenir pour leurs adhérents des conditions de faveur justifiées par l'importance et la qualité de la clientèle qu'ils ont à leur apporter.

Les deux systèmes peuvent être pratiqués : il y a lieu de donner la préférence à l'un ou à l'autre, selon les cas et selon la nature de l'assurance.

II

Assurance contre la grêle. — Cette assurance présente des dangers considérables, en raison de l'importance des ravages de la grêle et de la périodicité de son retour dans certaines régions qui, l'expérience l'a démontré, est telle que les cotisations les plus élevées ne sauraient compenser les pertes subies. Les compagnies les plus solidement constituées ont sombré et celles qui subsistent aujourd'hui n'assurent pas, toutes ensemble, le dixième de la valeur des récoltes assurables. Un syndicat agricole ne saurait assumer une telle responsabilité : car, au lieu de pouvoir indemniser complètement ses sociétaires, il n'aurait le plus souvent qu'un prorata insignifiant à leur distribuer. En créant des mutuelles-grêle syndicales, on s'exposerait donc à compromettre les syndicats, à ébranler la confiance qu'ils inspirent. Ce résultat est même d'autant plus certain que les caisses mutuelles fondées par les syndicats ne pourraient suivre les procédés prudents des compagnies et sociétés existantes qui refusent les risques dangereux, éliminent de leurs opérations des communes, des cantons, des arrondissements et même des départements entiers et n'assurent dans chaque commune que jusqu'à concurrence d'un plein ou maximum arrêté d'avance.

On a proposé, il est vrai, d'équilibrer les risques par la fédération de tous les syndicats se réassurant réciproquement les opérations de leurs caisses mutuelles. Il n'y faut pas compter ; car la solidarité professionnelle ne dépasse pas, en pareil cas, les limites des associations, et les départements où la grêle ne cause pas habituellement de sérieux ravages refuseront de payer pour les autres.

On cite cependant quelques départements où l'assurance mutuelle contre la grêle a été pratiquée avec succès par des caisses locales. Le Syndicat agricole libre du département de la Marne, présidé par M. Ponsard, ancien député, avait fondé une caisse de secours contre la grêle qui, en 1887, a perçu plus de 62.000 fr. de cotisations avec lesquelles elle a éteint environ 80 p. 100 des pertes. Depuis lors, elle a fusionné avec la caisse départementale, dont la fondation, antérieure à la Révolution, est due aux archevêques de Reims. Les départements des Ardennes, de la Meuse et de la Somme possèdent aussi des caisses départementales de secours contre la grêle administrées par le préfet. Mais ces institutions, se bornant à distribuer aux sinistrés les cotisations qu'elles encaissent, ne fournissent pas la garantie de l'assurance proprement dite.

L'assurance contre la grêle offre donc un si redoutable aléa qu'on ne saurait en conseiller la pratique aux syndicats agricoles. Ce qu'ils peuvent tenter, c'est l'organisation de caisses de secours mutuels afin d'atténuer les effets de ce fléau. Le Syndicat agricole du canton de Delle l'a fait en fondant une caisse de secours à cotisations facultatives contre les pertes de récoltes occasionnées par la grêle et par l'incendie. Les sommes versées sont réparties entre les sinistrés, proportionnellement au montant de leurs cotisations, et sans qu'aucun d'eux puisse recevoir plus de 80 p. 100 de sa perte nette. Le Syndicat des agriculteurs de la Manche, le Syndicat central des agriculteurs de la Côte-d'Or, le Syndicat des agriculteurs du Gers ont parfois consacré quelques ressources ou le produit de souscriptions spéciales à atténuer les pertes subies par ceux de leurs membres dont les récoltes non assurées avaient été grêlées.

Les syndicats peuvent surtout chercher à procurer à leurs adhérents le bénéfice de bonnes conditions d'assurance contre la grêle en s'abouchant avec une compagnie ou société mutuelle pour obtenir d'elle des remises sur ses tarifs ordinaires. C'est ainsi que le Syndicat des agriculteurs du Loiret a traité pour l'assurance des récoltes de ses membres avec une compagnie d'assurances à primes fixes contre la grêle, *la Confiance* (1), qui lui a offert, avec toutes les garanties désirables, un tarif acceptable et d'équitables conditions pour le règlement des sinistres. Une bonification de 10 p. 100 sur le montant de la prime annuelle est faite à tous les membres du Syndicat.

Parmi les meilleures sociétés mutuelles d'assurance contre la grêle, on peut citer *la Société de Toulouse,*

---

(1) La Compagnie *la Confiance*, créée en 1879 au capital de deux millions de francs, a son siège à Paris, 2, rue Favart. Elle a pour directeur M. Eugène Boré. Le Syndicat des agriculteurs du Loiret est agent de *la Confiance*, mais seulement en ce qui concerne ses adhérents ; car cette compagnie a d'autres représentants dans le Loiret. La remise attribuée au Syndicat est de 18 p. 100 ; ses depositaires cantonaux sont chargés par lui de recueillir les propositions d'assurance.

fondée en 1826, qui étend aujourd'hui ses opérations à 65 départements et compte 19.000 sociétaires. Depuis 23 ans, et même dans les années les plus calamiteuses de ravages causés par la grêle, elle a toujours, sauf en 1888, intégralement payé les pertes subies par ses assurés; mais elle n'assure ni les vignes, ni les tabacs.

III

Assurance contre la mortalité du bétail. — Si, en ce qui concerne la grêle, le seul moyen efficace d'équilibrer les bons et les mauvais risques consiste à opérer dans un rayon étendu, et le département est à peine une circonscription suffisante (un groupe de départements tel que la circonscription d'une de nos unions régionales de syndicats agricoles serait préférable, à notre avis), il en est tout autrement pour l'assurance contre la mortalité du bétail. L'expérience a démontré qu'elle a beaucoup plus de chances de prospérer dans une circonscription restreinte. Les sociétés mutuelles qui ont réussi sont tout à fait locales; elles n'opèrent que dans un rayon très limité où tous les sociétaires se connaissent et se surveillent entre eux. Dans une région étendue, il est impossible d'avoir des tarifs calculés proportionnellement à la mortalité qui est très variable; de plus, l'élévation des frais généraux et l'intervention des courtiers qui, pour toucher les remises énormes qui leur sont attribuées, assurent les risques les plus dangereux sont des causes de ruine.

Les syndicats agricoles sont fidèles à leur mission en organisant des caisses mutuelles d'assurance ou de secours contre la mortalité du bétail et ils ont de grandes facilités pour le faire avec succès : car les rapports de bonne foi qui existent généralement entre les membres des syndicats et le contrôle exercé par tous les sociétaires intéressés empêcheront les fraudes dont les compagnies et sociétés sont souvent victimes de la part d'assurés peu scrupuleux. Le bétail sera également mieux entretenu, le syndicat s'efforçant de faire observer les préceptes de l'hygiène dans les étables, ce qui diminuera les épizooties et les risques de mortalité : enfin, en cas de maladie, le bétail recevra les soins gratuits d'un vétérinaire délégué par le syndicat.

Les syndicats peuvent fonder, en vue de protéger leurs membres contre les risques de mortalité du bétail, de véritables sociétés d'assurances régies par la loi du 24 juillet 1867.

Les sociétés d'assurances mutuelles créées par les syndicats ont une existence indépendante et la pleine capacité civile ; les adhérents mettent en commun leurs risques et se garantissent mutuellement des dommages causés par la mortalité des animaux. Elles se constituent sans l'autorisation du gouvernement, mais conformément au règlement d'administration publique du 22 janvier 1868. Elles peuvent se former par acte authentique ou par acte sous seing privé et elles sont administrées par un conseil d'administration.

Les statuts doivent fixer, par degrés de risques, le maximum de la contribution annuelle dont chaque sociétaire est passible pour le règlement des sinistres. Ce maximum constitue le fonds de garantie. La formation d'une réserve destinée à donner à la société le moyen de suppléer à l'insuffisance des cotisations annuelles est facultative. Pour la constitution de la société, il est nécessaire de réunir un nombre d'adhérents et un minimum de valeurs assurées qui sont déterminés par les statuts. Ces sociétés, ne pouvant réaliser aucun profit, n'ont pas le caractère commercial et ne sont pas sujettes à la patente.

Dans cette catégorie se rangent les sociétés d'assurances mutuelles contre la mortalité du bétail créées par le Syndicat agricole du canton de Saint-Amant-de-Boixe (Charente), le Syndicat des agriculteurs de Vizille (Isère), le Syndicat agricole de l'arrondissement de Nancy, etc. Le Syndicat des agriculteurs du canton de Surgères (Charente-Inférieure), qui a organisé une laiterie coopérative du système danois à Chaillé, a complété cette institution en fondant une caisse d'assurances mutuelles contre la mortalité des vaches laitières. Dans le sud du département des Deux-Sèvres, plusieurs laiteries coopératives pratiquent aussi l'assurance mutuelle contre la mortalité des vaches laitières.

Les statuts de ces associations prennent ordinairement soin de limiter la responsabilité des sociétaires, en cas d'insuffisance des ressources disponibles pour régler les sinistres ; le sinistré demeure alors pour partie son propre assureur ou n'est remboursé qu'ultérieurement. On trouve un curieux exemple de ces dispositions dans les statuts de *la Petite Épargne*, société d'assurances constituée à Nancy sous le patronage du Syndicat agricole de l'arrondissement.

A Surgères, les sociétaires se garantissent mutuellement contre la perte de leurs vaches laitières qui sont remboursées à 75 p. 100 de leur prix d'estimation. A Saint-Amant-de-Boixe, l'assurance est limitée à 80 p. 100 de la valeur de l'animal perdu et la Société n'assure pas les animaux pour une valeur supérieure à un maximum déterminé statutairement dans chaque catégorie. Ses ressources se composent des cotisations, dont le taux est déterminé chaque année par l'assemblée générale, et d'un fonds de réserve alimenté par un versement annuel de 1 p. 100 sur la valeur de chaque animal de l'espèce chevaline et de 50 centimes p. 100 sur la valeur de chaque animal de l'espèce bovine. En cas d'insuffisance de fonds pour payer les indemnités dues, la somme nécessaire pour parfaire la différence est supportée par chaque sociétaire au prorata des valeurs par lui assurées.

Mais l'assurance du bétail offre des dangers par suite des épizooties qui sévissent parfois sur les étables de toute une région : aussi les syndicats préfèrent-ils généralement organiser des caisses mutuelles de secours annuels ou semestriels contre la mortalité du bétail, qui reposent d'ailleurs sur le même principe que l'assurance, avec des effets plus limités : elles sont assez nombreuses et parfois désignées à tort sous la dénomination de sociétés d'assurances mutuelles, tandis que le caractère de simples caisses de secours résulte expressément de leurs statuts.

Les caisses mutuelles sont affranchies des formalités administratives, mais n'ont pas la capacité civile, et toutes leurs opérations doivent se faire au comptant. Leur principe est des plus simples. Les cultivateurs qui veulent y adhérer s'inscrivent sur une liste de souscription pour une certaine somme. En fin d'année, un état des pertes de bétail subies par les participants est établi et le montant des souscriptions recueillies est réparti entre ceux qui ont subi ces pertes, au prorata des versements que chacun a effectués. Les souscripteurs ne sont engagés que pour une année seulement.

Nous trouvons ces caisses de secours mutuels établies par les syndicats agricoles dans les départements de la

Charente-Inférieure, de la Marne, du Jura, du Loir-et-Cher, de la Haute-Marne, de la Sarthe, des Deux-Sèvres, de la Somme, de la Vendée, etc. Deux types principaux leur ont surtout servi de modèles et ont beaucoup aidé à les propager : ce sont la caisse contre la mortalité du bétail fondée, en 1886, par M. Ponsard, président du Syndicat agricole libre du département de la Marne, et la société de secours mutuels, *la Fraternelle*, contre la mortalité des bestiaux, créée dès l'année 1879, pour le canton de la Mothe-Achard, par M. Lansier, juge de paix, actuellement secrétaire du Syndicat agricole départemental de la Vendée.

Dans le premier de ces types, celui de la Marne, la cotisation est préalable, facultative quant au montant à verser par chaque sociétaire, mais ne peut s'abaisser au-dessous d'un minimum déterminé. L'ensemble de ces cotisations est réparti annuellement entre les sociétaires qui ont éprouvé des pertes ; la répartition a lieu proportionnellement au montant de la cotisation versée et au nombre d'animaux possédés, dans la commune, par le sociétaire au moment du sinistre, sans distinction de valeur entre ces animaux. En aucun cas, le sinistré ne peut recevoir plus de 80 p. 100 de la perte.

Sont seuls admis au bénéfice de la caisse de secours les chevaux et le gros bétail, formant deux catégories distinctes pour les cotisations à verser. Le minimum de cotisation est de un franc par catégorie.

En 1889, 1.330 sociétaires ayant versé 3.754 fr. 25 de cotisations pour la race chevaline et 4.490 fr. 10 pour la race bovine, les indemnités distribuées ont été de 3.561 fr. 40 pour 60 chevaux ayant péri et de 4.357 fr. pour 91 vaches, soit 30 fois la cotisation pour la race chevaline et 45 fois pour la race bovine.

En 1891, 1.066 sociétaires ont versé 3.494 fr. 50 de cotisations pour la race chevaline et 4.012 fr. 25 pour la race bovine, ensemble 7.506 fr. 75. Les indemnités réparties entre les sociétaires sinistrés ont été de 3.161 fr. pour perte de 51 chevaux, soit 24 fois le don, et de 3.627 fr. pour perte de 80 bœufs et vaches, soit 31 fois le don pour la race bovine. En 1890, l'indemnité attribuée avait été plus élevée, 42 fois le don pour la race bovine. Les frais généraux de la caisse ont été, en 1891, de 636 fr. 58 c.

Malheureusement les services rendus par la caisse de secours ne sont pas appréciés comme ils mériteraient de l'être, et les recettes de cotisations baissent chaque année : en 1886, elles s'étaient élevées à près de 15.000 fr. Il suffirait, d'après le secrétaire de l'association, de verser 5 fr. par cheval et 3 fr. par vache pour que toutes les pertes fussent indemnisées (1).

La Société des agriculteurs de la Somme, le Syndicat des agriculteurs de la Sarthe, le Syndicat agricole de Delle, etc. (2), ont fondé des caisses mutuelles conformes à ce type, avec quelques variantes dont la plus importante est que la cotisation est quelquefois rendue fixe. Le Syndicat des agriculteurs de l'arrondissement de Gien, la Société d'agriculture de l'Allier, l'Union des Syndicats agricoles et viticoles de Bourgogne et de Franche-Comté, l'Association syndicale agricole et viticole de la Marne,

---

(1) On n'assure jamais la race ovine, à raison des risques trop dangereux que présente la mortalité dans les troupeaux.

(2) Le Comité d'agriculture et le Syndicat agricole de Beaune ont fondé en commun une « Association syndicale de prévoyance agricole », ayant pour but spécial d'étudier toutes les questions de prévoyance et de mutualité qui peuvent intéresser les cultivateurs et vignerons et de les réaliser au profit de ses membres. Cette association a débuté par la création d'une caisse de secours contre la mortalité du bétail.

etc., se préparent à doter leurs membres d'institutions analogues. Dans la Sarthe, une assemblée générale des sociétaires de la caisse de secours mutuels fixe, chaque année, le taux de la cotisation qui est uniformément obligatoire et calculée de façon à être la représentation la plus exacte possible du risque : en 1887, elle était de 4 francs par tête de gros bétail.

Le second type des caisses mutuelles de secours contre la mortalité du bétail, celui de la Vendée, se distingue du premier en ce qu'il n'admet pas de cotisation préalable : les sociétaires ne versent qu'après sinistre et par application de la solidarité professionnelle au nom de laquelle ils se garantissent mutuellement leurs étables.

Fondée par M. Lansier en 1879, à la suite d'une épizootie de pleuropneumonie qui sévit sur tout le canton de la Mothe-Achard (Vendée), la Société *la Fraternelle* s'est reconstituée le 3 novembre 1889, à l'expiration du terme de dix années qui avait été primitivement assigné à ses opérations. Elle s'est prorogée pour une durée illimitée en se plaçant sous la protection de la loi du 21 mars 1884 sur les associations professionnelles.

Les sociétaires se réunissent en assemblée générale deux fois par an, les premiers dimanches de mai et de novembre. Le président-directeur additionne les pertes subies par les membres et les répartit entre tous les adhérents proportionnellement à la valeur de leur étable, valeur qui est arrêtée par la Société elle-même au début de chaque semestre. La Société paie à chaque sociétaire ayant éprouvé des pertes, et à la première réunion qui suit l'accident, les quatre cinquièmes seulement de la valeur des animaux perdus, déduction faite du prix qui aura pu en être tiré par la vente de la viande ou de la peau. L'animal aura été estimé, au cours du jour, par les trois sociétaires

les plus proches voisins de l'étable, appelés au début de
la maladie. Il n'y a ni caisse ni fonds social, ni cotisation fixe, les sociétaires ayant seulement à rembourser,
tous les six mois, proportionnellement à la valeur de
leurs bestiaux, les quatre cinquièmes de la valeur des
animaux perdus pendant le semestre écoulé. Lors de la
réunion, chaque sociétaire, à l'appel de son nom, vient
verser entre les mains du président-directeur sa cotisation ainsi déterminée par une opération mathématique
très simple ; le total de ces cotisations étant égal, bien
entendu, à celui des indemnités à payer, le président-directeur rappelle les sociétaires sinistrés et leur verse,
séance tenante, individuellement le montant de ce qui
leur revient.

Pour le semestre de novembre 1890 à mai 1891, le
nombre des sociétaires étant de 199, le capital assuré
estimé à 333.550 francs, le montant des pertes éprou-
vées a été de 2.223 fr., ce qui donne, pour les six mois,
une cotisation de 6 fr. 70 par 1.000 francs de valeur
assurée. La cotisation du semestre suivant a été de 6 fr.
pour 1.000 fr. En 1892, elle a été de 6 pour 1.000 pendant le 1er semestre et de 4.40 pour 1.000 pendant le 2e semestre, soit 10 fr. 40 pour l'année entière. D'après un
article des statuts, et afin de prévoir le cas où une épizootie viendrait à exercer des ravages trop considérables,
la responsabilité des sociétaires est limitée à 3 fr. pour
100 fr. de la valeur de leurs étables par période semes-
trielle, soit 6 p. 100 par an.

La moyenne des cotisations, pour 13 années d'exercice,
est d'environ 1 p. 100 du capital assuré qui est supérieur
à 300.000 fr. Dans les autres cantons de la Vendée où des
sociétés semblables ont été fondées sous l'inspiration de
M. Lansier, la moyenne des pertes est inférieure à celle

du canton de la Mothe-Achard : elle n'atteint pas 6 fr. par 1.000 fr. de valeur assurée ou 60 c. pour 100 par an. Le nombre des sociétaires de *la Fraternelle* est actuellement de 217.

Bien que cette association se qualifie dans ses statuts du nom de société d'assurances mutuelles contre la mortalité des bestiaux, elle ne réunit pas toutes les conditions requises par le règlement d'administration publique du 22 janvier 1868 pour être une véritable société d'assurances mutuelles; mais elle en remplit parfaitement le but : car ses membres mettent réellement en commun leurs risques et se garantissent mutuellement des dommages que pourra leur causer la mortalité des animaux, sauf la limitation très prudente de la responsabilité en cas d'épizootie.

Ce système de caisse de secours mutuels est le plus simple, le plus économique, puisqu'il supprime entièrement les frais généraux et qu'il a pour base la bonne foi des mutualistes. Il a été mis en pratique par beaucoup de syndicats agricoles. Dans une autre partie du même département, le Syndicat des agriculteurs de la Vendée, présidé par M. Charles de Bretagne, a patronné la création de petites caisses analogues de secours mutuels contre la mortalité du bétail formées dans un centre où il soit possible de réunir le plus grand nombre d'adhérents sur la plus petite surface, ce qui est reconnu être la condition la meilleure pour le bon fonctionnement de ces associations. MM. de Gouttepagnon, de Rougé et Fortin ont fondé trois de ces associations qui paraissent prospérer : la cotisation annuelle s'établit à environ 0 fr. 65 pour 100 fr. du capital assuré.

Le Comice-syndicat agricole du canton de Langres a fondé également une société de secours mutuels, pour l'espèce bovine, sans cotisation ni fonds social. Les réunions sont semestrielles et les animaux perdus y sont remboursés aux sociétaires sinistrés, jusqu'à concurrence des quatre cinquièmes, chacun payant sa part contributive d'indemnité au prorata de la valeur de ses propres animaux. En prévision de pertes trop considérables résultant d'épizooties, cette contribution est limitée à 1 fr. 50 par 100 fr. de la valeur des étables par semestre, soit 3 p. 100 par an.

Un type qui s'éloigne des deux précédents est celui de la caisse de prévoyance contre la mortalité du bétail fondée par l'Association syndicale des agriculteurs de l'arrondissement de Vitry-le-François, où la cotisation des sociétaires est fixe : elle est de o fr. 60 p. 100 fr. de la valeur assurée, pour tous les animaux indistinctement. C'est donc une mutuelle à cotisations fixes, forme de société qui nécessite une connaissance exacte du taux de la mortalité, très variable selon les lieux et les circonstances. En Champagne, on l'évalue à 1 1/4 p. 100. Les animaux ne sont admis à l'assurance que jusqu'au moment où leur valeur n'atteint pas 100 fr. et chaque propriétaire est tenu d'assurer tous ses animaux d'une même espèce : la caisse assure les espèces chevaline et bovine. D'ailleurs les pertes, qui sont réglées en fin d'année, ne le sont qu'au marc le franc si leur montant dépasse le total des cotisations recueillies.

Les caisses d'assurance ou de secours contre la mortalité du bétail fondées par les syndicats ont l'inconvénient général de fonctionner dans des circonscriptions trop restreintes, alors même qu'elles embrasseraient tout un département, pour n'être pas exposées, en certains cas, à couvrir des dommages hors de toute proportion avec leurs ressources. Cette éventualité oblige à limiter statutairement les responsabilités, ce qui peut laisser les sinistrés sans indemnité suffisante, quand elle serait le plus nécessaire, c'est-à-dire quand la perte subie a pris les proportions d'un désastre. On a proposé de remédier à cet inconvénient capital par la constitution d'une caisse de réassurances syndicales qui pourrait être générale ou régionale. Les caisses locales des syndicats, organisées d'après des statuts uniformes, feraient, en cas de sinistre, une première répartition au moyen de leurs ressources propres : au delà de ces ressources, la caisse de réassurances, qui percevrait une fraction des cotisations encaissées par toutes les caisses locales et participerait à leurs bonis, aurait à intervenir afin de parfaire le règlement des sinistres (1).

Cette contre-assurance, ramenant à la moyenne le taux de la mortalité du bétail, si variable selon les localités, constituerait une excellente application du principe de la solidarité professionnelle : elle permettrait d'indemniser les possesseurs de bétail moyennant le versement d'une prime uniforme. L'indemnité ne devrait pas dépasser 80 p. 100 de la valeur des étables assurées : car il faut toujours que l'assuré ait un intérêt considérable à la conservation de ses animaux. L'indemnité totale favoriserait la fraude ou tout au moins la négligence, elle détruirait la moralité de l'assurance.

Si les pertes causées à la culture par la mortalité du bétail atteignent en moyenne 32 millions par an, il y en

___

(1) Dans chaque commune du canton de Beaune-la-Rolande (Loiret), fonctionne régulièrement une caisse d'assurances mutuelles contre la mortalité du bétail. Il semble que, lorsque les mutuelles communales sont nombreuses dans un département, une caisse départementale pourrait remplir efficacement à leur égard le rôle de caisse de réassurances.

aurait donc à rembourser environ 25, à supposer que
le jeu de l'assurance mutuelle s'étende à tous les cultivateurs. Il est évident que les syndicats agricoles, ne
groupant encore dans leurs cadres qu'environ 10 p. 100
des chefs d'exploitation, n'auraient à couvrir par les
mutuelles syndicales qu'une faible partie de ces pertes,
2 à 3 millions de francs par an peut-être, dont la répartition proportionnelle entre un si grand nombre d'adhérents n'imposerait à chacun d'eux qu'une charge légère.

Encore faudrait-il pour cela que tous les membres des
syndicats fussent sociétaires des caisses d'assurances, et
on doit supposer que tous n'éprouveraient pas le besoin
de s'y faire admettre. C'est même là l'écueil de la combinaison : car les grands propriétaires et fermiers, traitant leurs animaux avec tous les soins nécessaires, sont
soumis à des risques de mortalité bien moindres que les
petits cultivateurs, de sorte qu'il n'est pas de leur intérêt, sauf peut-être pour parer aux dangers d'épizooties,
de s'assurer à une caisse mutuelle : ils préfèrent ordinairement demeurer leurs propres assureurs.

Les syndicats agricoles rendront un grand service à
l'agriculture en facilitant et améliorant l'assurance contre
le risque de mortalité du bétail. A l'étranger, on a su
tirer grand parti des caisses mutuelles et des associations
agricoles pour organiser cette assurance avec succès.
En Prusse, il existait, en 1887, 4.021 syndicats locaux
d'assurance qui, tous ensemble, assuraient plus d'un
million de têtes de bétail, pour une somme presque triple
de celle des assurances couvertes par les quinze grandes
compagnies d'assurances du bétail et des chevaux qui
existent en Allemagne. Dans le grand-duché de Bade
et en Alsace-Lorraine, les sociétés mutuelles locales sont
généralement prospères et ne demandent à leurs adhérents

qu'une cotisation de 1 à 1 1/2 pour 100 de la valeur du gros bétail.

En Belgique, on considère qu'un rôle important est réservé dans l'assurance du bétail aux syndicats agricoles qui peuvent fonder, dans leurs circonscriptions, des mutualités susceptibles de se fédérer entre elles pour le partage des risques. Un agronome distingué, M. Denis, disait au Conseil provincial du Brabant :

> Toute organisation systématique de l'assurance embrasse, comme organes essentiels, l'État, la Province, le Syndicat agricole.
>
> Ces associations locales naissent de la nécessité elle-même : elles sont la forme spontanée de l'assurance agricole, et ces organes locaux resteront vraisemblablement les plus essentiels dans une organisation générale de l'assurance.

IV

Assurance contre les accidents du travail agricole. — Les chefs d'exploitations agricoles sont exposés à des risques nombreux, par suite de la jurisprudence nouvelle qui établit la responsabilité des patrons en cas d'accidents survenus à leurs ouvriers. Les diverses compagnies d'assurance contre les accidents ne s'occupent guère des travaux des champs et leurs tarifs sont élevés.

Le Syndicat des agriculteurs du Loiret a eu, le premier, l'idée d'offrir à ses adhérents cette garantie spéciale et il l'a réalisée en fondant, à Orléans, une société d'assurances mutuelles contre les accidents survenus dans les travaux agricoles, *la Solidarité orléanaise*, qui s'étend à tous les départements compris dans la circonscription de l'Union des Syndicats agricoles et viticoles du Centre.

Il suffit d'être membre de l'un des syndicats de l'Union pour pouvoir en faire partie. La Société assure les fermiers ou propriétaires exploitants contre les accidents qui peuvent survenir à eux-mêmes, aux personnes de leurs familles, à leurs domestiques ou journaliers et enfin aux tiers, par suite des travaux agricoles entendus dans leur sens le plus large.

La prime est basée sur le nombre d'hectares de terre cultivée, ce qui est beaucoup plus libéral et plus pratique que le système de certaines compagnies, qui assurent à primes nominatives par tête d'employés, auquel cas les journaliers ne sont jamais compris dans l'assurance. Les bois, landes, prairies naturelles ne sont pas compris dans l'étendue de terre cultivée et ne payent pas de prime ; malgré cela, les accidents qui surviendraient dans l'exploitation de ces trois catégories sont garantis. La prime est de o fr. 5o par hectare de terre cultivée. Les engagements sont contractés pour cinq ans et finissent à la mort de l'assuré ou à sa cessation de culture.

La Société est administrée par des membres du Syndicat, à titre désintéressé, et ses frais généraux sont réduits au minimum : elle possède comme sous-agents dans tous les cantons du département les dépositaires du Syndicat. Elle a commencé ses opérations en 1891 ; à la fin de 1892, le nombre de ses adhérents était de 201, représentant 14.171 hectares assurés, et son boni atteignait 3.355 fr.

L'assurance ne devant pas faire de bénéfices, il a été stipulé qu'à la fin de chaque période quinquennale, si l'actif du compte général dépasse 5.000 fr., l'excédent reviendra aux sociétaires, au prorata des versements faits par eux dans la période écoulée, et sera imputable sur leurs cotisations de l'année suivante et, au besoin, sur celles des années ultérieures.

On voit par là que la Société est prospère; elle le sera d'autant plus que le nombre de ses adhérents s'accroîtra et, comme les accidents du travail agricole sont moins fréquents que ceux du travail industriel, il parait hors de doute qu'à l'expiration de la période quinquennale elle pourra rembourser à ses assurés une partie des sommes qu'ils auront versées.

L'Union des Syndicats agricoles et viticoles du Centre étudie l'organisation d'une société d'assurance régionale contre les accidents pouvant incomber aux propriétaires dans leurs bois et forêts.

Le Syndicat des agriculteurs de Loir-et-Cher s'est également préoccupé d'offrir à ses adhérents, pour l'assurance contre les accidents du travail agricole, des conditions meilleures que celles des compagnies spéciales dont le tarif fixe généralement la prime à 0 fr. 90 l'hectare, sans distinction entre les départements où les cultures sarclées nécessitent un personnel très nombreux et ceux où la main-d'œuvre beaucoup plus rare entraîne des risques moindres. En groupant les adhésions d'un assez grand nombre de syndiqués cultivant ensemble plusieurs milliers d'hectares, le président du Syndicat, M. Riverain-Pollet, comptait faire appel à la concurrence des compagnies et obtenir d'elles de notables concessions.

M. Ponsard, président du Syndicat agricole libre de la Marne, a, lui aussi, cherché à recruter parmi les membres des comices et des syndicats agricoles de ce département et des départements voisins de l'Aube, des Ardennes, de la Meuse et de la Haute-Marne un groupe assez nombreux d'adhérents pour obtenir en leur faveur des conditions spéciales d'une grande compagnie d'assurances contre les accidents. L'assurance rurale aurait été consentie moyennant une prime de o fr. 5o par hectare ou de 6 fr. par tête de personnel fixe. Un minimum de 1.000 assurés ou de 10.000 hectares engagés était nécessaire pour le succès de cette combinaison. Il existe encore à Chartres une société mutuelle d'assurances contre les accidents, *la Beauce*, qui a réussi.

L'assurance contre les accidents du travail agricole est très pratique, éminemment professionnelle, et elle est tout à fait du ressort des syndicats agricoles qui peuvent l'organiser par la mutualité avec une pleine sécurité et au meilleur marché possible : la seule condition nécessaire est de réunir un nombre important d'adhérents.

On a fait observer que cette assurance nouvelle a une portée considérable : elle va directement à l'encontre des projets de lois soumis actuellement aux Chambres sur la responsabilité des patrons dans les accidents industriels. L'agriculture n'a cessé de protester contre l'application éventuelle de ces dispositions qui violent les principes du droit.

V

Assurance contre l'incendie. — Ce n'est pas seulement pour une organisation plus favorable des assurances agricoles proprement dites qu'on attend beaucoup des syndicats. L'assurance contre l'incendie est incontestablement la principale application de l'idée de prévoyance : on se plaint généralement qu'elle soit trop chère et qu'elle ne couvre pas d'une protection suffisante les populations rurales. Il appartient aux syndicats agricoles, habitués à intervenir constamment pour la défense des intérêts communs de leurs adhérents, de démocratiser en quelque sorte l'assurance, de la rendre accessible à tous, de donner la sécurité au prix coûtant : ils peuvent supprimer bien des intermédiaires inutiles dans l'assurance, comme ils l'ont déjà fait par ailleurs.

L'assurance contre l'incendie est pratiquée par des compagnies financières, dites compagnies à primes fixes, et par des sociétés mutuelles. Ces dernières, qui n'ont pas d'actionnaires à rémunérer, peuvent assurer à meilleur marché et, en fait, leurs tarifs sont inférieurs à ceux des compagnies financières dans une proportion qu'on estime être, selon les cas, de 20 à 30 p. 100. Mais les grandes sociétés mutuelles, qui opèrent les unes dans toute la France, les autres dans la circonscription d'un groupe de départements, dont plusieurs sont très anciennes, très honorablement et habilement dirigées et possèdent de puissantes réserves accumulées, réalisent-elles l'idéal de ce que peut la mutualité en matière d'assurance ? On leur adresse quelques critiques.

Sans doute, elles n'ont pas d'actionnaires ; mais elles supportent des frais généraux considérables, une administration largement rétribuée, un personnel d'employés, de courtiers, d'agents et sous-agents, très onéreux. On évalue à 130. 000 le nombre des employés et agents de toutes les compagnies à primes fixes et sociétés mutuelles, dont la moitié environ pour les mutuelles : ce sont en général des chefs de famille, de sorte qu'on peut considérer que 400.000 à 500.000 personnes vivent des bénéfices de l'assurance, c'est-à-dire aux dépens des assurés. Le parasitisme commercial a tout envahi : il devait réussir à s'interposer entre le vendeur et l'acheteur de cette marchandise spéciale qui fait l'objet du contrat d'assurance, la sécurité. Le portefeuille des agents d'assurances, c'est-à-dire l'ensemble des primes dont ils ont l'encaissement, leur rapporte 10 à 15 pour 100. Un président de syndicat qui s'est particulièrement voué à la réforme de l'assurance au moyen des syndicats, M. Charles Lefèvre, avocat, président du Syndicat agricole de Marmande, a constaté que certaines sociétés mutuelles absorbent en frais généraux jusqu'à 50 pour 100 des cotisations qui leur sont versées, de sorte qu'après avoir encaissé des sommes qui devraient grandement suffire à indemniser complètement les pertes, elles ne distribuent parfois qu'un prorata aux sociétaires sinistrés.

On reproche encore aux grandes sociétés mutuelles les plus anciennes, les plus prospères, d'exclure trop de risques comme dangereux et de ne rechercher que les bons risques afin d'en encaisser les primes. Ces sociétés tendent, en vue de conserver leur situation acquise, à se dérober, pour ainsi dire, au principe même de la mutualité en devenant plus ou moins fermées à l'introduction de nouveaux éléments, à réserver à des sociétaires triés sur le volet le bénéfice de leur garantie : elles dégénèrent en affaires financières habilement menées dans un intérêt collectif exclusif. Ce n'est pas ainsi que les syndicats agricoles peuvent comprendre l'organisation de l'assurance. Ils ont pour but principal d'aider les petits cultivateurs : ils doivent donc chercher à leur offrir tous les avantages d'une assurance économique et efficace. Les caisses mutuelles syndicales seraient, dit-on, moins exposées à la fraude du fait de leurs sociétaires, le contrôle leur étant facile et la bonne foi formant la règle des rapports entre les membres d'une association professionnelle : on obtiendrait aussi d'elles une impartialité plus constante dans les estimations et les règlements de sinistres.

Dans les campagnes, beaucoup de maisons et de bâtiments d'exploitation, de mobiliers, de récoltes réalisées, etc., ne sont pas assurés, soit parce que les agents des compagnies ou sociétés négligent de rechercher des assurances productives de primes insignifiantes, soit parce que les paysans n'osent donner leur confiance à des assureurs dont ils ne peuvent apprécier la garantie par leurs rapports avec un agent ou courtier.

Les 29 compagnies d'assurances à primes fixes et les 51 sociétés mutuelles, dont beaucoup sont départementales, qui existent en France, reçoivent annuellement 105 à 110 millions de francs en primes ou cotisations pour assurer contre l'incendie les immeubles ruraux et urbains Sur la part de cette contribution à la charge de l'agriculture, il y a un certain nombre de millions distribués comme intérêt aux actionnaires des compagnies ou absorbés en frais généraux exagérés par les sociétés mutuelles : les cultivateurs pourraient en faire un emploi plus fructueux.

M. D. Sagot, administrateur délégué de l'Association syndicale de la Société d'agriculture des Deux-Sèvres, s'est livré à des recherches statistiques d'où il résulterait que, même en s'adressant à des sociétés d'assurances mutuelles, la marchandise qu'on achète, c'est-à-dire la garantie des risques d'incendie, est payée trop cher.

C'est pourquoi il estime que l'assurance, telle qu'elle se pratique aujourd'hui, devrait être remplacée par des syndicats locaux d'assurance entre gens d'une même commune ou de communes voisines, syndicats qui pourraient s'administrer presque gratuitement. En prenant pour base les primes actuellement payées et la proportion normale des sinistres, ce syndicat posséderait, au bout de 20 ans, par exemple, un capital net important qui resterait dans la commune, appartiendrait aux syndiqués, pourrait fructifier à leur profit et dont l'intérêt seul finirait par garantir tous risques d'incendie sans le paiement d'aucune prime.

Mais ce capital constitué à l'aide des primes d'assurance, le meilleur moyen de le faire fructifier serait que le syndicat s'en servît pour organiser le crédit agricole. On se préoccupe beaucoup de trouver de l'argent pour le service des petites caisses de crédit mutuel que la loi en préparation provoque les syndicats à créer.

Eh bien ! ce capital existe, conclut M. Sagot, et il existe partout. C'est l'argent envoyé chaque année aux compagnies d'assurances. Que l'assurance se fasse par un syndicat communal, et cet argent, au lieu de partir sans espoir de retour, restera dans la commune, où il pourra parfaitement remplir, au grand profit de tous, le rôle de capital d'une banque mutuelle greffée sur le syndicat d'assurances mutuelles, qui peut être en même temps une société de secours mutuels, qui peut devenir une société d'assurance contre la mortalité du bétail, qui peut... mais pourquoi énumérer tout ce que peut produire de bon, d'utile, de grand, ce merveilleux principe de la mutualité appliqué par des hommes sincèrement épris du sentiment du bien et du vrai !

Ces idées commencent à se propager dans les syndicats agricoles et beaucoup d'entre eux cherchent à aborder l'organisation de l'assurance professionnelle en ce qui concerne l'incendie comme pour les autres risques ruraux.

Sous l'inspiration de M. Sagot, une société d'assurances mutuelles contre l'incendie est en voie de formation dans la commune de Vouillé (Deux-Sèvres). Cet exemple ne tardera pas à être suivi dans la commune voisine de Breloux, où déjà a été fondée une boulangerie coopérative et

où une laiterie industrielle se transforme actuellement
en société coopérative. L'organisation de la mutualité
dans un rayon restreint permet de réduire au minimum
les frais d'administration et d'exercer un contrôle sévère
sur le choix des sociétaires, de manière à prémunir l'association contre le danger résultant des manœuvres criminelles dont les grandes compagnies d'assurances ont
tant à souffrir de la part de certains de leurs assurés.

L'expérience du bon fonctionnement d'une société locale
d'assurances mutuelles contre l'incendie s'est faite sur
un autre point de la France, en donnant des résultats
qui méritent d'être signalés.

Dans une commune de 3.000 habitants du département
de l'Ain, à Viriat, près de Bourg, il s'est fondé en 1886,
sous l'inspiration de M. le vicomte Grant de Vaux, président du Syndicat agricole de Bourg, une société mutuelle
d'assurance contre l'incendie. Elle débuta avec 32 membres,
mais beaucoup de cultivateurs de la commune s'étaient
engagés à entrer dans l'association au fur et à mesure
de l'échéance de leur engagement avec les compagnies auxquelles ils étaient assurés. En 1890, le nombre des sociétaires atteignait déjà 350 et, malgré quatre sinistres survenus l'année précédente, le compte final de l'exercice se
solda par un reliquat de recettes de 6.500 francs. Au 1ᵉʳ
janvier 1893, le nombre des sociétaires était de 489 et le
total des valeurs assurées montait à 5.241.185 fr. Le
chiffre des primes brutes perçues en 1892 a été de 2.866 fr.
20, soit, en moyenne, à peu près 0 fr. 55 par 1.000 fr. de
valeur assurée. La Société a réglé, en 1892, deux sinistres
s'élevant ensemble à 2.215 fr. 45; son avoir, au 1ᵉʳ janvier
1893, était de 10.864 fr. 28. Elle paie à l'Etat l'impôt de
10 p. 100 sur les primes encaissées et la taxe de 0 fr. 03
pour 1000 sur le montant des valeurs assurées. Les frais

généraux se bornent presque exclusivement au traitement d'un secrétaire payé 3oo fr. par an.

On voit que cette mutuelle locale a bien réussi : elle compte actuellement 5oo sociétaires ; à l'exception d'une dizaine seulement, tous les habitants de la commune dont la police d'assurance à d'autres compagnies a pris fin depuis sept ans qu'elle existe sont venus successivement à elle. En 1892, l'association a recruté 81 nouveaux membres, et on peut entrevoir que, dans un avenir assez prochain, la confiance croissant avec l'importance de la réserve acquise, toute la commune de Viriat fera partie de la mutuelle. Un avantage très apprécié des sociétaires est qu'en cas de sinistre leur indemnité est réglée loyalement dans les deux ou trois jours qui suivent, soit de gré à gré, soit à la suite d'une expertise contradictoire, et sans qu'ils aient à subir les retards qui sont généralement imputables aux compagnies. La surveillance mutuelle exercée par les sociétaires et la bonne organisation de la compagnie de pompiers, dont le zèle est stimulé par l'intérêt personnel, expliquent le petit nombre anormal de sinistres que la Société a eu à couvrir depuis sa fondation.

A l'exemple de la commune de Viriat, des mutuelles-incendie ont été créées dans plusieurs communes voisines et il est actuellement question que ces petites mutuelles se donnent la main afin d'opérer dans tout le département de l'Ain.

L'intérêt qui s'attache à cette expérience ne doit cependant pas faire méconnaître ses imperfections et même ses dangers.

Le tarif des primes afférentes à chaque nature de risque dans la Mutuelle de Viriat est plus élevé que celui des grandes mutuelles ; c'est celui des compagnies à primes fixes. Il est vrai qu'après deux années d'existence dans la Société les statuts n'imposent aux sociétaires, en principe du moins, que le versement annuel d'une demi-prime. Mais, lors de son admission, tout sociétaire doit verser immédiatement deux primes entières des valeurs assurées. Les adhérents sous condition suspensive, c'est-à-dire ceux qui s'engagent à entrer dans la Mutuelle à l'expiration de leur engagement avec d'autres compagnies, sont tenus de verser de suite comme acompte une prime entière, condition qui semble bien difficile à obtenir, au début d'une mutuelle, et dont cependant l'importance est grande pour la garantie des premiers sociétaires nécessairement peu nombreux.

Le bénéfice du paiement normal d'une demi-prime inscrit aux statuts de la Mutuelle de Viriat est plus apparent que réel : car il ne repose que sur des prévisions fort douteuses.

Lorsque le fonds de prévoyance, porte l'article 24 des statuts, sera épuisé ou insuffisant pour couvrir les dépenses, il sera fait un appel de fonds d'une prime à payer par chaque participant, et s'il y avait encore insuffisance de ressources, la société contracterait alors un emprunt de la somme nécessaire pour faire face à la dépense, et la dette serait remboursable, par annuité, par tous les sociétaires assurés, c'est-à-dire que chaque participant verserait tous les ans la prime fixée, et jusqu'à l'extinction de la dette.

Ainsi, malgré ce luxe de versements anticipés et de mesures de prudence, malgré la chance exceptionnellement favorable dont la Mutuelle a joui pendant les premiers exercices, la garantie des assurés demeure précaire : car une société qui assure plus de 5 millions de valeurs et n'a comme ressources normales pour faire

face aux sinistres qu'environ 2.800 fr. de cotisations annuelles est toujours à la merci d'une année défavorable ;
les 10.000 fr. de réserve qu'elle a pu se constituer en sept
années ne l'empêcheraient pas de succomber si elle venait
à être victime de sinistres assez importants pour excéder
le crédit qu'elle peut obtenir. Cette hypothèse est peu
vraisemblable, nous l'admettons ; mais, sans prévoir la
ruine, un emprunt nécessité par des résultats moins brillants, par une succession de mauvais exercices, aurait
pour conséquence de rendre les sociétaires, pendant de
longues années peut-être, passibles de l'application du
plein tarif des compagnies à primes fixes, ce qui, on en
conviendra, serait un médiocre résultat du fonctionnement de la mutualité locale.

A Belleville-sur-Saône, M. Emile Duport a proposé au
syndicat qu'il préside de créer une caisse d'assurance
mutuelle contre l'incendie restreinte au canton, limitant
ses opérations à des risques ne dépassant pas 2.000 ou
3.000 fr. par exemple, principalement en mobilier ou
instruments aratoires, afin d'aider surtout le petit cultivateur en lui facilitant la prévoyance. Pratiquée ainsi
par les syndicats, l'assurance serait vraiment démocratisée, mise à la disposition des plus humbles, des plus
déshérités de nos paysans; elle ne causerait, d'ailleurs,
aucun préjudice aux opérations des sociétés mutuelles
existant de longue date et garantissant des risques beaucoup plus importants.

On ne saurait se dissimuler que l'organisation par les
syndicats eux-mêmes de sociétés d'assurances mutuelles
contre l'incendie, à rayon plus ou moins étendu, soulève de sérieuses objections qui ont arrêté la plupart d'entre eux. Faire directement de l'assurance, c'est aborder

l'exercice d'une profession très délicate et qui entraîne de lourdes responsabilités. Pour bien assurer, il faut être assureur, c'est-à-dire posséder une expérience et une compétence spéciales qui ne sauraient s'improviser. On ne voit pas tout d'abord où les syndicats recruteraient le personnel nécessaire pour pratiquer ces opérations et entrer en concurrence avec le personnel éprouvé des compagnies d'actionnaires et des grandes mutuelles. D'ailleurs le rôle des syndicats agricoles a beau être vaste, il ne saurait, sans inconvénient pour eux-mêmes, être étendu de façon indéfinie : le groupe d'hommes intelligents et dévoués, qui peut se rencontrer au sein de chaque association pour consacrer l'initiative et l'activité nécessaires aux institutions annexes formées sous son patronage, n'y suffirait pas et ces institutions seraient exposées à péricliter.

Il y a une objection plus fondamentale : c'est qu'il ne suffit pas, la preuve en a été souvent faite, de créer une société d'assurances mutuelles pour qu'elle doive nécessairement prospérer. Le principe de la mutualité est admirable; mais ses applications sont sujettes à se heurter à de graves difficultés pratiques.

De 1817 à 1892, il s'est fondé en France 200 sociétés d'assurances mutuelles contre l'incendie ; en 1892, il n'en subsistait que 51 dont 16 ont leur siège à Paris et dont les autres sont des mutuelles départementales réparties dans 21 départements ; plusieurs de ces dernières sont régionales. Parmi ces 51 sociétés, il en est beaucoup qui végètent et n'offrent à leurs sociétaires assurés qu'une garantie discutable. L'assurance mutuelle n'a généralement réussi que dans l'ouest et le centre de la France ; dans l'est et le midi, presque toutes les sociétés ont succombé, parce que les risques sont de nature dangereuse, ou parce que la moralité des populations est mauvaise au point de vue de l'assurance.

Il n'est pas démontré que les syndicats agricoles puissent réussir dans les contrées où les mutuelles ont échoué, ni qu'ils aient chance de se créer une clientèle suffisante dans les contrées où ils se trouveraient en concurrence avec de bonnes mutuelles, générales ou départementales, fonctionnant depuis longtemps et dont les tarifs sont déjà très bas. Les sociétés d'assurances mutuelles valent surtout par leur ancienneté, par la puissance de leurs réserves qui forment la garantie des sociétaires et permettent de réaliser pratiquement la fixité des cotisations annuelles, impossible à obtenir dans une société nouvelle : ces réserves, qui sont la force des grandes mutuelles, sont productives d'un revenu dont l'importance croissante permet d'abaisser successivement le taux des cotisations et de couvrir les charges sociales.

Les sociétés d'assurances mutuelles que pourraient organiser les syndicats, dans une circonscription plus ou moins étendue, auraient les débuts les plus difficiles et se trouveraient placées vis à-vis des anciennes mutuelles à fortes réserves dans une infériorité marquée. Qu'un sinistre important survienne, ainsi qu'il est toujours nécessaire de le prévoir, dès la première ou la seconde année, les cotisations recueillies seront tout à fait insuffisantes à couvrir l'indemnité due au sociétaire sinistré ; il faudra y pourvoir par voie de répétition en exigeant des sociétaires une contribution supplémentaire à laquelle ils ne s'attendaient pas, à laquelle beaucoup d'entre eux peut-être voudront se soustraire : la société se verra dans l'impossibilité de tenir ses engagements. Sa chute frappera d'un discrédit irrémédiable le syndicat agricole qui l'aura fondée ou patronnée. Cette hypothèse n'est pas exceptionnelle; elle est de nature à se produire très fréquemment : c'est un danger redoutable pour les syndicats et ils doivent éviter d'y compromettre le prestige de leurs services rendus à l'agriculture.

Plus le rayon de la société mutuelle sera restreint et petit le nombre des sociétaires, plus grand sera le péril : car les risques ne pourront s'équilibrer et l'existence de la mutuelle sera à la merci du moindre sinistre. Les rares expériences de sociétés locales qui ont pu être faites jusqu'à ce jour sont insignifiantes et il est impossible d'en tirer la moindre déduction pour apprécier l'avenir réservé à cette pratique de l'assurance.

On a proposé, il est vrai, de garantir contre l'insuffisance de leurs ressources les caisses mutuelles syndicales qui seraient fondées, soit en les réassurant entre elles par une sorte d'application de la mutualité au 2° degré, soit en les réassurant à une caisse régionale ou centrale de réassurances qui aurait pour unique objet d'équilibrer les risques supportés par les caisses locales. La société locale verserait à la caisse de réassurances la moitié des cotisations qu'elle aurait recueillies ; lorsque ses ressources ordinaires et extraordinaires seraient insuffisantes pour le règlement des indemnités à sa charge, le 2° assureur interviendrait afin de combler le déficit. Par contre, dans les années où la caisse locale réaliserait un excédent, la moitié de ce boni devrait également appartenir à la caisse de réassurances et servir à lui constituer des réserves.

Ces combinaisons peuvent être très ingénieuses, très belles en théorie ; mais elles se heurteraient à de grandes complications et difficultés pratiques. On ne voit nullement comment et par qui seraient organisées et gérées ces caisses de réassurances qui seraient le pivot de l'assurance syndicale : les anciennes mutuelles n'accepteraient sans doute pas de se prêter à une organisation qui leur serait plutôt nuisible puisqu'elle tendrait à leur enlever leur propre clientèle ou à leur imposer des réductions de tarifs et l'acceptation de risques considérés comme mauvais. Quant à penser qu'en dehors du personnel expérimenté des assureurs de profession on réussirait à créer et rendre viable une aussi colossale entreprise que celle d'une mutualité d'assurances organisée, à plusieurs degrés de garantie, pour la France entière ou même pour une région telle que la circonscription d'une de nos unions régionales de syndicats agricoles, nous en doutons beaucoup. A notre avis, si les syndicats agricoles veulent rendre des services à leurs adhérents en ce qui concerne l'assurance contre l'incendie et sortir du domaine de l'idéal pour entrer dans celui du réel, ils agiront prudemment de sacrifier ces brillantes perspectives à la certitude de résultats plus modestes peut-être, mais immédiats et d'utilité fort appréciable encore.

Ces considérations ont porté plusieurs syndicats agricoles, et non des moins importants, à se contenter d'être intermédiaires, dans l'assurance, au lieu de se faire eux-mêmes assureurs. En apportant la clientèle de leurs adhérents à une société mutuelle puissamment constituée, ils devaient nécessairement obtenir d'elle des avantages spéciaux qui ajouteraient à la garantie de premier ordre résultant de cette assurance le bénéfice d'une certaine économie.

Le Syndicat des agriculteurs du Loiret, qui compte environ 6.500 membres, représente comme agent général dans ce département une des plus grandes mutuelles, la « Société d'assurances mutuelles immobilières et mobilières contre l'incendie de la Seine et de Seine-et-Oise », dont les opérations ont été étendues à toute la France, qui assure des valeurs montant à plus de 6 milliards et possède une réserve capitalisée de plus de 8 millions. Le Syndicat a des sous-agents dans tous les cantons du Loiret. Il consent à ses membres 25 p. 100 de réduction sur la prime de première année et 6 p. 100 sur les primes des années suivantes ; les polices sont délivrées gratuitement.

La Société coopérative de production et de consommation de la Charente-Inférieure, fondée à la Rochelle par le Syndicat agricole, représente la même Société mutuelle pour tout le département de la Charente-Inférieure. Les remises qu'elle fait à ses adhérents sont ainsi réglées : 5o p. 100 de la prime nette de la première année et 5o p. 100 de la prime nette également sur les augmentations successives qui peuvent se produire La Société coopérative de la Charente-Inférieure a porté à 26 millions de francs le chiffre des assurances faites dans le département à la Mutuelle de Seine et Seine-et-Oise, depuis quatre ans qu'elle y est son représentant. Elle estime qu'une caisse mutuelle d'assurances départementale, fondée par elle-même ou par le Syndicat, ne serait pas plus avantageuse pour les assurés et présenterait des dangers par suite de l'importance de certains risques.

Les bénéfices réalisés par la « Seine et Seine-et-Oise » sont bien minimes, dit-elle, eu égard à la valeur des capitaux assurés. La sécurité est plus grande et pour la Coopérative et pour les adhérents en traitant avec la « Seine et Seine-et-Oise. »

Le Syndicat des agriculteurs du Puy-de-Dôme a traité avec une société mutuelle opérant aussi dans toute la France et agréée par le Crédit Foncier, *la Normandie*, ce qui lui permet de faire bénéficier ses adhérents de tarifs réduits. Il a institué une commission de surveillance pour contrôler les opérations de cette Mutuelle avec les syndiqués.

C'est dans cette voie que les syndicats agricoles nous paraissent aptes à faciliter l'assurance contre l'incendie, à la rendre plus générale, plus économique, mieux garantie. Le personnel de leur siège social et celui de leurs agents ou dépositaires dans les cantons peuvent très facilement satisfaire au service de la représentation des mutuelles: les rapports qu'ils entretiennent déjà avec les cultivateurs, la confiance qu'ils leur inspirent les aideront à négocier beaucoup de contrats d'assurance ou à recueillir des promesses réalisables à l'expiration des engagements en cours.

Cette combinaison est également favorable aux syndicats agricoles et aux grandes mutuelles qui les choisiraient comme agents. Pour apprécier l'intérêt qu'elle offre aux syndicats, on peut prendre comme base les conventions intervenues entre la Mutuelle de Seine et Seine-et-Oise (1) et le Syndicat du Loiret ou la Coopérative de la Charente-Inférieure. La Mutuelle rétribue, en partie tout au moins, et proportionnellement à l'importance des opérations à prévoir, un employé du Syndicat plus spécialement chargé du service de l'assurance. Elle abandonne au Syndicat la totalité de la prime de la 1re année et 10 p. 100 sur l'encaissement des primes des années suivantes. Tout en faisant bénéficier ses membres d'une forte partie de la remise sur les primes, avantage très propre à faciliter le recrutement de nouveaux adhérents, le Syndicat

(1) La Société d'assurances mutuelles immobilières et mobilières contre l'incendie de la Seine et de Seine-et-Oise, dirigée par M. Cottin-Angar, a son siège à Paris, 9, rue Royale. Fondée en 1819, elle est une de nos plus anciennes mutuelles, et assurément l'une des meilleures.

trouvera ainsi le moyen d'accroître ses ressources et de couvrir, à l'aide de ses bénéfices sur l'assurance, une partie de ses frais généraux. Les tarifs de la Mutuelle de Seine et Seine-et-Oise sont déjà très réduits, analogues à ceux des autres mutuelles et notablement inférieurs à ceux des compagnies d'actionnaires : on peut cependant prévoir que, pour un ensemble important de risques ruraux très favorables tels que ceux qui peuvent être recueillis par les syndicats agricoles, ceux-ci obtiendraient aisément une certaine bonification sur les tarifs ordinaires, telle qu'il en est accordé à l'assurance des établissements publics, religieux et de bienfaisance.

Quant aux grandes mutuelles, elles trouveraient dans le concours des syndicats l'inappréciable avantage d'étendre plus facilement leurs opérations dans les campagnes, de recruter des sociétaires dans une clientèle d'élite, celle qui résulte de la sélection que les syndicats ont déjà pratiquée parmi les cultivateurs : syndicats professionnels et sociétés d'assurances mutuelles, ce sont deux institutions qui procèdent du même principe et semblent faites pour se donner la main. Les 600.000 cultivateurs groupés dans les cadres des syndicats agricoles sont des adhérents implicites de l'assurance mutuelle qui peut leur donner la sécurité presque au prix coûtant. Dans les régions de la France où, par suite de l'échec d'anciennes sociétés mutuelles, les compagnies à primes fixes obtiennent généralement les préférences des assurés, les syndicats agricoles représentant des mutuelles de premier ordre, dont la garantie peut être considérée comme absolue, sauront réagir contre le courant et, par suite de la confiance qui leur est acquise, reconquérir des adeptes à la mutualité.

Cet intérêt commun des syndicats agricoles et des

grandes sociétés mutuelles à développer et améliorer de
concert l'assurance contre l'incendie dans les communes
rurales doit être bien compris : en ce qui concerne les
syndicats agricoles, tout autre système les engagerait
dans une voie pleine de périls et de difficultés où, en
poursuivant une économie fort minime, hypothétique
même, car il est bien difficile d'apprécier les frais qu'entraîne une organisation autonome de l'assurance, ils
n'aboutiraient qu'à offrir à leurs adhérents une sécurité
fort précaire. La véritable économie, obtenue sans préjudice de la sécurité, résultera d'un accord avec les mutuelles qui ne peuvent manquer d'apprécier à sa valeur
la clientèle des syndicats agricoles (1).

On a encore proposé que, sans faire de l'assurance proprement dite, sans accepter les responsabilités indéfinies
qu'elle entraîne, les syndicats étudient le moyen d'organiser des caisses de secours mutuels contre l'incendie,
comme il en existe contre la grêle et contre la mortalité
du bétail, comme il en existe déjà même en ce qui concerne l'incendie. Quatre de nos départements, la Meuse,
la Marne, les Ardennes et la Somme, possèdent des caisses
départementales de secours contre l'incendie, de fondation ancienne, qui ont prospéré; elles sont administrées
par le préfet et, dans chaque commune, une commission

(1) Lorsqu'un syndicat ne voudra ou ne pourra représenter une
mutuelle, si, par exemple, celle-ci avait déjà dans sa circonscription
un agent accrédité, il aboutira pratiquement à un résultat voisin en
proposant directement au siège de la mutuelle l'assurance des risques possédés par ses membres. A défaut des remises d'agent, il
obtiendra ainsi les commissions de courtage, dont les sociétés d'assurances sont très libérales. Ce procédé peut être également employé
pour traiter avec les compagnies à primes fixes et il n'est pas exclusif d'une réduction des tarifs ordinaires consentie aux membres d'un
syndicat.

spéciale est chargée de recueillir tous les ans les souscriptions dont la quotité est facultative.

Il est fait masse de ces souscriptions et, en fin d'exercice, les fonds ainsi recueillis sont répartis entre les sinistrés proportionnellement à leurs pertes et à leurs versements. La Caisse des Incendiés de la Meuse, qui date de 1805, possède 1.200.000 à 1.500.000 fr. de réserves, de sorte qu'elle peut indemniser complètement ses participants moyennant le paiement d'une cotisation dont l'expérience a permis d'établir la fixité : elle fonctionne donc comme une véritable société d'assurances mutuelles. Ces caisses ont une branche-grêle et une branche-incendie. Dans celle du département des Ardennes, dont la création remonte à 1779, la branche-incendie comptait, en 1888, plus de 42 000 souscripteurs. Sans nier les services que les caisses départementales rendent à la prévoyance, on doit leur reconnaître un vice originel : gérées par un fonctionnaire politique, elles procèdent à la répartition des secours d'une façon quelque peu arbitraire qui ne garantit pas pleinement l'intérêt des sinistrés ; la politique n'a pas toujours été étrangère à cette opération insuffisamment contrôlée (1).

Sans doute, les syndicats agricoles pourraient, à cet exemple, créer des caisses de secours mutuels contre l'incendie dans leur circonscription plus ou moins étendue : mais une semblable organisation serait-elle de nature à satisfaire aux besoins de leurs adhérents ? On en peut douter. Il est bien évident que, pendant les premières années, tout au moins, ne recueillant que de

____

(1) Ces anciennes caisses départementales ont inspiré M. Jonnart, député, dans le très intéressant projet de loi qu'il a présenté à la Chambre sur l'organisation de caisses de secours contre les sinistres agricoles.

maigres souscriptions, dépourvues de réserves, les caisses syndicales n'auraient à répartir que de faibles sommes et ne pourraient distribuer à chacun des sinistrés qu'un prorata peut-être insignifiant. Lorsqu'on se préoccupe à bon droit d'améliorer les conditions de l'assurance en garantissant à l'assuré la réparation totale du préjudice éprouvé, une combinaison si défectueuse ne saurait être admise avec faveur. La marchandise qui fait l'objet du contrat d'assurance, la sécurité, est, comme les autres marchandises, d'une qualité proportionnée au prix qu'elle coûte : ne rechercher que le bon marché, ce n'est pas faire une opération avantageuse. Dans les caisses de secours, on ne peut même apprécier le rapport entre le sacrifice consenti et l'avantage à obtenir.

Pour épuiser l'examen du rôle que pourraient éventuellement jouer les syndicats agricoles dans l'assurance, il nous reste à mentionner deux grands projets, plus théoriques que pratiques, présentés à l'Union des Syndicats et à la Société des Agriculteurs de France. Le premier, qui a pour auteur M. Charles Lefèvre, avocat, président du Syndicat agricole de l'arrondissement de Marmande, pose en principe qu'un bon système d'assurances mutuelles, comprenant tous les risques d'incendie, grêle, accidents et mortalité du bétail, est le complément indispensable de l'œuvre des syndicats agricoles qui peuvent y pourvoir en établissant des sociétés mutuelles locales à plusieurs branches pour les divers risques. Les caisses syndicales seraient même aptes, selon M. Lefèvre, à faire toutes les opérations concernant les assurances sur la vie ou en dérivant, telles que rentes viagères, retraites pour la vieillesse, secours mutuels en cas de chômage ou de maladie et, en général, toutes opérations tendant à développer l'application de la mutualité aux œuvres d'épargne et de prévoyance. Elles trouveraient un point d'appui et la sécurité nécessaire à leur fonctionnement dans une combinaison de réassurance soit avec les sociétés mutuelles déjà existantes, soit avec une société générale d'assurances et de réassurances mutuelles syndicales à créer.

Le 2ᵉ projet, plus hardi encore peut-être, émane d'un groupe de membres de la Société des Agriculteurs de France : il consiste à fonder une grande société d'assurances mutuelles syndicales opérant dans toute la France et dont les agents locaux seraient les syndicats eux-mêmes. Ceux-ci bénéficieraient de la remise de 10 à 15 p. 100 ordinairement attribuée aux agents d'assurances, et les auteurs de ce projet croient pouvoir leur promettre qu'ils y trouveraient un revenu annuel de 6.000 à 10.000 fr. La société comprendrait les cinq branches, incendie, vie, grêle, accidents et mortalité du bétail.

CHAPITRE IX

L'ASSISTANCE. — L'ARBITRAGE

L'assistance est le but final des syndicats agricoles. — Ils doivent se créer des ressources afin de l'organiser. — La loi sur l'assistance médicale gratuite dans les campagnes. — La liberté de la charité. — L'exemple des *Friendly Societies* en Angleterre. — Sociétés de secours mutuels fondées par les syndicats agricoles. — L'assistance manuelle. — Le placement des ouvriers ruraux sans travail. — Les syndicats agricoles pourraient équilibrer la rareté et la surabondance locales de la main-d'œuvre. — Le chômage des travaux agricoles pendant l'hiver. — Une enquête sur la reconstitution de petites industries rurales. — Les sociétés coopératives de vannerie. — Décentralisation industrielle. — La conciliation ou l'arbitrage des différends survenus entre cultivateurs est encore une forme de l'assistance. — Commissions d'arbitrage instituées par les syndicats agricoles. — Services rendus à la paix des campagnes par la diminution des procès. — Revision des usages locaux.

I

La coopération, le crédit et l'assurance, organisés par les syndicats agricoles, rendront de bien grands services à l'ensemble des cultivateurs. Mais parmi eux il s'en trouve malheureusement beaucoup dont le principal besoin n'est pas de se sentir mieux outillés et plus forts dans l'exercice de leur profession. Au fond de nos villages, existe une population trop nombreuse qui réclame surtout l'assistance afin d'être prémunie contre la misère, les infirmités et les maladies qui rendent son sort si précaire. L'organisation d'une assistance efficace au profit des plus humbles familles rurales, des travailleurs de la terre qui usent leurs forces dans les rudes labeurs de la production agricole, doit donc être le but suprême des efforts de l'association professionnelle. Ainsi l'ont compris, à leur honneur, les hommes qui dirigent les syndicats agricoles dans la large voie du véritable progrès social.

Dans son rapport à la dernière assemblée générale de l'Union Beaujolaise, M. Emile Duport, président, formulait ainsi le programme des syndicats agricoles parvenus à leur développement actuel :

Pour arriver à l'assistance, ce but de nos efforts, il faut marcher sans précipitation, mais aussi sans faiblesse. Je n'hésite pas à penser que nous devons pour cela aborder franchement la coopération d'abord, le crédit et l'assurance ensuite, véritables étapes de notre route.

. . . .

L'assurance, cette forme de la mutualité dont nos associations sont également sorties, viendra nous permettre, en augmentant nos ressources, de donner une base solide à l'assistance dans nos campagnes.

Et la forme d'assistance que se propose M. Duport consiste non pas à créer des asiles dispendieux, mais à conserver au village les vieillards et les orphelins sans ressources en les plaçant chez de braves cultivateurs qui prendront soin d'eux moyennant une pension payée par la caisse syndicale.

Ainsi les institutions de coopération, de crédit et d'assurance se recommandent aux syndicats, non seulement pour les importants services qu'elles rendront par elles-mêmes à l'agriculture, mais parce qu'elles préparent le futur fonctionnement de l'assistance et qu'elles fourniront, à cet effet, des ressources régulières aux associations professionnelles qui ne peuvent en trouver ailleurs puisqu'il leur est interdit de réaliser des bénéfices sur leurs opérations courantes.

La création de caisses de retraites et de prévoyance au profit des ouvriers, l'organisation de l'assistance médicale gratuite dans les campagnes, où 400.000 malades, en moyenne, manquent des secours nécessaires, le soulagement efficace de la misère sous toutes ses formes, la protection des orphelins, etc., constituent les points délicats du problème social. L'Etat est impuissant à les résoudre seul ; mais s'il faut repousser son intervention directe comme dangereuse, inefficace et contraire aux principes, on peut souhaiter qu'il encourage, facilite et même subventionne au besoin l'initiative privée dont l'action se montre toujours féconde quand elle opère sans entraves.

L'assistance médicale, si complète dans les villes, est, pour ainsi dire, nulle dans les villages dont près des deux tiers sont dépourvus même de bureaux de bienfaisance ; en l'organisant, on supprimera l'un des privilèges des villes, l'une des causes de la dépopulation des campagnes. Un projet de loi est soumis au Parlement qui tend à rendre obligatoires, dans une certaine mesure, pour les départements et les communes, comme le sont déjà les dépenses des aliénés et des enfants assistés, les dépenses de l'assistance médicale à donner aux malades indigents ; l'Etat devra y participer au moyen d'une subvention annuelle, croissante dans les pays pauvres, et un bureau d'assistance publique fonctionnera dans chaque commune. Cette loi, qui ne vise que l'assistance par les secours médicaux et les remèdes, doit être considérée comme un progrès puisqu'elle améliorera le sort des habitants des pauvres communes rurales en y créant l'assistance médicale. La Société des Agriculteurs de France l'a reconnu. Toutefois, en acceptant le principe de la loi nouvelle, et en se bornant à réclamer que la composition du bureau d'assistance publique soit modifiée de manière à le rendre le plus indépendant possible des influences politiques, elle a revendiqué les droits de la charité privée dont la bienfaisance publique ne saurait être que le complément et l'auxiliaire, dans la lutte qu'elle soutient contre la misère. Elle a donc émis le vœu :

Que les pouvoirs publics accordent sans retard la liberté d'association pour les œuvres charitables ; que ces associations puissent se constituer et avoir la personnalité civile, sans l'autorisation du gouvernement, dans la limite rigoureuse de leurs statuts, qui seront déposés à la Préfecture, et qu'à l'exemple des syndicats professionnels elles ne puissent être dissoutes que par les tribunaux de droit commun, dans les cas expressément prévus par la loi ; que, notamment, ces associations puissent recevoir des dons et legs, sans l'autorisation du gouvernement, l'art. 910 du Code civil ne leur étant pas applicable.

Cette tentative d'organisation officielle de l'assistance médicale gratuite sera d'ailleurs limitée par la modicité des ressources financières qui lui sont consacrées : elle laissera le champ bien vaste aux syndicats agricoles pour multiplier dans leurs circonscriptions des sociétés de secours mutuels, des bureaux d'assistance libre, des dispensaires, des caisses de retraites, des orphelinats agricoles, etc., dès que le développement de leurs moyens d'action et une législation plus libérale le leur permettront. Ils peuvent trouver à l'étranger d'admirables exemples de ce que savent réaliser la coopération et la mutualité pour l'amélioration du sort des masses.

Les *Trade's Unions* anglaises, si semblables à nos associations professionnelles puisque ce sont des sociétés mutuelles corporatives organisées pour la défense des intérêts des travailleurs, fournissent d'excellents modèles à toutes les œuvres d'assistance et de prévoyance libres : elles ont fondé, sans aucune intervention de l'État, des milliers de caisses de secours mutuels, *Friendly Societies*, qui ont répandu l'esprit de solidarité dans les classes ouvrières et qui distribuent annuellement, pour subvenir aux divers besoins de leurs membres, des secours évalués à environ 50 millions de francs. Pour se rendre compte de la puissance de cette organisation qui fait tant d'honneur à l'association libre dans un pays où l'État sait s'effacer devant elle, il faut savoir que les *Friendly Societies* ne comptent pas moins de 32.000 groupes autonomes dans la Grande-Bretagne et l'Irlande et qu'elles font participer, dit-on, le tiers de la population des Îles Britanniques aux bénéfices de la mutualité. Institutions de prévoyance autant que d'assistance, elles considèrent les cotisations versées par leurs membres comme de véritables primes d'assurance proportionnées aux risques qu'elles sont destinées à couvrir : les fonds affectés à chaque nature d'assurance : maladie, retraite, décès, etc., sont soigneusement spécialisés et l'administration des diverses branches se fait avec une régularité parfaite. Elles distribuent des indemnités de route, des secours en cas de maladie ou de chômage, des pensions de retraite, des secours pour frais funéraires, des secours aux veuves et aux orphelins, etc. Elles augmentent encore leur puissance en s'affiliant entre elles et en se prêtant un mutuel concours pour fonder des œuvres dont les services leur sont communs à toutes. On estime que leurs réserves ou capitaux accumulés sur les cotisations, dons et legs, etc., qu'elles encaissent dépassent 5oo millions de francs.

De tels résultats ne sont-ils pas faits pour inspirer confiance dans l'aptitude de l'association libre à résoudre le problème de l'assistance ouvrière et à pacifier le monde du travail en satisfaisant ses plus pressants besoins ? Ils autorisent à penser que, dans un pays riche, économe et charitable tel que la France, où l'association professionnelle des intérêts ruraux a déjà fait ses preuves et déterminé un puissant courant de solidarité entre toutes les catégories sociales, des institutions analogues aux *Friendly Societies* anglaises pourraient aisément se former dans nos campagnes sous le patronage des syndicats agricoles.

La loi du 21 mars 1884 a expressément reconnu aux syndicats professionnels le droit de constituer entre leurs membres, sans autorisation administrative préalable, des sociétés de secours mutuels et de retraites, en se conformant toutefois à la législation qui régit ces associations. Il résulte de là que les syndicats peuvent bien créer sans autorisation des sociétés de secours mutuels *libres*, mais non pas des sociétés *reconnues* ni des sociétés *approuvées*, soumises à des lois spéciales qui leur imposent la tutelle administrative. Les sociétés libres ne possèdent pas la personnalité civile et n'ont pas, par conséquent, de patrimoine proprement dit. Elles sont pourtant admises à faire des versements aux caisses d'épargne et de retraites de l'État. Ces sociétés doivent avoir une administration et une caisse distinctes de celles du syndicat : elles peuvent servir des pensions de retraite, soit directement, soit en versant les fonds nécessaires à la Caisse générale des retraites pour la vieillesse, administrée par la Caisse des dépôts et consignations.

Les syndicats agricoles ont déjà fondé un assez grand nombre de caisses de secours mutuels. La statistique des institutions et créations diverses émanées des syndicats professionnels existant en France au 1ᵉʳ juillet 1892, publiée par le ministère du commerce dans la dernière édition de son *Annuaire des syndicats professionnels*, enregistre seulement 13 sociétés ou caisses de secours mutuels fondées par les syndicats agricoles. Elles sont réellement beaucoup plus nombreuses : nous en trouvons à Berrias (Ardèche), Aix, Arles, Sancerre, Le Russey (Doubs), Allex (Drôme), Saint-Emilion, Génissac (Gironde), Châteaurenault (Indre-et-Loire), Chitenay, Saint-Gervais et Soings (Loir-et-Cher), Saint-Denis-en-Val (Loiret) , Cantenay, Segré, Chemillé-Changé et Doué-la-Fontaine (Maine-et-Loire), Belleville-sur-Saône (Rhône), Provins, Dennement (Seine-et-Oise), Grisolles (Tarn-et-Garonne), Bollène et Caderousse (Vaucluse), et beaucoup nous demeurent inconnues. Il suffit de remarquer que la création de sociétés de secours mutuels et d'institutions d'assistance figure dans les statuts de la plupart des syndicats agricoles et que ceux-là mêmes qui n'ont pu encore, faute d'éléments favorables et de ressources suffisantes, satisfaire à ce besoin de l'association professionnelle cherchent souvent à exercer la bienfaisance en soulageant la misère, en faisant soigner les malades, en distribuant quelques indemnités à leurs adhérents victimes de pertes de bétail ou de récoltes.

Quant aux sociétés de secours mutuels fondées par les syndicats agricoles, elles ne se bornent pas à donner des secours en argent et en nature, des indemnités de chômage, à payer les visites de médecin et l'achat des médicaments pour les sociétaires malades. Plusieurs y ajoutent des secours en travail, l'assistance manuelle, afin de remédier au dommage que pourrait causer aux membres empêchés de s'y livrer l'interruption de leurs travaux agricoles et viticoles : c'est là on en conviendra, une preuve de cette vérité que les syndicats agricoles ne se contentent pas de proclamer le principe de la confraternité professionnelle, mais qu'ils n'hésitent pas à le mettre en pratique.

Quelques exemples d'organisation de ces secours en travail feront ressortir les idées qui y président.

Le Syndicat de l'Union Sancerroise a groupé les vignerons pour s'entr'aider en cas de maladie et faire en commun le travail des membres empêchés. Le Syndicat viticole de Saint-Denis-en-Val a aussi organisé une Société d'assistance manuelle. Si l'un de ses membres tombe malade, ses vignes sont tenues gratuitement en bon état.

La Société des vignerons de Châteaurenault et environs, fondée le 8 février 1885 et qui compte près de 250 membres , peut être considérée comme le type de ces associations d'aide mutuelle. L'article 1er de ses statuts est ainsi conçu :

La Société a pour but de venir en aide aux vignerons travaillant pour eux-mêmes ou pour des propriétaires, en cas de maladie ou d'accidents qui les empêcheraient de faire les travaux de leurs vignes ou de celles qu'ils auraient entreprises à travailler.

Les travaux seront faits gratuitement, et au bénéfice des membres pour lesquels ils seront exécutés, qui en toucheront les salaires comme s'ils les avaient faits eux-mêmes.

En cas de maladie ou d'indisposition de plus de quatre à cinq jours, la Société assure au sociétaire empêché le travail de ses vignes pendant les deux tiers du temps de la maladie. C'est le bureau qui, saisi par un rapport des syndics sur la situation du vigneron malade, juge des

secours qui devront être accordés, suivant le règlement et
la saison, et qui donnera des ordres en conséquence. Les
travaux sont exécutés par corvées des sociétaires désignés
à cet effet, sous peine d'amende. Suivant une disposition
empruntée aux statuts de nombreux syndicats agricoles, notamment des syndicats fondés par l'Œuvre des
cercles catholiques d'ouvriers, lorsqu'un membre participant meurt, tous les autres sont tenus d'assister à ses
obsèques. Cette Société de secours mutuels de travaux
prend en main les intérêts de ses membres, même au
delà du tombeau ; l'article 3 des statuts dispose à cet
égard :

En cas de mort d'un sociétaire participant, la Société devra
faire le travail de ses vignes, savoir : si le décès est antérieur
au premier octobre, pendant l'année courante seulement ; si
le décès est postérieur au premier octobre, pendant l'année
suivante. Les salaires seront au bénéfice de la veuve et des
enfants du décédé. S'il ne laisse ni veuve ni enfant, la Société
encaissera le prix du travail exécuté par ses soins.

A Belleville-sur-Saône, M. Emile Duport a créé, en 1888,
une caisse d'Aide mutuelle destinée à assister ceux des
membres du Syndicat qui se trouvent dans l'impossibilité
momentanée d'exécuter les travaux nécessités par la récolte ou les cultures de la saison. D'après le règlement
spécial de cette institution, « l'aide mutuelle n'est ni une
aumône ni un droit, mais un secours temporaire et facul-
tatif donné à un associé dans le besoin par ses co-asso-
ciés ». Elle est fournie uniquement sous la forme de
journées de travail destinées à remettre en état suffisant
les cultures du syndiqué qui l'obtient. Elle ne s'applique
qu'aux cas de maladie et se réalise au moyen de journées
d'ouvriers payées sur un crédit spécial ouvert à la caisse
du Syndicat.

Pour obtenir l'aide mutuelle, un syndiqué doit réunir les conditions suivantes :

1º Travailler de ses mains sa propriété ou celle d'autrui par vigneronnage ou fermage ;

2º Être malade depuis une semaine au moins ou même depuis moins de temps, si l'incapacité de travail résulte d'un accident ;

3º Se trouver dans l'impossibilité de payer un journalier.

Lorsqu'une telle situation se présente, le correspondant du Syndicat dans chaque commune, après avoir pris l'avis du plus âgé et du plus jeune des syndiqués qui l'habitent, est autorisé, à charge d'en rendre compte au président, à faire exécuter immédiatement par un journalier de son choix les travaux nécessaires, jusqu'à concurrence de six journées dont le coût ne devra, dans aucun cas, dépasser 20 francs.

Le Syndicat agricole et viticole de la commune de Thenay (Loir-et-Cher), fondé en 1886, a inscrit dans ses statuts le double but :

1º De faire l'achat en commun des engrais, du sulfate de cuivre ou d'autres marchandises utiles aux membres de l'association et de réprimer la fraude dans ces marchandises ;

2º D'assurer des secours en nature, en cas de maladie, blessures ou infirmités qui pourraient survenir aux membres actifs.

Les membres du Syndicats ont tenus, sur l'ordre du bureau, d'exécuter ou faire exécuter les travaux nécessaires dans les vignes de leurs collègues empêchés de les faire eux-mêmes pour une des causes que nous venons de mentionner. En cas de mort d'un sociétaire, sa vigne continue d'être entretenue de la même manière pendant une certaine période.

Une organisation complète de caisse de secours mutuels est celle du Syndicat professionnel agricole de Bollène (Vaucluse), présidé par M. H de Gaillard. Elle est dotée au moyen d'une cotisation spéciale de 12 fr. par an, que paie chacun des sociétaires, et a pour but : 1º de donner aux malades les soins du médecin et les médicaments ; 2º de leur payer une indemnité quotidienne de 1 fr. par jour; 3º de pourvoir d'une façon convenable à leurs funérailles ; 4º de constituer un jour une caisse de pensions viagères de retraite.

Beaucoup de syndicats agricoles ont établi des caisses d'assistance mutuelle qui remboursent aux sociétaires malades tout ou partie de leurs frais de médecin : il en est ainsi à Bourguebus (Calvados), Putanges et Séez (Orne), etc. Plusieurs assurent aux ouvriers agricoles condamnés au chômage par suite d'accidents une indemnité de 0 fr. 75 par jour en hiver et 1 fr. en été.

Il y a lieu de présumer que les syndicats agricoles, au fur et à mesure que se développeront leurs ressources, multiplieront les sociétés de secours mutuels dans nos campagnes : elles y répondent à un besoin très urgent, par suite de l'insuffisance notoire de l'assistance publique, et elles y sont favorisées par l'esprit d'épargne et de prévoyance qui anime les populations agricoles. Il existe en France aujourd'hui environ 9.500 sociétés de secours mutuels dont les deux tiers sont rurales.

II

Une autre forme non moins utile d'assistance, pour laquelle on ne saurait contester l'aptitude de l'association professionnelle, est le placement des ouvriers sans travail. Fournir du travail à ceux qui en manquent, c'est rendre le plus souvent l'assistance inutile, c'est combattre efficacement la misère. La loi du 21 mars 1884 autorise et invite spécialement les syndicats professionnels à s'occuper du placement des ouvriers en les exemptant des prescriptions du décret qui régit les bureaux de placement.

Ils pourront librement, dit-elle, créer et administrer des offices de renseignements pour les offres et les demandes de travail.

Cette faveur de la loi est motivée par le désintéressement qui anime les syndicats.

Plusieurs syndicats agricoles ou horticoles sont déjà entrés dans cette voie. A Paris, l'Association professionnelle de Saint-Fiacre a organisé, en 1891, un bureau de placement gratuit pour ses membres. Elle fournit ainsi aux propriétaires et aux patrons horticulteurs les jardiniers, ouvriers et apprentis dont ils peuvent avoir besoin ; d'autres syndicats horticoles des départements ont suivi cet exemple.

Les syndicats agricoles sont en excellente situation pour procurer du travail aux ouvriers ruraux, ce qui doit engager ceux-ci à s'affilier plus généralement à eux : ils y trouveront leur intérêt et le syndicat acquerra ainsi de plus en plus le caractère mixte qu'il faut lui souhaiter pour le plein succès de sa fonction sociale. Ce n'est pas seulement dans sa propre circonscription que le syndicat peut trouver à placer ses membres ouvriers. Par les relations qu'il entretient avec les syndicats voisins et même avec ceux d'autres régions, par l'organisation des unions, il lui sera facile, opérant sur le vaste marché de la main-d'œuvre agricole,. d'offrir des ouvriers là où ils sont demandés et d'obtenir ainsi pour eux les meilleures conditions possibles.

Cette intervention des syndicats agricoles dépasserait singulièrement dans ses conséquences la portée du service rendu aux ouvriers qui en font partie. Tout le monde connaît la défectueuse situation économique de la production agricole au point de vue de la main-d'œuvre qu'elle emploie. Dans certaines parties de la France, les bras sont rares, les ouvriers de culture font défaut, de sorte que les salaires s'élèvent à un taux très onéreux pour le producteur et que, pour certains travaux tels que ceux de la moisson et des cultures industrielles, il faut faire appel à des équipes d'ouvriers étrangers, belges, italiens, espagnols, etc. C'est ce qui se passe dans le Nord, dans l'Est et dans les départements voisins de Paris. Dans le Midi, le personnel rural suffit à peine aux travaux courants, et les défoncements, drainages, etc., nécessités par la reconstitution des vignobles, ne se feraient pas sans le concours des ouvriers étrangers. Dans d'autres parties de la France, dans le Centre, par exemple, ce n'est pas l'ouvrier qui manque au travail, c'est le travail qui manque à l'ouvrier : il y a surabondance de la main-d'œuvre, les salaires s'abaissent à un taux insuffisant pour nourrir les populations rurales ouvrières réduites au chômage et à la misère.

N'est-il pas possible de concevoir un remède à ce déplorable défaut d'équilibre entre l'offre et la demande de la main-d'œuvre agricole selon les régions ? Pourquoi ne pas chercher à opérer un nivellement favorable à tous les intérêts en travaillant à déverser le trop plein des départements où la population rurale ouvrière est en excès sur les départements où elle est insuffisante ? Les syndicats agricoles peuvent se concerter à cet effet et diriger le courant de leurs ouvriers sans travail vers les contrées où son action serait bienfaisante. Cette idée n'a rien de chimérique : car le réseau de syndicats qui couvre le territoire et les ressources de leurs fédérations régionales permettent de combiner une organisation meilleure qui, pour les travaux urgents, répartirait les travailleurs proportionnellement aux besoins connus et dispenserait les patrons ruraux de l'obligation de faire appel à la main-d'œuvre étrangère. On éviterait ainsi, dans une certaine mesure, cette anomalie, aussi préjudiciable à l'employeur qu'à l'employé, de salaires variant quelquefois du simple au triple sur des points de la France que séparent quelques heures de chemin de fer.

III

A l'organisation de l'assistance proprement dite, à celle du placement des ouvriers agricoles, se rattache une troisième question non moins vitale pour l'amélioration du sort des masses rurales et dont il appartient également aux syndicats professionnels de rechercher la solution.

Dans les contrées mêmes où les ouvriers de culture suffisent à peine aux travaux des champs, bien plus encore naturellement dans celles où ils se disputent une main-d'œuvre trop rare pour leur nombre, il faut compter avec l'interruption plus ou moins complète des travaux pendant les mois d'hiver, avec ce qu'on nomme la morte saison. Or, quand cessent les salaires qui suffisaient à peine à faire vivre les familles d'ouvriers, de quoi ces familles vivront-elles pendant la plus dure période de l'année?

Le chômage des mois d'hiver est une des causes permanentes les plus certaines de la misère qui sévit dans les campagnes. N'existe-t-il pas quelque moyen de le faire cesser en substituant alors aux travaux agricoles des travaux différents ?

Jadis il se rencontrait dans les villages un certain nombre de petites industries, d'ateliers ruraux, qui occupaient les hommes et même les femmes pendant la mauvaise saison : on en vivait tant bien que mal et on n'était pas réduit à la nécessité de consommer pendant ces quelques mois l'épargne de toute l'année. Ces petites industries si moralisatrices, si importantes par leurs résultats sociaux, ont péri généralement par le côté économique : la concurrence des grandes manufactures puissamment outillées les a tuées, ou elles ont dû disparaître par suite de la concurrence étrangère, l'Etat ne leur ayant pas accordé la protection à laquelle elles avaient tant de droits. Il en est cependant qui peuvent renaître, dans les conditions plus favorables que leur assure aujourd'hui la réforme de notre tarif douanier. Les associations agricoles sont à même d'étudier celles qu'il conviendrait d'implanter dans leur circonscription et elles peuvent communiquer l'élan nécessaire pour que de prudentes tentatives soient faites avec leur appui.

Dans l'enquête à laquelle s'est livré le parti socialiste sur la situation des classes agricoles, nous avons vu figurer plusieurs demandes relatives aux ressources complémentaires que les familles rurales peuvent tirer du travail industriel à domicile. C'est à juste titre que le rédacteur de ce questionnaire a voulu porter sur ce point les investigations du socialisme. Mais les associations agricoles ont fait mieux : le mal leur étant connu, elles ont cherché à y appliquer le remède.

Pendant sa dernière session, la Société des Agriculteurs de France a été saisie d'un vœu très remarquable, présenté par la réunion départementale de ses membres dans le Cher, proposant qu'une enquête soit faite sur la condition des ouvriers agricoles pendant l'hiver et sur l'association du travail industriel et du travail agricole. Soutenu par le président de ce groupe, M. Duvergier de Hauranne, conseiller général du Cher, fortement appuyé par M. le Trésor de la Rocque, ce vœu a rencontré une approbation unanime.

Nous le reproduisons en entier, avec ses considérants, par suite de son importance capitale :

La réunion départementale des agriculteurs du Cher, considérant que, si les salaires des ouvriers des campagnes se sont élevés, les chômages ont, par contre, beaucoup augmenté et que, dans l'ensemble, la condition des ouvriers agricoles ne s'est guère améliorée ;

Considérant que, spécialement dans la région du Centre, la vulgarisation des machines à battre, la cessation de l'exploitation des minerais de fer, la fermeture des hauts-fourneaux, ont privé les agriculteurs des travaux auxquels ils avaient recours, des salaires qu'ils gagnaient, pendant la mauvaise saison ; que l'exploitation des bois ne suffit pas à rétablir l'équilibre rompu entre l'offre et la demande du travail d'hiver ;

Considérant que la dépopulation des campagnes s'accroît de jour en jour ; que le nombre des vagabonds et des ouvriers errants augmente d'une façon inquiétante ;

Considérant que cette situation est bien faite pour alarmer tous ceux qui ont souci des harmonies économiques et de la paix sociale ;

Considérant que le meilleur moyen de retenir l'ouvrier agricole dans ses foyers et de lui assurer une honnête aisance, est de ramener, dans les campagnes, quelques industries faciles à pratiquer en famille, et qui ont été malheureusement concentrées, pour la plupart, dans de grandes villes manufacturières ;

Emet le vœu :

Que la Société des Agriculteurs de France, d'accord avec la Société d'Economie sociale, ouvre une enquête, non seulement en France, mais même à l'étranger, sur la condition des ouvriers agricoles pendant la période de l'hiver, sur les industries qui pourraient être pratiquées dans la famille, ou dans de petits ateliers ruraux, et qui assureraient aux cultivateurs le supplément de ressources nécessaire pour arrêter la dépopulation des campagnes ;

Subventionne largement ceux qui voudront et pourront se consacrer à cette œuvre patriotique ;

Encourage enfin la formation de sociétés coopératives de production entre ouvriers ruraux, en vue de l'apprentissage des métiers nouveaux et de l'écoulement des produits qui seraient fabriqués.

Une telle enquête, à laquelle fourniront d'ailleurs de précieux éléments les travaux spéciaux de M. Baudrillart et les savantes recherches de l'Académie des sciences morales et politiques sur la condition des classes rurales dans nos diverses provinces, doit être dirigée pratiquement, et les syndicats agricoles en seront les meilleurs auxiliaires, de même qu'ils constitueront les agents de propagande les plus capables d'en appliquer les résultats.

Il s'agit d'étudier les causes locales de la disparition des petites industries et de proposer le remède.

La généralisation de l'emploi des machines dans les travaux agricoles, l'abandon de la culture du lin et du chanvre et l'extension donnée aux prairies dans plusieurs parties de la France ont raréfié l'emploi de la main-d'œuvre : il faut, de toute nécessité, réorganiser dans les campagnes les petits ateliers qui y florissaient autrefois. Nombreux étaient dans les villages les tisserands qui tissaient la toile de ménage ; ailleurs, on fabriquait à la main des lainages grossiers pour l'habillement. Sans doute plusieurs de ces industries ne seraient plus rémunératrices par suite du progrès de l'outillage dans les manufactures ; mais on peut en ramener quelques-unes, en créer de nouvelles, au besoin, au foyer de la famille ou dans les ateliers ruraux.

La vannerie, par exemple, occupe 10.000 ouvriers dans une partie du département de l'Aisne, la Thiérache, où elle travaille l'osier cultivé dans les Ardennes. Elle a récemment souffert par suite de la concurrence étrangère et des exigences des intermédiaires. Une organisation coopérative analogue à celle des vanniers de la Touraine, de la Haute-Marne, de l'Indre, etc., lui rendrait la prospérité. A Villaines (Indre-et-Loire), où les vanniers forment une société coopérative de production, les hommes gagnent 2 à 4 francs par jour et les femmes 1 à 2 francs. Dans le centre vannier important de Fayl-Billot (Haute-Marne), la matière première, l'osier, est achetée directement chez les producteurs et les produits sont écoulés sans emploi d'intermédiaires onéreux. Depuis cinq ans déjà, le président de la Société d'agriculture de l'Indre, M. R. d'Astier de la Vigerie, a organisé dans la commune qu'il habite, à Villedieu-sur-Indre, une petite société coopérative de vanniers qui fonctionne dans de bonnes conditions et fournit des moyens d'existence à ses membres pendant l'hiver.

Combien d'autres petites industries rurales peuvent être exercées, à cet exemple ! La boissellerie, la fabrication de sabots et d'objets de bois, la menue quincaillerie et la serrurerie, la bonneterie, etc., sont susceptibles, tantôt dans une région, tantôt dans une autre, de ramener quelque aisance dans les campagnes. Il est également opportun de rechercher si, pour certains ouvrages féminins, il n'y aurait pas lieu de faire refluer dans les villages les commandes des villes. L'industrie de la dentelle donnait jadis du travail à un grand nombre de paysannes ; aujourd'hui encore beaucoup se livrent à la broderie, comme dans les Vosges, à la fabrication des chapeaux de paille ou à d'autres petites industries qu'il y aurait le plus grand intérêt économique et social à développer, à faire prospérer, afin d'empêcher la misère de dépeupler de plus en plus les campagnes.

Il faut qu'une heureuse décentralisation industrielle apporte aux ouvriers ruraux des ressources complémentaires pendant les chômages de l'hiver. Pour chercher à organiser ce travail, l'initiative ne saurait leur appartenir : elle est le fait des associations agricoles et surtout de celles d'entre ces associations qui poursuivent un but pratique et immédiat comme les syndicats agricoles. Ils seront les artisans indispensables de l'enquête votée par la Société des Agriculteurs de France : s'efforcer de faire renaître ou d'implanter dans les villages quelques industries accessoires des travaux des champs, n'exigeant qu'un apprentissage facile, c'est pratiquer l'assistance la plus efficace et la plus recommandable.

L'enquête proposée devra porter aussi sur les procédés à employer pour rendre l'agriculture plus industrielle en annexant, partout où les circonstances locales le permettent, aux exploitations agricoles des petites industries agricoles telles que distilleries, féculeries et autres usines outillées à peu de frais pour donner aux produits bruts du sol la première transformation qu'ils réclament. Les associations s'accorderont sur ce point avec le ministre de l'agriculture, M. Viger, qui, dans la discussion du budget de son département, a répondu dans les termes suivants aux observations de M. Lagnel sur le grave danger national qui résulte de la dépopulation des campagnes :

Il ne faut pas toujours se tourner vers l'État et en faire une sorte de maître Jacques chargé de tout régenter, de tout réglementer dans ce pays. Si l'État donne l'exemple, il faut que l'initiative privée l'aide également de toutes ses forces.

Quel est donc le moyen de retenir dans nos campagnes ces ouvriers que M. Lagnel nous montrait tout à l'heure se dirigeant vers les grands centres ? C'est de suivre l'exemple qui nous a été donné par nos voisins de l'Allemagne : organiser dans nos campagnes la petite industrie, les distilleries, les féculeries agricoles qui existent actuellement au nombre de 7.000 dans les pays compris dans le Zollverein, offrant ainsi du travail aux ouvriers de nos villages qui, sans cela, seraient obligés de quitter leur bourg natal et d'aller faire concurrence, pour leurs salaires, aux ouvriers des grandes industries.

Sans doute l'agriculture industrielle ne saurait réussir dans toutes les régions ; mais, partout où cela sera nécessaire, il est possible de développer, accessoirement à la culture, des métiers ou petits ateliers dont le fonctionnement sera favorisé par les conditions locales et de relever la moyenne des salaires agricoles à l'aide des ressources complémentaires qu'ils fourniront. Les propriétaires fonciers ont le plus grand intérêt à améliorer ainsi la situation des ouvriers des campagnes : ils doivent s'efforcer de réaliser un progrès économique qui, consolidant l'existence de la famille rurale, resserrera les liens sociaux et conservera de bons ouvriers à l'exploitation de leurs domaines.

IV

Une des plus utiles attributions des syndicats agricoles consiste à maintenir la concorde entre leurs membres en conciliant et réglant les différends qui peuvent les diviser au sujet de leurs intérêts professionnels. Prévenir les procès qui appauvrissent les cultivateurs et perpétuent les rancunes dans les villages, donner des avis et consultations pour éclairer les syndiqués sur leurs droits et leurs devoirs même à l'égard des tiers, c'est l'application de ce patronage professionnel que le syndicat exerce sur tous ses adhérents dans leur intérêt commun. N'existant que par eux et pour eux, le syndicat leur doit tous ses services et c'est surtout en matière contentieuse qu'il peut efficacement les aider de ses lumières et de son impartialité : c'est encore là une forme de l'assistance mutuelle.

Un grand nombre de syndicats agricoles ont institué des commissions de contentieux ou d'arbitrage. Dans les syndicats importants, un comité permanent composé d'anciens magistrats, avocats, notaires, avoués, vétérinaires, etc., est chargé de concilier les différends et de donner des consultations gratuites sur les questions qui lui sont soumises. Ailleurs, c'est le bureau qui remplit ce rôle, quelquefois le président seul, comme dans le Syndicat agricole du canton d'Arcis-sur-Aube où le président concilie, si faire se peut, les syndiqués à raison des différends que ceux-ci lui soumettent.

Dans un grand nombre d'associations, les syndiqués sont tenus de porter devant la commission du contentieux, pour être réglés gratuitement, tous les différends qui s'élèvent entre eux au sujet des questions agricoles : le refus de l'un d'eux d'accepter la décision rendue et de l'exécuter volontairement peut être un motif d'exclusion ou même quelquefois entraîne de plein droit son exclusion du syndicat.

Au Syndicat agricole du canton de Ruffec (Charente),

la chambre syndicale examine et concilie, si faire se peut, les affaires qui sont soumises à son appréciation par les tribunaux ou qui lui sont confiées directement par les parties, dresse son rapport ou rend sa sentence et fournit des arbitres et experts pour la solution des questions litigieuses rurales. Le comité du Syndicat agricole de la Basse-Dronne (Dordogne) examine les affaires dont il est saisi ; s'il ne peut concilier les parties, il rend une sentence qui est sans appel et n'est pas soumise à l'*exequatur* du tribunal : aussi se réserve-t-il le droit d'exclure du Syndicat la partie qui refuserait de l'exécuter. Au Russey (Doubs), les membres du Syndicat s'engagent à soumettre au bureau leurs contestations sur les intérêts agricoles. Ailleurs, comme à Allex et Crest (Drôme), Martel (Lot), Florac (Lozère), etc., l'arbitrage du syndicat n'est qu'un préliminaire obligatoire dans les différends qui s'élèvent entre les adhérents : mais il ne lie pas les parties et ne les empêche pas de recourir ensuite aux tribunaux. La chambre syndicale du Syndicat agricole du plateau du Neubourg (Eure) juge sans appel les cas litigieux que les intéressés portent devant elle ; elle prononce entre deux adhérents dans les difficultés relatives à des questions de fermage, de dégâts de récoltes, de main-d'œuvre, etc. Les expertises sont faites par trois membres de la chambre dont deux désignés par les plaignants et le troisième par les deux premiers afin de les départager au besoin. A Verneuil, le président du Syndicat tente d'abord de concilier les membres en désaccord ; faute d'y réussir, il les renvoie aux mêmes fins, et de leur consentement, devant la chambre syndicale qui peut juger sans appel ou renvoyer le jugement à des arbitres .

Le Syndicat agricole de Florac (Lozère) formule dans

ses statuts la recommandation suivante sur le rôle conciliateur de l'association :

Les associés éviteront entre eux le plus possible les procès ; s'ils ne peuvent les éviter, ils s'efforceront, au moins, de les terminer à l'amiable en recourant, à cet effet, à la commission arbitrale du syndicat. *Les jours de réunion sont aussi des jours de réconciliation.*

Tous les syndicats agricoles qui se rattachent à l'Œuvre des cercles catholiques d'ouvriers se préoccupent spécialement de cimenter entre leurs adhérents une union véritablement fraternelle et de faire prévaloir dans leurs rapports les lois de la justice et de la charité.

Le Syndicat agricole libre du département de la Marne a institué un comité de jurisconsultes, composé de trois membres, avocats et anciens magistrats, qui donne aux adhérents des consultations gratuites sur les questions juridiques agricoles et prévient ainsi de nombreux procès. Dans une seule année, en 1888, il a examiné, paraît-il, plus de 600 affaires : ce chiffre tout à fait anormal tendrait à démontrer qu'en ce qui concerne l'esprit de chicane la Champagne n'a rien à envier à la réputation faite à la Normandie ; mais il donne la mesure des services rendus par cette institution à la paix des campagnes. Les syndicats de l'Union Beaujolaise possèdent chacun un tribunal arbitral formé de cinq membres, dont deux doivent être anciens magistrats, avocats ou avoués, et les trois autres cultivateurs ou propriétaires ruraux. Ses services gratuits peuvent être réclamés, dans les questions professionnelles seulement, soit à titre consultatif comme avis, soit à titre définitif comme jugement. A titre définitif, le tribunal arbitral peut être appelé à prononcer sur les différends survenus entre deux syndiqués ou même entre un syndiqué et un tiers étranger au syndicat. Dans l'un et l'autre cas, les parties sont tenues de déclarer préalablement et de signer sur un registre spécial qu'elles acceptent le jugement à intervenir.

Le Syndicat régional agricole de Cadillac (Gironde) a institué, dès l'année 1887, une commission de conciliation et de conseils qui fournit des experts et des arbitres pour la solution des questions litigieuses pendantes entre syndiqués lorsque la conciliation n'aura pas abouti. Un règlement spécial fixe la procédure à suivre devant cette commission. Les décisions des conciliateurs ou arbitres doivent être respectées par les syndiqués : sinon, ils s'exposent à encourir, pour l'avenir, la privation de tout recours à la commission de conciliation et de conseils ou même à être exclus du Syndicat.

Des statuts très explicites en matière de conciliation et d'arbitrage sont ceux du Syndicat libre des agriculteurs du Périgord qui portent :

Le Syndicat a pour but :
D'aider de ses lumières et de son expérience tous ceux de ses membres qui s'adresseront à lui pour la solution de toutes questions se rattachant à l'agriculture ;
De régler, à l'amiable, toutes les contestations qui lui seraient soumises par les sociétaires, de fournir aux tribunaux des listes d'arbitres ou experts compétents et de préparer, par des avis motivés, la défense des intérêts des sociétaires ;
De donner de l'unité aux règles et usages existant dans les diverses parties du département, concernant les rapports entre propriétaires, fermiers, colons, domestiques, ouvriers, marchands, fournisseurs du bétail à cheptel, etc., etc., et de faciliter l'entente entre les uns et les autres.

La revision des usages locaux agricoles, qui sont appelés à faire loi et qui pourtant sont souvent mal fixés, est une attribution fort importante des syndicats professionnels. Plusieurs y ont travaillé, notamment le Syndicat agricole de l'arrondissement de Pont-Audemer, présidé par M. Ad. de Tourville, qui a ouvert une enquête sur les usages suivis dans les relations entre fermiers entrants et fermiers sortants, en a discuté les points douteux en assemblée générale, et en a publié les conclusions définitivement fixées par cet examen.

Cette intervention des syndicats agricoles peut rendre d'utiles services aux juges de paix et aux tribunaux de première instance qui ont souvent besoin d'être éclairés par des avis professionnels pour l'examen des affaires soumises à leur juridiction. La loi du 21 mars 1884 autorise, en effet, les corps judiciaires, au lieu d'avoir recours à des arbitres et experts salariés, à prendre l'avis des syndicats professionnels, soit d'une manière générale, soit à l'occasion d'un procès pendant devant eux.

Ils pourront être consultés, dispose l'article 6, sur tous les différends et toutes les questions se rattachant à leur spécialité.

Dans les affaires contentieuses, les avis des syndicats seront tenus à la disposition des parties qui pourront en prendre communication et copie.

Quand les usages locaux agricoles ne sont pas bien établis et donnent lieu à contestation, l'autorité du syndicat pourra être utilement invoquée devant les tribunaux et les avocats des parties ont intérêt à réclamer ses avis pour les soumettre aux juges.

Les unions régionales de syndicats agricoles ont aussi des comités de contentieux qui les éclairent sur les questions intéressant l'ensemble des syndicats unis et tiennent à la disposition de chacun d'entre eux les conseils particuliers dont il peut avoir besoin. Le comité du contentieux et de législation de l'Union du Sud-Est s'est livré à des travaux juridiques importants sur les procédés que doivent employer les syndicats pour fonder des sociétés coopératives de consommation.

Il est inutile d'insister sur ce point : les exemples que nous avons donnés suffisent à démontrer qu'en cherchant à concilier les différends susceptibles de naître entre les cultivateurs, en offrant au besoin de les régler par un arbitrage aussi impartial que possible, les syndicats agricoles exercent un patronage dont la portée sociale ne saurait être méconnue : ce n'est pas seulement une économie de temps et d'argent que cette sage intervention assure à leurs adhérents ; c'est la paix des campagnes qu'elle tend à garantir par l'observation des devoirs de la confraternité professionnelle.

Il va de soi que, dans les syndicats agricoles mixtes, les commissions de contentieux ou d'arbitrage peuvent très naturellement fonctionner comme conseils de prud'-hommes ruraux pour juger les contestations qui s'élèveraient relativement aux conditions du travail entre patrons et ouvriers de culture.

Comment, se demandera-t-on peut-être, les syndicats agricoles qui n'ont que des ressources restreintes, qui ne sont pas des instruments financiers, qui possèdent plus d'activité que d'argent, réussiront-ils à doter leurs adhérents des institutions complémentaires si utiles à l'amélioration de l'existence rurale dont, mûris par une expérience de quelques années, ils ont abordé et poursuivent la réalisation progressive, usant des moyens mis à leur disposition par le réveil de la vie locale qu'ils ont suscité ?

Sans doute, ils ne pourront tout entreprendre directement; mais il leur sera généralement facile, l'exemple l'a prouvé, de provoquer à côté d'eux, pour organiser la coopération, le crédit, la prévoyance, l'assistance, etc., la formation de sociétés spéciales placées sous leur patronage et auxquelles ils apporteront par leur clientèle la perspective d'un succès certain. Ces associations annexes se constitueront sous forme de sociétés anonymes à capital variable ou de sociétés coopératives, les plus simples, les moins coûteux types de société civile. Les capitaux, relativement modestes, nécessaires à ces entreprises, on les réunit sans peine dans les syndicats en faisant appel au concours des grands propriétaires, des hommes d'initiative, qui y sont nombreux et pénétrés de la nécessité d'organiser les œuvres sociales. Dans certains cas, le syndicat lui-même pourra y consacrer une partie de ses fonds disponibles; car on sait que, s'il ne lui est pas licite de réaliser des bénéfices sur ses opérations professionnelles, il a la faculté d'accumuler les cotisations de ses adhérents, ce qui lui permet de se constituer rapidement une réserve dont l'importance est proportionnée à leur nombre.

Quant au rôle des unions de syndicats dans l'exécution de ce programme, il consistera à faciliter l'éclosion des institutions locales, à les coordonner, à établir entre elles des rapports nécessaires à leurs intérêts collectifs, à rendre leur action plus efficace, plus large et plus sûre.

Les unions de syndicats agricoles et industriels, a dit un économiste, M. Ernest Brelay, s'ajoutant à tous les systèmes pratiques de mutualité et de prévoyance, semblent ouvrir à l'observateur des perspectives indéfinies.

CONCLUSION

Au programme socialiste les paysans préfèrent le programme des
syndicats agricoles. — Il faut aller au peuple. — La politique
sociale des syndicats agricoles. — Elle combat l'action révolutionnaire des syndicats ouvriers et des Bourses du Travail.

En exposant l'œuvre complète poursuivie par les syndicats agricoles, nous nous trouvons avoir développé le
plan des améliorations et réformes les plus nécessaires
aux populations rurales. Au programme contradictoire
et chimérique du socialisme agraire, nous avons opposé
le programme pratique de l'association libre. Entre ces
deux programmes le bon sens des paysans de France
n'aura pas de peine à faire son choix. L'empressement
avec lequel les cultivateurs se sont affiliés aux syndicats
agricoles démontre, d'ailleurs, que le choix est tout fait,
et la propagande socialiste exercée dans les campagnes
se heurtera, nous en avons pleine confiance, à la ligue
anti-socialiste formée par nos syndicats agricoles.

C'est la plus convaincante des réfutations, la réfutation
par les faits, que les syndicats agricoles, multipliant les
services qu'ils rendent aux paysans, sont en voie d'opposer aux doctrines socialistes.

Et si l'on se demande pourquoi l'association professionnelle libre réussira mieux que le socialisme à accomplir des réformes qui donneront satisfaction aux besoins
des travailleurs ruraux et faciliteront leur accession plus

large à la propriété — terme final de l'évolution sociale — on peut en trouver une raison de principe : c'est que le socialisme est, par essence, la lutte des classes, tandis que l'association professionnelle, telle que la pratique l'agriculture, est, au contraire, l'union des classes. Il importe donc d'éviter toute équivoque, toute confusion de langage, et de ne pas nous laisser suspecter, nous qui voulons simplement améliorer la société au moyen de réformes reconnues nécessaires, de suivre les errements du socialisme qui prétend la détruire pour la reconstituer sur un plan nouveau.

Il se rencontre aujourd'hui, dans les milieux les plus divers, beaucoup trop d'hommes qui semblent disposés, soit par ignorance, soit par lâcheté, à pactiser avec le socialisme. Par une étrange logomachie, on parle de faire du « bon socialisme », comme si pouvaient être bienfaisantes des doctrines de gouvernement qui ont pour base la négation de l'ordre, de la liberté et du progrès. Des gens qui se croient très habiles se flattent de museler cet irréductible ennemi de la société, peut-être même de le faire servir à leurs desseins, de l'exploiter au profit de leurs ambitions. C'est là une dangereuse illusion, une manœuvre déplorable qui a pour effet d'entretenir des équivoques, de masquer un péril grandissant et d'énerver la défense sociale.

Le socialisme s'identifie aujourd'hui avec le collectivisme; il ne peut y avoir à cet égard le moindre doute et les socialistes eux-mêmes se chargent de nous le rappeler périodiquement par d'éclatantes démonstrations.

Se préoccuper de la nécessité de certaines réformes sociales, travailler à améliorer la société en multipliant les groupements libres et en les organisant comme des centres d'action puissante, ce n'est pas faire du socialisme, c'est, au contraire, combattre le socialisme sur le terrain où il a engagé la lutte, c'est lui prendre ses meilleures armes.

Il ne faut pas aller au socialisme, mais il faut aller au peuple, se mêler à lui afin de l'aider, le protéger, le moraliser, le relever à ses propres yeux. C'est ce que font excellemment les syndicats agricoles à l'égard du peuple des campagnes. Dans les cadres du syndicat professionnel, les grands propriétaires fonciers, les hommes influents par leur situation ou leur intelligence, apprennent à connaître les besoins des paysans et s'efforcent de leur rendre la vie plus large, plus facile. En se montrant ainsi fidèles à la loi de confraternité que la communauté des intérêts a fait naître entre tous les citoyens vivant directement ou indirectement de l'exploitation du sol, ils méritent le beau nom d'« autorités sociales » et en remplissent les devoirs. Ils pratiquent la meilleure de toutes les politiques, la plus désintéressée, la plus féconde, la politique sociale ; elle seule peut arrêter l'envahissement du socialisme collectiviste « dont le rêve, a dit un écrivain non suspect, M. Henry Maret, est de transformer la société en un vaste couvent sous un despotisme assyrien ».

Faire de la politique sociale au profit des paysans, c'est tout simplement réaliser pour eux les améliorations essentielles que nous avons passées en revue, à l'aide des ressources de l'association professionnelle développant à son maximum le jeu de l'initiative privée dans la vie locale rendue plus intense.

Telle a été l'œuvre des syndicats agricoles : elle peut se résumer en quelques mots.

Au point de vue pratique, ils ont transformé les procédés de la culture et propagé, jusqu'au fond de nos provinces, les découvertes les plus utiles de la science moderne; ils ont accru la production et l'ont rendue moins onéreuse; ils ont ramené l'aisance dans les campagnes et leur font entrevoir un avenir meilleur; ils portent en germe les plus belles espérances.

Au point de vue moral et social, ils ont relevé la condition des classes rurales, modifié profondément les mœurs et habitudes des cultivateurs, qui ont par eux senti la nécessité de s'intéresser à la marche des affaires publiques, au moins en ce qui touche les besoins de leur profession. Avec eux, la démocratie rurale, nouveau tiers-état peut-être, est entrée en scène pour faire sentir le poids de son influence économique, et la réforme douanière que viennent d'achever les Chambres en porte sensiblement l'empreinte.

Ils ont initié les cultivateurs aux ressources de la coopération, aux devoirs de la solidarité professionnelle; ils ont rapproché par une sorte de pénétration intime les diverses couches du monde rural en groupant les grands propriétaires fonciers, les fermiers, les métayers, les petits cultivateurs, souvent même, et il est désirable qu'ils le fassent plus encore, les ouvriers de la culture, pour exercer une action combinée au profit d'intérêts collectifs et mettre au service des faibles le conseil, le crédit, l'influence des forts.

Ils ont enfin intéressé à l'exploitation du sol bien des propriétaires qui avaient plus ou moins déserté leurs domaines et qui, séduits par le nouveau rôle social entrevu grâce à eux, s'attachent à rendre leur existence utile et à répandre les exemples de l'agriculture progressive dans le rayon de leur influence naturelle.

Les syndicats agricoles font ainsi, au grand jour, œuvre de progrès, de moralisation et de paix sociale.

On peut donc espérer que l'association libre nous sauvera du péril socialiste, péril plus grand qu'on ne veut généralement le reconnaître : tant de gens sont à son égard des aveugles qui ne veulent pas voir, des sourds qui ne veulent pas entendre.

Le socialisme chemine dans l'ombre ; il recueille le fruit des erreurs et des fautes de tous les partis, du mécontentement imputable à toutes les promesses violées, du malaise engendré par toutes les crises. La Chambre des députés compte un groupe socialiste, encore peu nombreux, mais qui semble assuré, grâce à des alliances avérées, de s'accroître dans les prochains scrutins. Ce n'est pas seulement dans quelques centres industriels que les socialistes engageront la lutte : la récente élection de Carmaux, les publications du parti ouvrier et les manifestations des bûcherons dans le centre de la France prouvent bien qu'ils se préparent à solliciter les suffrages des circonscriptions rurales en se recommandant du programme de Marseille.

Il faut s'attendre à voir le parti socialiste recueillir dans nos prochaines élections législatives peut-être un demi-million de suffrages. Aucun parti ne progresse plus sûrement par une sorte d'infiltration continue. Il y a 25 ans, les candidats socialistes au Parlement prussien obtenaient environ 100.000 voix. Aujourd'hui les députés socialistes représentent au Reichstag 1.500.000 électeurs, et les chefs du parti se flattent de réunir, dans les élections qui vont avoir lieu, deux millions un quart, sinon deux millions et demi de suffrages.

Cet exemple venu du pays qui est le foyer du socialisme européen ne doit pas être perdu pour nous.

Le socialisme français se flatte de parvenir à ses fins à l'aide des syndicats professionnels et de la fédération des

Bourses du Travail. On comptait, au 1er juillet 1892, environ 1.600 syndicats commerciaux et industriels ouvriers régulièrement constitués et beaucoup d'autres irréguliers qui ne subsistent qu'en vertu de la tolérance administrative. Le département de la Seine seul en possède 217 réguliers et 132 irréguliers, qui ont néanmoins leur siège social à la Bourse du Travail de Paris. Les Bourses du Travail, actuellement au nombre de 40, servent de point de concentration aux chambres syndicales ouvrières. Le parti socialiste cherche à en organiser dans tous les centres industriels, et plus tard même dans les centres agricoles, afin de grouper en un seul faisceau et de diriger à son gré toutes les forces du prolétariat français.

Mais il est des syndicats professionnels qui, bien loin de s'associer à ce mouvement, se mettront résolûment à la traverse en ce qui concerne les campagnes : ce sont ceux que nous avons essayé de faire connaître, ce sont les syndicats agricoles, imbus de l'esprit d'union fraternelle et de solidarité secourable avec lequel ils travaillent au progrès des populations rurales, assez puissants aujourd'hui pour faire contre-poids à la propagande socialiste par une action directement contraire.

Ils forment, on ne le sait peut-être pas assez, une des plus solides réserves de la France pour la lutte qui se prépare entre la civilisation imparfaite, mais perfectible, de notre vieille société et la barbarie, pire que celle des anciens âges, dont la victoire du collectivisme serait l'avènement fatal.

FIN

TABLE DES MATIÈRES

PREMIÈRE PARTIE

L'ASSOCIATION PROFESSIONNELLE AGRICOLE

CHAPITRE PREMIER

L'ORGANISATION DES SYNDICATS AGRICOLES

CHAPITRE II

LE FONCTIONNEMENT DES SYNDICATS AGRICOLES

CHAPITRE III

LES UNIONS DE SYNDICATS AGRICOLES

CHAPITRE IV

SYNDICATS SPÉCIAUX ET DIVERS

DEUXIÈME PARTIE

LE SOCIALISME AGRAIRE ET SON PROGRAMME

CHAPITRE V

LA PROPAGANDE SOCIALISTE DANS LES CAMPAGNES

TROISIÈME PARTIE

L'ŒUVRE ÉCONOMIQUE ET SOCIALE DES SYNDICATS AGRICOLES

CHAPITRE VI

LA COOPÉRATION

Comment les syndicats agricoles ont entrepris de satisfaire aux besoins économiques et sociaux des paysans. — Un programme

CHAPITRE VII

LE CRÉDIT MUTUEL

CHAPITRE VIII

LA PRÉVOYANCE OU ASSURANCE

CHAPITRE IX

L'ASSISTANCE. — L'ARBITRAGE

CONCLUSION

Poitiers, Imprimerie Blais, Roy et Cⁱᵉ, 7, rue Victor-Hugo.